迁移学习驱动的复杂工业过程
智能建模与优化控制

褚 菲　代邦武　著

扫一扫查看数字资源

北 京
冶 金 工 业 出 版 社
2023

内 容 提 要

本书详细介绍了当前人工智能背景下迁移学习方法在复杂工业过程智能建模和优化控制中的应用、思路和案例。全书共分 3 部分：第 1 部分介绍了迁移学习驱动的建模方法；第 2 部分介绍了迁移学习驱动的间歇过程产品质量预测方法；第 3 部分介绍了迁移学习驱动的间歇过程优化控制方法。

本书可供从事复杂工业过程建模与控制、人工智能、大数据等相关领域的科研人员和工程技术人员阅读，也可供高等院校自动化及其相关专业师生学习和参考。

图书在版编目(CIP)数据

迁移学习驱动的复杂工业过程智能建模与优化控制/褚菲，代邦武著. —北京：冶金工业出版社，2023. 6

ISBN 978-7-5024-9451-3

Ⅰ. ①迁…　Ⅱ. ①褚…　②代…　Ⅲ. ①工业—生产过程—过程控制　Ⅳ. ①TB114. 2

中国国家版本馆 CIP 数据核字(2023)第 047219 号

迁移学习驱动的复杂工业过程智能建模与优化控制

出版发行　冶金工业出版社　　**电　　话**　(010)64027926
地　　址　北京市东城区嵩祝院北巷 39 号　　**邮　　编**　100009
网　　址　www. mip1953. com　　**电子信箱**　service@ mip1953. com

责任编辑　王　颖　美术编辑　彭子赫　版式设计　郑小利
责任校对　范天娇　责任印制　禹　蕊

北京捷迅佳彩印刷有限公司印刷
2023 年 6 月第 1 版，2023 年 6 月第 1 次印刷
710mm×1000mm　1/16；11. 5 印张；221 千字；170 页
定价 99. 90 元

投稿电话　(010)64027932　投稿信箱　tougao@cnmip. com. cn
营销中心电话　(010)64044283
冶金工业出版社天猫旗舰店　yjgycbs. tmall. com
(本书如有印装质量问题，本社营销中心负责退换)

前　言

近年来，大数据、人工智能等技术的快速发展推动了全球范围内新一轮科技革命和产业变革，为制造业的转型升级提供了新的思路，智能制造应运而生。当前，世界正处于百年未有之大变局，国际竞争纷纷聚焦于制造业，美国提出了“先进制造业美国领导力战略”、德国提出了“国家工业战略2030”、日本提出了“社会5.0”等发展战略，均以智能制造为主攻方向以期建设制造强国，抢占全球制造业新一轮竞争制高点。为此，我国也相继提出了《新一代人工智能发展规划》《中华人民共和国国民经济和社会发展第十四个五年规划和2035年远景目标纲要》《“十四五”智能制造发展规划》等发展战略，为制造业高端化、智能化、绿色化发展提供了政策保障。与高质量发展的要求相比，我国智能制造的发展仍然存在供给适配性不高、创新能力不强、应用深度广度不够、专业人才缺乏等问题。因此，推动大数据、人工智能等新技术与实体制造业深度融合，发展先进智能制造业，升级现代产业体系，培养智能制造人才，实现新型工业化是广大从业人员的努力方向。

智能制造是以现代工业生产过程为载体，随着全球工业市场的竞争日趋激烈和产品的不断升级，现代工业生产过程的操作流程和工艺也变得更加复杂，运行机理难以研究。分布式控制系统、先进传感器等技术的广泛应用，使得工业过程积累了丰富的历史运行数据与过程知识，为数据驱动与知识驱动的复杂工业过程的研究奠定了坚实基础。对于新过程来说，由于其运行时间短，可靠的运行数据十分稀少，设计实验以获取数据不仅耗费大量的人力物力，而且周期长，效率低，限制了传统基于数据方法的应用。迁移学习能够将已有一个或多个源域的过程知识迁移到新目标域来解决目标域数据知识不足的学习问题，为数据与知识驱动的方法应用于新的工业过程提供了可能。因此，研究迁移学习驱动的复杂工业过程智能建模与优化控制对于发展智能制造，提高产品质量，减少资源和能源消耗，助力碳达峰碳中和具有重要作用。

本书内容是作者近年来在基于迁移学习驱动的复杂工业过程建模与优化控制等领域研究成果的总结。书中所涉及的研究成果均已发表在 IEEE Trans Autom Sci Eng、Ind Eng Chem Res 和 J Process Contr 等高水平学术期刊，曾荣获中国自动化学会科技进步奖一等奖，中国有色金属工业科学技术奖技术发明二等奖等荣誉，其中多项研究成果成功应用于冶金、选煤等行业，取得显著的经济效益。本书内容包含 3 部分，第 1 部分为迁移学习驱动的建模方法，共计 3 章，总结了作者近年来在模型迁移智能建模方面的研究工作，提出了基于模型迁移的复杂工业过程低成本建模方法，解决了复杂工业过程建模成本高、周期长等问题；第 2 部分内容是迁移学习驱动的产品质量预测方法，共计 3 章，分别提出了基于多尺度核、多源域适应等迁移模型的产品质量预测方法，解决了数据缺乏的复杂工业过程终点产品质量预测问题，提升了工业过程的产品质量；第 3 部分为迁移学习驱动的间歇过程优化控制方法，共计 4 章，总结了典型复杂工业过程（间歇过程）的优化控制方面的研究成果，提出了迁移学习驱动的间歇过程批次间运行优化，集成运行优化以及优化补偿等智能优化控制策略，解决了数据缺乏间歇过程批次间/内优化控制问题，提高了工业过程的综合经济效益。

本书内容所涉及的研究得到了国家自然科学基金项目（No. 61973304、61503384、61873049、62073060）、江苏省科技计划面上项目（No. BK20191339）、江苏省六大人才高峰项目（DZXX-045）、矿冶过程自动控制技术国家重点实验室开放课题基金项目（BGRIMM-KZSKL-2019-10）、徐州市科技创新计划项目（No. KC19055）等的资助。本书的研究成果是在专家同行的关心和指导下完成的，感谢作者的导师东北大学王福利教授、博士后导师中国矿业大学马小平教授，谆谆教导，师恩难忘，感谢同门何大阔教授、常玉清教授、贾润达副教授、牛大鹏副教授、刘炎副教授等的关怀与支持，特别感谢霍英东研究院副院长、香港科技大学教授、SPE Fellow（美国塑料工程师协会会士）高福荣教授和云南大学副校长吴建德教授为本书写的推荐信，此外特别感谢作者的博士生和硕士生们，正是这些青春年少的学子们将他们可敬可爱的青春年华挥洒在中国矿业大学这片热土上，才有这一点一滴的研究成果，同时感谢给予过帮助与指导的学院领导和同事们，感谢畅谈学术思想的同仁们，以及参考文献的作者。在此一并表达诚挚的谢意。

由于作者水平所限，书中不妥之处，敬请广大读者批评指正。

诸　葩

中国矿业大学信控学院与AI研究院

2023年1月

目　　录

第1部分　迁移学习驱动的建模方法

第3部分　迁移学习驱动的间歇过程优化控制方法

第 1 部分

迁移学习驱动的建模方法

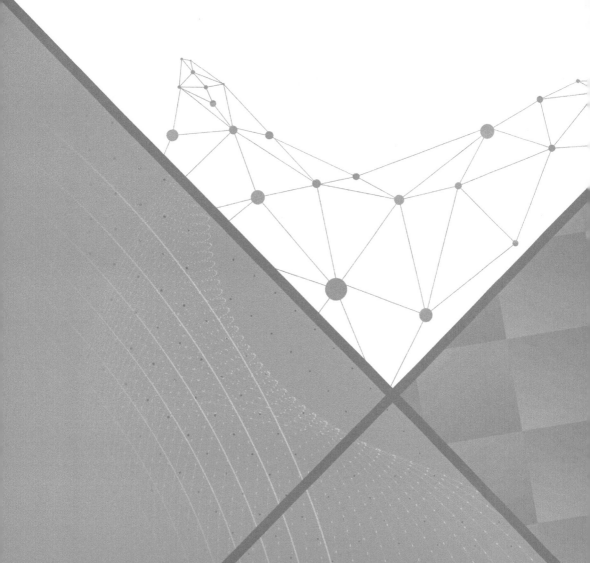

1 基于高斯过程模型和贝叶斯算法的改进快速建模方法

1.1 引 言

在实际生产中，过程性能预测模型可以有效地反映操作条件与输出特性之间的关系，是工业过程控制、监测和运行优化的基础[1,2]。然而，对于新投入生产的新过程而言：一方面由于运行工况的改变，已有相似过程的预测模型无法直接地应用到新过程上；另一方面由于运行时间短，积累的建模数据少，重复的实验设计、数据采集、模型训练、模型验证等建模过程则需花费大量的人力、物力、财力，建模成本高昂，建立准确的性能预测模型十分困难[3-5]。因此，研究以少量的数据样本实现新过程性能预测模型的开发是实际工业生产过程中亟须解决的问题。

现阶段，针对工业过程的建模大致分为机理建模法、数据驱动建模法以及混合建模法三类。机理建模法又称第一原理建模法，主要是依据工业过程运行时所遵循的数学、物理、化学等基本原理所建立的系统动态平衡方程[6,7]。由于机理模型的可解释性，机理建模法在工业过程建模领域占据重要地位，早期典型的工业过程性能预测模型也主要以机理模型为主[8]。基于数据驱动的建模方法又称为经验建模法，这种方法不需要考虑工业过程内部复杂的运行机理，而是将过程模型看成“黑箱”，仅仅通过过程的输入输出数据，结合一定的数据建模方法，建立工业过程输入数据与输出数据之间的映射关系，从而获得工业过程数据模型。这些基于历史运行数据建立的工业过程数据驱动模型不仅满足了控制和优化的需要，而且适用于设计、分析和性能仿真，为工业过程建模提供了一种有效的途径[9-11]。为了提高预测模型的精度，有效地结合机理建模法与数据驱动建模法的优势，一些学者提出了混合建模的思想。工业过程的混合建模主要分为数据+数据的混合与机理+数据的混合两种模型结构[12,13]。

然而，上述所提到的过程建模方法仍然存在一定的局限性。其中，机理模型虽然能够很好地反映过程内部的运行机理，但建立机理模型时，研究人员需要熟练地掌握过程运行的内部机理，同时需要进行大量复杂的数学运算和大量的经费投入，由此导致模型开发成本高、周期长、效率低等问题；数据模型虽然避免了机理模型复杂运算等不足，但数据模型并非没有限制。一方面，建立数据模型需要大量的过程运行数据，因此需要进行大量的实验设计或者长时间的运行采集必要的建模数据；另一方面，所建立的数据模型通常只对特定的过程即数据产生的过程有效，对于过程之外的数据，模型的预测精度则大大降低，从而导致模型的泛化性不高。而对于混合模型虽然它可以在一定程度上提高机理模型和数据模型的预测精度，但它仍然需要一个相对完备的机理或数据模型，无法从根本上解决机理模型与数据模型所面临的问题。针对新的工业过程，其运行时间短，缺乏数据信息，上述分析表明传统的建模方法很难对其建立准确的性能预测模型。在生产实际中，通过设计实验逐个采集过程建模数据代价非常昂贵，甚至无法实现。因此，研究利用少量的建模数据快速地建立起准确、可靠的工业过程性能预测模型是当前工业过程建模关注的焦点。随着工业大数据的积累，数据挖掘、机器学习等关键技术的发展，如何从相似过程中迁移有效的知识信息，从而提高目标过程的建模精度与建模效率成为重要的研究热点。迁移学习理论的发展及应用，为解决上述工业过程建模所面临的问题提供了新的途径。

迁移学习是机器学习的一种，其主要目标是将某个领域学习到的知识应用于相关的领域问题中，从而提高目标领域的学习效果，减少目标领域所需的训练样本。迁移学习的假设条件是源域数据与目标域数据在一定程度上共享一些参数，代表性的工作主要有文献［14，15］。图 1-1 为迁移学习的基本思想。

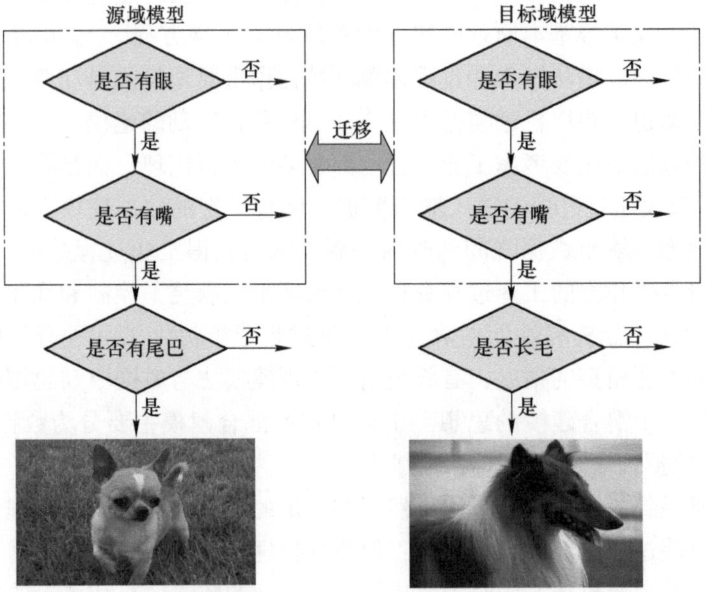

扫一扫查看彩图

图 1-1　迁移学习的基本思想

在工业过程建模领域，Gao 等人提出了基于过程相似性的复杂工业过程建模方法，将迁移学习的思想引入到工业过程建模领域，在此基础上提出了模型迁移的概念，开辟了工业过程迁移建模的新篇章[16,17]。在工业过程中，模型迁移是指迁移修改已有工业过程模型使之适应相似新过程的建模策略。简单来说，其本质就是在模型开发阶段利用相似过程之间有用信息帮助新过程建立准确的模型，同时降低新过程模型开发所需的训练数据样本，从而减少新过程的建模成本[18,19]。新过程模型的开发过程如图 1-2 所示，在图 1-2 中，基础模型为已有相似旧过程的模型，新模型为待建立的新过程模型。此后，基于模型迁移思想的工业过程建模方法越来越受到学术界的关注。张立等人[20]针对回转窑煅烧带温度难以直接获得且缺少实测数据的问题，根据窑头温度与煅烧带温度的相似性，运用模型迁移策略将窑头温度模型迁移至煅烧带，实现了煅烧带温度的软测量建模。同样针对软测量问题，王介生等人[21]将模型迁移方法运用到磨矿过程的软测量建模，实现了磨矿过程软测量模型的重构，解决了输入矿石品位和改变模型自适应校正的问题。吕伍等人[22]将模型迁移方法运用到精炼炉钢水脱硫过程，提出了基于局部模型迁移的钢水含硫量终点预报模型，补充了机理简化和工况波动引起的预报误差。文献［23］将模型迁移方法引入到高超声飞行器的建模工作，实现了具有相似外形飞行器的气动参数计算。

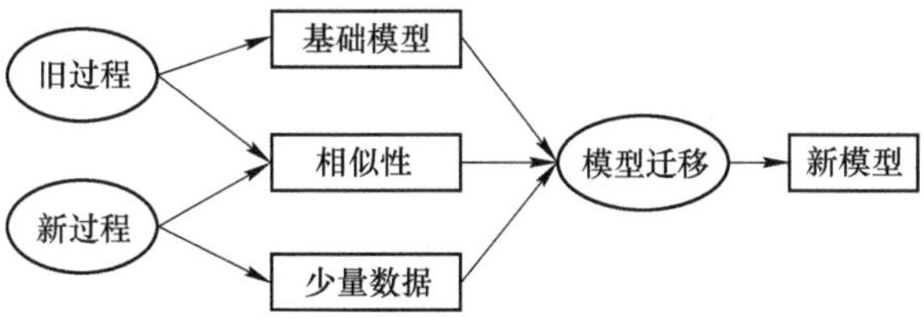

图 1-2 模型迁移方法示意图

然而，目前基于模型迁移的方法仍然存在一定的局限性。比如，在采集新过程的数据样本或确定样本数量时存在一定的主观性，另外在迁移过程中也并未考虑实验运行的最少次数（即模型开发的成本问题）。为了解决此类问题，本章提出了一种改进的基于高斯过程模型和贝叶斯算法的迁移建模方法来快速地建立新过程模型。该方法的核心是采用高斯过程模型作为已有旧过程的基础模型，在模型迁移策略下，结合少量新过程数据，通过尺寸-偏差调整技术迁移基础模型来拟合相似新过程的模型。为了获得更好的尺寸-偏差迁移调整参数，同时充分利用已有的先验知识，贝叶斯算法被用来对迁移调整参数进行估计。

1.2 理论基础

1.2.1 高斯过程回归模型

高斯过程回归模型作为一种常用的机器学习方法，是以贝叶斯与统计学习理论为基础发展起来的。它具有泛化性能强、超参数自适应获取和易于实现等优点，因而被广泛应用于处理小样本和非线性等问题[24,25]。高斯过程是一个随机过程，在函数空间中可以定义高斯过程来描述其自身的分布情况，并利用贝叶斯理论进行相关的推理[26]。

假设数据集 $D=\{(\boldsymbol{x}_i, y_i)\}_{i=1}^{L}$，其中 $\boldsymbol{x}_i(\boldsymbol{x}_i \in \mathbf{R}^d)$ 是输入数据，且 $\boldsymbol{x}_i=[x_{i1}, x_{i2}, \cdots, x_{id}]^{\mathrm{T}}$，$y_i \in \mathbf{R}$ 为对应的输出数据，L 为样本个数，则在 D 的有限集合中，$f(\boldsymbol{x}_1)$，$f(\boldsymbol{x}_2)$，…，$f(\boldsymbol{x}_L)$ 可构成随机变量的一个集合，且服从联合高斯分布。此外，高斯过程的性质一般由均值函数 $m(\boldsymbol{x})$ 和协方差函数 $k(\boldsymbol{x}, \boldsymbol{x}')$ 决定[27]，即：

$$f(\boldsymbol{x}) \sim \mathrm{GP}(m(\boldsymbol{x}), k(\boldsymbol{x}, \boldsymbol{x}')) \tag{1-1}$$

其中，$m(\boldsymbol{x})$ 和 $k(\boldsymbol{x}, \boldsymbol{x}')$ 分别表示为：

$$\begin{cases} m(\boldsymbol{x}) = E[f(\boldsymbol{x})] \\ k(\boldsymbol{x}, \boldsymbol{x}') = E[(f(\boldsymbol{x}) - m(\boldsymbol{x}))(f(\boldsymbol{x}') - m(\boldsymbol{x}'))] \end{cases} \tag{1-2}$$

式中，$\boldsymbol{x}$，$\boldsymbol{x}' \in \mathbf{R}^d$ 为任意的随机变量。若加以考虑噪声因素，则高斯过程模型可表示为：

$$y = f(\boldsymbol{x}) + \varepsilon \tag{1-3}$$

式中，ε 为高斯白噪声，其服从高斯分布且均值为 0，方差为 σ^2，记为 $\varepsilon \sim N(0, \sigma^2)$。此时，响应值 y 的先验分布、响应值 y 和预测值 f_* 的联合先验分布分别表示为：

$$y \sim N(\boldsymbol{0}, \boldsymbol{K}(\boldsymbol{x}, \boldsymbol{x}) + \sigma^2 \boldsymbol{I}) \tag{1-4}$$

$$\begin{bmatrix} y \\ f_* \end{bmatrix} \sim N\left\{\boldsymbol{0}, \begin{bmatrix} \boldsymbol{K}(\boldsymbol{x}, \boldsymbol{x}) + \sigma^2 \boldsymbol{I} & \boldsymbol{K}(\boldsymbol{x}, \boldsymbol{x}_*) \\ \boldsymbol{K}(\boldsymbol{x}_*, \boldsymbol{x}) & \boldsymbol{K}(\boldsymbol{x}_*, \boldsymbol{x}_*) \end{bmatrix}\right\} \tag{1-5}$$

式中，$\boldsymbol{x}$ 为数据集的输入；$\boldsymbol{x}_*$ 为测试点输入；$\boldsymbol{K}(\boldsymbol{x}, \boldsymbol{x}) = \boldsymbol{k}_L = (k_{ij})$ 为 $L \times L$ 阶协方差矩阵，其元素 $k_{ij} = k(\boldsymbol{x}_i, \boldsymbol{x}_j)$ 表示 $\boldsymbol{x}_i$ 与 $\boldsymbol{x}_j$ 之间的相关性；$\boldsymbol{K}(\boldsymbol{x}, \boldsymbol{x}_*) = \boldsymbol{K}(\boldsymbol{x}_*, \boldsymbol{x})^{\mathrm{T}}$ 为 $\boldsymbol{x}$ 与 $\boldsymbol{x}_*$ 之间的协方差矩阵，维数为 $L \times 1$；$\boldsymbol{K}(\boldsymbol{x}_*, \boldsymbol{x}_*)$ 为 $\boldsymbol{x}_*$ 自身的协方差；$\boldsymbol{I}$ 为 L 维单位矩阵。

由此可以求得预测值 f_* 的后验分布：

$$f_* \mid \boldsymbol{x}, y, \boldsymbol{x}_* \sim N(m_*, \mathrm{var}(f_*)) \tag{1-6}$$

式中，m_* 和 $\mathrm{var}(f_*)$ 分别为在测试点 $\boldsymbol{x}_*$ 处的预测值 f_* 的均值和方差，并且均值

m_* 和方差 $\mathrm{var}(f_*)$ 的计算公式分别表示为：

$$m_* = \boldsymbol{K}(\boldsymbol{x}_*,\boldsymbol{x})[\boldsymbol{K}(\boldsymbol{x},\boldsymbol{x}) + \sigma^2\boldsymbol{I}]^{-1}y \tag{1-7}$$

$$\mathrm{var}(f_*) = \boldsymbol{K}(\boldsymbol{x}_*,\boldsymbol{x}_*) - \boldsymbol{K}(\boldsymbol{x}_*,\boldsymbol{x})[\boldsymbol{K}(\boldsymbol{x},\boldsymbol{x}) + \sigma^2\boldsymbol{I}]^{-1}\boldsymbol{K}(\boldsymbol{x},\boldsymbol{x}_*) \tag{1-8}$$

一般情况下，高斯过程的均值函数 $m(\boldsymbol{x}) \equiv \boldsymbol{0}$，协方差函数 $k(\boldsymbol{x}, \boldsymbol{x}')$ 取为平方指数型函数：

$$k(\boldsymbol{x},\boldsymbol{x}' \mid \phi) = \sigma_{\mathrm{f}}^2\exp\left[-\frac{1}{2l^2}(\boldsymbol{x} - \boldsymbol{x}')^2\right] \tag{1-9}$$

式中，$\phi = \{\sigma_{\mathrm{f}}^2, l\}$ 为超参数；σ_{f}^2 为信号方差；l 为方差尺度。

假设高斯过程的噪声方差为 σ ，则其超参数 $\theta = \{\phi, \sigma\}$ 可采用极大似然法进行求解。可以先求出数据样本的对数边际似然函数 $L(\theta) = -\lg p(y \mid x, \theta)$ ，然后再令其对 θ 求偏导数，并最小化其偏导数以获得 θ 的最优解，其中优化方法有共轭梯度法和牛顿法。$L(\theta)$ 及其对 θ 求偏导数分别表示为：

$$L(\theta) = \frac{1}{2}y^{\mathrm{T}}\boldsymbol{C}^{-1}y + \frac{1}{2}\lg|\boldsymbol{C}| + \frac{L}{2}\lg 2\pi \tag{1-10}$$

$$\frac{\partial L(\theta)}{\partial \theta_i} = \frac{1}{2}\mathrm{tr}\left[(\boldsymbol{\alpha}\boldsymbol{\alpha}^{\mathrm{T}} - \boldsymbol{C}^{-1})\frac{\partial \boldsymbol{C}}{\partial \theta_i}\right] \tag{1-11}$$

式中，$\boldsymbol{C} = \boldsymbol{k}_L + \sigma^2\boldsymbol{I}$，$\boldsymbol{\alpha} = (\boldsymbol{k}_L + \sigma^2\boldsymbol{I})^{-1}y = \boldsymbol{C}^{-1}y$。

综上所述，在获得最优超参数后，根据式（1-7）和式（1-8）就可以求出测试点 $\boldsymbol{x}_*$ 对应的预测值 f_* 及其方差 $\mathrm{var}(f_*)$ 。

1.2.2 贝叶斯算法

近年来，贝叶斯理论受到了许多科研学者的青睐并得到广泛应用。贝叶斯学派认为：过程中的任何一个未知参数都可以视为随机变量，并可以以概率分布的形式描述，该分布主要反映实验设计之前已知的先验信息，也称为先验分布。通过利用贝叶斯进行统计推断，并充分考虑数据样本信息与先验信息，进而可以得到过程的后验信息，其分布情况则称为后验分布。贝叶斯学派在进行参数估计与统计推断时都是以后验分布为基础的，原因在于后验分布涵盖了先验分布和数据样本信息。其中，先验分布反映了在实验设计之前就有的关于参数的认识，后验分布是在考虑了数据样本信息后对参数的认识。两者之间的区别在于：通过考虑数据样本信息，使得人们可以对参数的认识进行调整。因此，基于后验分布对参数所做出的估计或推断更为可靠和精确[28]。此外，相比于经典统计学，贝叶斯理论的优势体现在：（1）贝叶斯方法充分考虑了数据样本信息和先验信息，在对参数进行估计时可以获得较为精确的结果；（2）与不考虑参数先验信息的频率置信区间对比，贝叶斯的可信区间更短；（3）贝叶斯方法能够对参数估计的结果进行量化评价。

给定数据集 y，假如模型的参数以 θ 表示，则概率分布函数 $p(y \mid \theta)$ 可以视为一个关于随机向量 θ 的函数，称为似然函数。一般，经典统计学派会利用极大似然估计法对似然函数进行求解，并将其最大取值处所对应的参数 θ^* 作为模型的参数。然而，在采用极大似然估计法学习参数时，为了减小学习误差，模型参数往往会过分地学习数据集中的噪声数据，导致其泛化性能变差，甚至出现过拟合现象。对于贝叶斯方法，在设计实验之前可以先确定随机变量 θ 的先验分布 $p(\theta)$，再考虑相关的数据信息，从而获得模型参数的后验分布 $p(\theta \mid y)$。根据贝叶斯理论可得：

$$p(\theta \mid y) = \frac{p(y \mid \theta)p(\theta)}{p(y)} \tag{1-12}$$

式中，$p(y \mid \theta)$ 为似然函数；$p(\theta)$ 为先验分布；$p(\theta \mid y)$ 为后验分布；$p(y)$ 为一个与模型参数分布无关的常数，故贝叶斯理论也可以写成：

$$p(\theta \mid y) \propto p(y \mid \theta)p(\theta) \tag{1-13}$$

由式（1-13）可以看出，后验分布与似然函数和先验分布的乘积是成正比的。

1.2.3　MCMC 算法

利用贝叶斯方法进行推理时，为了获得模型的参数，人们往往会对其概率密度函数进行积分处理。然而，在实际应用中条件后验密度函数通常没有具体的解析表达式，特别是在维数较高的情况下，此时进行积分运算将变得非常烦琐。利用 MCMC（Markov Chain Monte Carlo）算法就能够有效地解决上述的问题[29]。

MCMC 算法是在 Markov 样本的基础上，利用所采集样本的平均值来近似地求解数学期望。通过在 Monte Carlo 模拟方法中引入 Markov 链就能够实现动态的模拟过程，即抽样分布会随着模拟的进行而发生相应的变化[30]。MCMC 算法的核心内容是通过构造一个平稳分布为 $\boldsymbol{\pi}(\boldsymbol{x})$ 的 Markov 链来得到 $\boldsymbol{\pi}(\boldsymbol{x})$ 的样本，并根据所采集的样本来估计模型参数。假设 $\boldsymbol{\pi}(\boldsymbol{x})$ 为后验分布，则可以将待估算的后验分布表示成函数 $f(\boldsymbol{x})$ 关于 $\boldsymbol{\pi}(\boldsymbol{x})$ 的数学期望，即：

$$E_{\pi}(f) = \int f(\boldsymbol{x})\boldsymbol{\pi}(\boldsymbol{x})\mathrm{d}\boldsymbol{x} \tag{1-14}$$

若所采集到的数据集为 $\{\boldsymbol{x}_i\}$，$i = 1, 2, \cdots, L$，则基于这些数据样本，函数 $f(\boldsymbol{x})$ 的后验估计可以表示为：

$$\hat{f} = \frac{1}{L}\sum_{i=1}^{L} f(\boldsymbol{x}_i) \tag{1-15}$$

式中，$\hat{f}$ 为在一定条件下将收敛于函数 $f(\boldsymbol{x})$ 的后验期望。

一般，常采用的 MCMC 算法有 Metropolis-Hastings 方法与 Gibbs 方法。由于

Metropolis-Hastings 方法较为简单且易于实现，因此本章中将采用该方法进行后验均值的估算。下面将对 Metropolis-Hastings 抽样算法进行介绍。

给定一个不可约转移概率 $q(\cdot,\cdot)$ 和函数 $\alpha(\cdot,\cdot)$，且 $0<\alpha(\cdot,\cdot)\leqslant 1$，对于任意的组合 $(\boldsymbol{x},\boldsymbol{x}')$，$\boldsymbol{x}\neq\boldsymbol{x}'$，则其转移核 $p(\boldsymbol{x},\boldsymbol{x}')$ 可以表示成：

$$p(\boldsymbol{x},\boldsymbol{x}')=q(\boldsymbol{x},\boldsymbol{x}')\alpha(\boldsymbol{x},\boldsymbol{x}') \tag{1-16}$$

假设 Markov 链在时刻 t 处于状态 $\boldsymbol{x}$，记为 $\boldsymbol{X}^{(t)}=\boldsymbol{x}$，则先由 $q(\cdot,\boldsymbol{x})$ 形成一个潜在的转移 $\boldsymbol{x}\rightarrow\boldsymbol{x}'$，然后再依据概率 $\alpha(\boldsymbol{x},\boldsymbol{x}')$ 决定是否需要转移。换句话来说，当获得转移点 $\boldsymbol{x}'$ 后，将其作为链在下一时刻状态值的概率为 $\alpha(\boldsymbol{x},\boldsymbol{x}')$，否则，将以概率 $1-\alpha(\boldsymbol{x},\boldsymbol{x}')$ 拒绝转移并继续处于原状态 $\boldsymbol{x}$。于是，在获得 $\boldsymbol{x}'$ 之后就可以从均匀分布 [0，1] 内抽取一个随机数 u 使得：

$$\boldsymbol{X}^{(t+1)}=\begin{cases}\boldsymbol{x}' & u\leqslant\alpha(\boldsymbol{x},\boldsymbol{x}')\\ \boldsymbol{x} & u>\alpha(\boldsymbol{x},\boldsymbol{x}')\end{cases} \tag{1-17}$$

一般将概率 $q(\cdot,\boldsymbol{x})$ 称为建议分布，为了使后验分布 $\pi(\boldsymbol{x})$ 为平稳分布，在获得 $q(\cdot,\cdot)$ 后还需要选取一个合适的 $\alpha(\cdot,\cdot)$，使得相应的 $p(\boldsymbol{x},\boldsymbol{x}')$ 以 $\pi(\boldsymbol{x})$ 为平稳分布。$\alpha(\cdot,\cdot)$ 通常选为：

$$\alpha(\boldsymbol{x},\boldsymbol{x}')=\min\left\{1,\frac{\pi(\boldsymbol{x}')q(\boldsymbol{x}',\boldsymbol{x})}{\pi(\boldsymbol{x})q(\boldsymbol{x},\boldsymbol{x}')}\right\} \tag{1-18}$$

于是，$p(\boldsymbol{x},\boldsymbol{x}')$ 可以表示为：

$$p(\boldsymbol{x},\boldsymbol{x}')=\begin{cases}q(\boldsymbol{x},\boldsymbol{x}') & \pi(\boldsymbol{x}')q(\boldsymbol{x}',\boldsymbol{x})\geqslant\pi(\boldsymbol{x})q(\boldsymbol{x},\boldsymbol{x}')\\ q(\boldsymbol{x},\boldsymbol{x}')\dfrac{\pi(\boldsymbol{x}')}{\pi(\boldsymbol{x})} & \pi(\boldsymbol{x}')q(\boldsymbol{x}',\boldsymbol{x})<\pi(\boldsymbol{x})q(\boldsymbol{x},\boldsymbol{x}')\end{cases} \tag{1-19}$$

此外，建议分布 $q(\boldsymbol{x},\boldsymbol{x}')$ 的选择方法有：

（1）Metropolis 选择；其考虑对称的建议分布，即 $q(\boldsymbol{x},\boldsymbol{x}')=q(\boldsymbol{x}',\boldsymbol{x})$，此时 $\alpha(\boldsymbol{x},\boldsymbol{x}')$ 可以简写为：

$$\alpha(\boldsymbol{x},\boldsymbol{x}')=\min\left\{1,\frac{\pi(\boldsymbol{x}')}{\pi(\boldsymbol{x})}\right\} \tag{1-20}$$

其中，对称的建议分布是比较常用的形式，在给定 $\boldsymbol{x}$ 时，$q(\boldsymbol{x},\boldsymbol{x}')$ 可以选为服从均值为 $\boldsymbol{x}$ 且方差为常数的正态分布。

（2）独立抽样；如果 $q(\boldsymbol{x},\boldsymbol{x}')$ 与当前状态 $\boldsymbol{x}$ 无关，即 $q(\boldsymbol{x},\boldsymbol{x}')=q(\boldsymbol{x}')$，则基于此建议分布推导出的 Metropolis-Hastings 算法就称为独立抽样。这时 $\alpha(\boldsymbol{x},\boldsymbol{x}')$ 将表示为：

$$\alpha(\boldsymbol{x},\boldsymbol{x}')=\min\left\{1,\frac{w(\boldsymbol{x}')}{w(\boldsymbol{x})}\right\} \tag{1-21}$$

式中，$w(\boldsymbol{x})=\pi(\boldsymbol{x})/q(\boldsymbol{x})$。一般情况下，通常会使 $q(\boldsymbol{x})$ 接近于 $\pi(\boldsymbol{x})$。

（3）单变量 Metropolis-Hastings 算法；当对整个 $\boldsymbol{X}$ 抽样比较困难时，就需要

采用完全条件分布的方式来进行 $\boldsymbol{X}$ 分量的逐一抽样。给定 $\boldsymbol{X}_i \mid \boldsymbol{X}_{-i}$，$i=1$，2，…，$n$ 的条件分布，选取转移核 $q(\boldsymbol{x}_i \to \boldsymbol{x}'_i \mid \boldsymbol{x}_{-i})$，且保持 $\boldsymbol{X}'_{-i}=\boldsymbol{X}_{-i}=\boldsymbol{x}_{-i}$ 不变，则由 $q(\boldsymbol{x}_i \to \boldsymbol{x}'_i \mid \boldsymbol{x}_{-i})$ 产生一个可能的状态 $\boldsymbol{x}'$，将以概率：

$$q(\boldsymbol{x}_i \to \boldsymbol{x}'_i \mid \boldsymbol{x}_{-i}) = \min\left\{1, \frac{\pi(\boldsymbol{x}')q_i(\boldsymbol{x}'_i \to \boldsymbol{x}_i \mid \boldsymbol{x}_{-i})}{\pi(\boldsymbol{x})q_i(\boldsymbol{x}_i \to \boldsymbol{x}'_i \mid \boldsymbol{x}_{-i})}\right\} \tag{1-22}$$

来决定是否接受 $\boldsymbol{x}'$ 作为链在下一时刻的状态。

1.2.4　拉丁超立方体抽样算法

拉丁超立方设计（Latin Hypercube Design，LHD）具有较好的灵活性和适用性，能够确保采集的数据点均匀地覆盖整个抽样区间。它主要是在各个输入变量的取值范围内，利用等概率分层抽样的方式来获取各输入变量的随机数样本[31]。

给定输出变量 y，并且 $y=f(\boldsymbol{x})$，$\boldsymbol{x}=(\boldsymbol{x}_1,\boldsymbol{x}_2,\cdots,\boldsymbol{x}_d)$ 为输入变量，维数为 d。对于每个输入变量 $\boldsymbol{x}_k$ 均可采用一个分布函数 $F_{x_k}(\boldsymbol{x})$ 来描述。输入变量的样本 $\{\boldsymbol{x}_n\}$，$n=1$，2，…，L 可以通过以下方式采集：首先确定实验的次数 L，并将各变量 $\boldsymbol{x}_k$ 的分布函数 $F_{x_k}(\boldsymbol{x})$ 范围等分成互不重叠的 L 个子区间 S_{kn}，然后在所划分好的子区间内进行独立的等概率抽样。其中，每个子区间以概率 p_{kn} 来表征：

$$\begin{gathered} p_{kn} = p(\boldsymbol{x}_k \in S_{kn}) \\ \sum p_{kn} = 1 \quad k = 1,2,\cdots,d \end{gathered} \tag{1-23}$$

对于每个子区间有 $p_{kn}=1/L$，在进行抽样时分别采用一个标志数来代表各个子区间，并且各个子区间的标志数可以随机选取。具体的选取步骤为：在［0，1］区间内先产生 L 个随机数 U，然后再将 U 转化成各个子区间的随机数，转化公式如下：

$$U_n = \frac{U}{L} + \frac{n-1}{L} \tag{1-24}$$

式中，$n=1$，2，…，L；U 为［0，1］区间内均匀分布的随机数；U_n 为从属于第 n 个子区间的随机数。由上式可知，在 L 个互不重叠的子区间中，各个子区间仅会产生唯一的值，原因是 U_n 受到了以下的条件约束：

$$(n-1)/L < U_n < n/L \tag{1-25}$$

式中，$(n-1)/L$ 和 n/L 分别为第 n 个子区间的上下限。在获得 U_n 后就可以计算出 L 个子区间的 L 个随机数：

$$X_k = F_{\boldsymbol{x}_k}^{-1}(S_{kn}) \quad k = 1,2,\cdots,d \tag{1-26}$$

式中，$F_{\boldsymbol{x}_k}^{-1}(\cdot)$ 为 $F_{\boldsymbol{x}_k}(\cdot)$ 的逆。通过上述的分析可知，在进行抽样时各个子区间的标志数可表示为[32]：

$$S_{kn}=\frac{m_{kn}-R}{L}$$
$$X_{kn}=F_{x_k}^{-1}(S_{kn})\quad k=1,2,\cdots,d \tag{1-27}$$

式中，m_{kn} 为输入变量 $\boldsymbol{x}_k$ 用于第 n 次试验的区间秩数；R 为［0，1］区间内均匀分布的随机变量，维数为 $L\times d$ 。

1.3　基于高斯过程模型和贝叶斯算法的改进模型迁移建模策略

在实际生产中，对于新、旧相似的工业过程，由于过程运行工况、设备磨损程度等不同，过程的性能曲线存在一定的差异，已有的旧过程的模型不能直接地应用于新过程。为了建立新过程的模型，通常需要重复地进行大量的实验设计和数据采集等工作，这导致了新过程模型开发周期长、成本高等问题。基于新、旧过程之间的相似性，结合模型迁移的研究，对新过程建模通常的做法是提取原有过程模型中的有用信息，并利用少量的新过程数据样本快速地开发出类似新过程的模型，从而提高建模效率。因此，本章提出了一种基于高斯过程模型和贝叶斯算法的迁移建模策略来快速地建立新过程的模型。该策略在建立原有相似过程高斯过程模型的基础上，首先利用尺度-偏差调整方法对所建高斯过程模型进行迁移调整以获得新迁移模型；然后基于新过程的实验数据利用贝叶斯算法对新迁移模型的参数进行估计，同时结合序贯算法来迭代改进新迁移模型的参数估计，直至新过程模型满足所设定的停止规则。本章所提方法的详细过程如图 1-3 所示，其基本步骤可以归纳为：

步骤 1，建立旧过程的性能预测模型；

步骤 2，采集新过程建模数据；

步骤 3，模型的尺度-偏差迁移调整；

步骤 4，贝叶斯新迁移模型参数估计；

步骤 5，新过程的序贯实验设计；

步骤 6，停止条件与新迁移模型验证。

1.3.1　建立旧过程性能预测模型

正如 1.2 节所述，高斯过程模型是以贝叶斯与统计学习理论为基础发展起来的，可以很好地与贝叶斯等理论结合，具有泛化性能强、超参数自适应获取和易于实现等优点。为了后续章节更为便利地利用贝叶斯算法进行模型迁移参数估计，本节利用高斯过程模型建立已有相似旧过程的性能预测模型。

为了建立合适的旧过程性能预测模型，需要采集足够数量的旧过程建模数据，Loeppky 等人[33]对模型开发过程中所需的建模数据量进行了探讨，并指出要

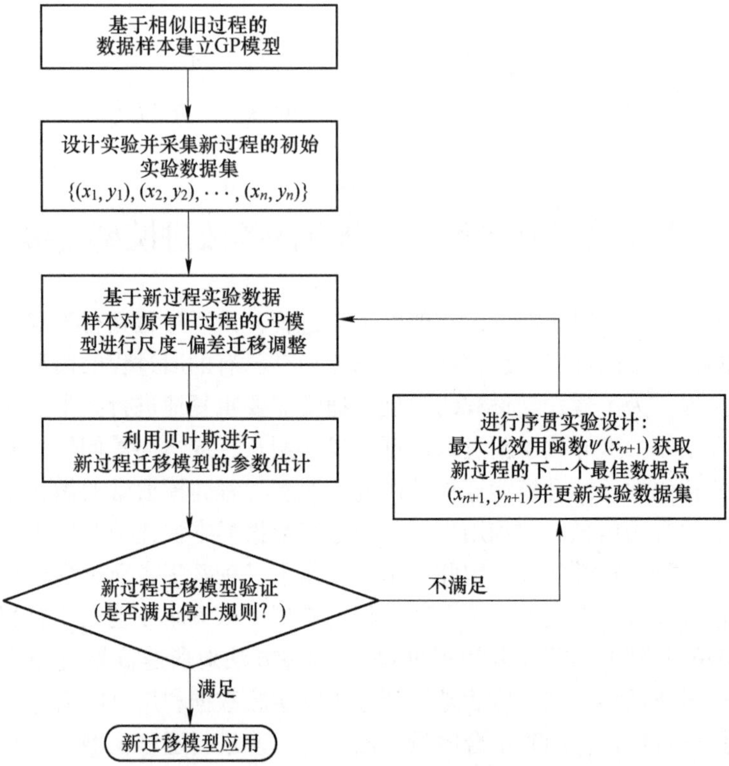

图 1-3　基于高斯过程模型与贝叶斯算法的改进快速建模方法

建立预测精度合适的模型，所需的数据样本数不能少于 10d 的原则，即“10d 原则”其中，d 表示输入变量的维数。因此，本节用于旧过程建模的样本数量 $n \geqslant 10d$。此外，为了保证高斯过程模型训练过程中数值的稳定性，以及避免不同量纲的数据对预测性能造成影响，还需要对数据样本进行归一化处理。本节采用的归一化映射关系如下：

$$y_i = \frac{x_i - x_{\min}}{x_{\max} - x_{\min}} \tag{1-28}$$

式中，y_i 为归一化后的数据；x_i 为待归一化的数据。

1.3.2　采集新过程建模数据

在新过程建模的初始实验设计阶段，为了确保采集到的实验点能够更好地覆盖整个稳定工况区域，采用 LHD 方法进行抽样并采集相应的实验数据样本。为了降低建模成本，Box 等人[34]提出了在初始实验阶段投入不应超过实验预算成本的 1/4，即“25%原则”。根据此原则假设在建立新过程模型的过程中所需的实验总预算为 $10d$（“$10d$ 原则”），根据 25%原则，需要在新过程的输入变量空间中采集 $2.5d$ 个初始的实验样本点，之后再基于这些实验数据样本对原有过程的高斯过程模型进行尺度-偏差迁移调整。利用 LHD 方法采集新过程的实验数据样本，其抽样步骤可以归纳为：

步骤 1，确定采样数目 L；

步骤 2，确定输入变量及其定义域范围；

步骤 3，根据采样数 L 将新过程各变量的范围等分成互不重叠的 L 个子区间，从而将 d 维输入变量空间划分成 L^d 个小单元；

步骤 4，产生一个 $L \times d$ 的矩阵 $\boldsymbol{U}$，$\boldsymbol{U}$ 的各列都是 $\{1, 2, 3, \cdots, L\}$ 的一个随机全排列；

步骤 5，$\boldsymbol{U}$ 的每一行分别对应一个被抽中的小单元，从每个小单元中随机生成一个样本点，从而获得 L 个样本点。

1.3.3 模型尺度-偏差迁移调整

假设原有过程的高斯过程模型为 $\boldsymbol{y}_{\text{base}} = f_{\text{base}}(\boldsymbol{x}_{\text{base}})$，$\boldsymbol{y}_{\text{base}} \in \boldsymbol{D}_{\text{base}}$，式中，$\boldsymbol{x}_{\text{base}} = (x_{\text{base},1}, x_{\text{base},2}, \cdots, x_{\text{base},4})$ 分别代表旧过程的 d 个输入变量，$\boldsymbol{y}_{\text{base}}$ 为旧过程的输出变量。新过程输入变量为 $\boldsymbol{x}_{\text{new}} = (x_{\text{new},1}, x_{\text{new},2}, x_{\text{new},3}, x_{\text{new},4})$。则对原有旧过程的高斯过程模型进行尺度-偏差迁移调整过程如下。

（1）在输入空间中的尺度-偏差调整：

$$\begin{aligned} &\boldsymbol{x}'_{\text{new}} = (\rho_1 \cdot x_{\text{new},1} + \delta_1, \cdots, \rho_4 \cdot x_{\text{new},4} + \delta_4) \\ &\boldsymbol{x}'_{\text{new}} \in \boldsymbol{D}_{\text{base}} \end{aligned} \tag{1-29}$$

（2）在输出空间中的尺度-偏差调整：

$$y_{\text{new}}(\boldsymbol{x}_{\text{new}}) = \rho_0 \cdot f_{\text{base}}(\boldsymbol{x}'_{\text{new}}) + \delta_0 + \varepsilon \tag{1-30}$$

式中，$\boldsymbol{\rho} = (\rho_0, \rho_1, \rho_2, \cdots, \rho_d)$ 为尺度调整参数；$\boldsymbol{\delta} = (\delta_0, \delta_1, \delta_2, \cdots, \delta_d)$ 为偏差调整参数，记为 $\boldsymbol{\theta} = (\boldsymbol{\rho}, \boldsymbol{\delta})$；$\varepsilon$ 为实验误差，其服从高斯分布，且均值为 0，方差为 σ_ε^2，记为 $\varepsilon \sim N(0, \sigma_\varepsilon^2)$；$\boldsymbol{x}'_{\text{new}}$ 为经调整后新过程的输入变量，为了确保 $f_o(\cdot)$ 的适用性，需要将 x'_{new} 约束到 $\boldsymbol{D}_{\text{base}}$ 的范围内。假设 $\boldsymbol{x}_{\text{low}}$ 和 $\boldsymbol{x}_{\text{up}}$ 分别表示原有过程输入变量范围的上/下限，则约束条件可以表示为：

$$\begin{aligned} &\boldsymbol{x}_{\text{low}} \leqslant \boldsymbol{x}'_{\text{new}} \leqslant \boldsymbol{x}_{\text{up}} \\ &\rho_i > 0, i = 1, 2, \cdots, d \end{aligned} \tag{1-31}$$

综上所述，将原有过程的高斯过程模型进行尺度-偏差迁移调整之后得到的新迁移模型为：

$$\boldsymbol{y}_{\text{new}}(\boldsymbol{x}_{\text{new}}) = \rho_0 \cdot f_{\text{base}}(\rho_1 \cdot x_{\text{new},1} + \delta_1, \cdots, \rho_4 \cdot x_{\text{new},4} + \delta_4) + \delta_0 + \varepsilon \tag{1-32}$$

为简单起见，将新迁移模型表示为：

$$\boldsymbol{y}(\boldsymbol{x}) = \eta(\boldsymbol{x},\boldsymbol{\theta}) + \varepsilon \tag{1-33}$$

式中，$\eta(\boldsymbol{x},\ \theta)$ 为非线性函数。

1.3.4 贝叶斯迁移模型参数估计

首先将上述新迁移模型中的待估计参数 $\boldsymbol{\theta}$ 以概率密度 $p(\boldsymbol{\theta})$ 表示，也称为先验分布；然后基于新过程的实验数据样本获得似然函数 $p(\boldsymbol{y} \mid \boldsymbol{\theta})$；根据贝叶斯理论，后验分布 $p(\boldsymbol{\theta} \mid y)$ 可以表示为：

$$p(\boldsymbol{\theta} \mid \boldsymbol{y}) \propto p(\boldsymbol{y} \mid \boldsymbol{\theta})p(\boldsymbol{\theta}) \tag{1-34}$$

其中，似然函数、先验分布和后验分布分别表示如下。

1.3.4.1　似然函数

基于新过程的实验数据样本 $\{x_i,\ y_i\}$，$i = 1,\ 2,\ \cdots,\ L$，似然函数可以表示为：

$$p(\boldsymbol{y} \mid \boldsymbol{\theta}) = \prod_{i=1}^{L} p(y_i \mid \boldsymbol{x}_i,\theta_i,\sigma_\varepsilon) \tag{1-35}$$

式中，$\boldsymbol{x}_i$ 为新过程的输入数据；y_i 为新过程的输出压比。由于实验误差 ε 也服从高斯分布，因此似然函数可以看成是服从联合高斯分布的，即：

$$\begin{aligned} p(\boldsymbol{y} \mid \boldsymbol{\theta}) &= \prod_{i=1}^{L} \frac{1}{\sqrt{2\pi}\,\sigma_\varepsilon} \exp\left\{ -\frac{[y_i - \eta(\boldsymbol{x}_i,\boldsymbol{\theta}_i)]^2}{2\sigma_\varepsilon^2} \right\} \\ &= (2\pi\sigma_\varepsilon^2)^{-L/2} \times \exp\left\{ -\frac{1}{2\sigma_\varepsilon^2} \sum_{i=1}^{L} [y_i - \eta(\boldsymbol{x}_i,\boldsymbol{\theta}_i)]^2 \right\} \end{aligned} \tag{1-36}$$

在待估计参数的范围 Θ 内，可以采用极大似然估计法（MLE）来求解参数 θ 的值。但 MLE 估计可能会使模型的结构复杂化，导致其发生过拟合现象[35]。此时，利用贝叶斯的方法则可以有效地解决此问题。

1.3.4.2　先验分布

新迁移模型中待估计的参数包括尺度调整参数 ρ 和偏差调整参数 δ，为了获得先验分布，首先假设它们之间是相互独立的，即：

$$p(\boldsymbol{\theta}) = \prod_{i=0}^{d} p(\boldsymbol{\theta}_i) \tag{1-37}$$

式中，待估计参数 $\{(\boldsymbol{\theta}_i),\ i = 0,\ 1,\ 2,\ \cdots,\ d\}$ 受式（1-31）的条件约束。另外，通常将参数 $\boldsymbol{\theta}_0$ 的先验分布视为服从均值为 0 和协方差为 Σ_0 的高斯分布[26]，记为 $\theta_0 \sim N(0,\ \Sigma_0)$。假设 θ_i，$i=1,\ 2,\ 3,\ 4$ 在数据集 C_i，$i=1,\ 2,\ 3,\ 4$ 中是均匀分布的，满足式（1-31）的约束条件，则先验概率密度可以表示为：

$$p(\boldsymbol{\theta}_i) = \frac{1}{|C_i|}\mathbf{1}_{\{\theta_i \in C_i\}},\quad i = 1,2,\cdots,d \tag{1-38}$$

式中，$|C_i|$ 为集合 C_i 的容量或大小；$\mathbf{1}_{\{\theta_i \in C_i\}}$ 为一个指示函数。

综上所述，先验分布的计算公式可以表示为：

$$
\begin{aligned}
p(\boldsymbol{\theta}) &= p(\boldsymbol{\theta}_0) \times \prod_{i=1}^{4} \frac{1}{|C_i|} \mathbf{1}_{\{\theta_i \in C_i\}} \\
&= (2\pi\sqrt{\left|\sum\nolimits_0\right|})^{-1} \times \exp\left\{-\frac{1}{2}\boldsymbol{\theta}_0 \sum\nolimits_0^{-1} \boldsymbol{\theta}_0^{\mathrm{T}}\right\} \times \prod_{i=1}^{d} \frac{1}{|C_i|} \mathbf{1}_{\{\theta_i \in C_i\}}
\end{aligned} \tag{1-39}
$$

1.3.4.3 后验分布

在获得先验分布 $p(\boldsymbol{\theta})$ 和似然函数 $p(\boldsymbol{y} | \boldsymbol{\theta})$ 后，根据贝叶斯理论可以推导出后验分布 $p(\boldsymbol{\theta} | \boldsymbol{y})$：

$$
\begin{aligned}
p(\boldsymbol{\theta} | \boldsymbol{y}) &\propto p(\boldsymbol{y} | \boldsymbol{\theta}) \times p(\boldsymbol{\theta}) \\
&\propto (2\pi\sigma_\varepsilon^2)^{-L/2} \times \exp\left\{-\frac{1}{2\sigma_\varepsilon^2}\sum_{i=1}^{L}(\boldsymbol{y}_i - \eta(\boldsymbol{x}_i, \boldsymbol{\theta}_i))^2\right\} \times \\
&\quad (2\pi\sqrt{\left|\sum\nolimits_0\right|})^{-1} \times \exp\left\{-\frac{1}{2}\boldsymbol{\theta}_0 \sum\nolimits_0^{-1} \boldsymbol{\theta}_0^{\mathrm{T}}\right\} \times \prod_{i=1}^{d} \frac{1}{|C_i|} \mathbf{1}_{\{\theta_i \in C_i\}}
\end{aligned} \tag{1-40}
$$

其中,贝叶斯估计主要依赖于后验分布,可以采用后验均值的方法对其进行估计。基于后验均值的定义,可以将其描述为：

$$
\hat{\boldsymbol{\theta}} = \int_{\Theta} \boldsymbol{\theta} p(\boldsymbol{\theta} | y) \mathrm{d}\boldsymbol{\theta} \tag{1-41}
$$

此外，为了便于使用贝叶斯方法进行新迁移模型的参数估计，可以采用 Metropolis-Hastings 算法[36-39]对后验分布进行抽样。比如，从后验分布 $p(\boldsymbol{\theta} | \boldsymbol{y})$ 中抽取 M 个样本（$\boldsymbol{\theta}^{(1)}$，$\boldsymbol{\theta}^{(2)}$，…，$\boldsymbol{\theta}^{(M)}$），然后，基于这些样本来近似地计算各参数的平均值。基本算法包括以下步骤：

（1）令 $\boldsymbol{\Delta} = (\boldsymbol{\theta}, \sigma_\varepsilon^2)$，给定数据集 $\{\boldsymbol{x}, \boldsymbol{y}\}$、先验分布 $p(\boldsymbol{\Delta})$ 和似然函数 $p(\boldsymbol{y} | \boldsymbol{\Delta})$，以及建议分布 $q(\boldsymbol{\Delta})$ 和抽样数目 M；

（2）对 $\boldsymbol{\Delta} = (\boldsymbol{\theta}, \sigma_\varepsilon^2)$ 进行初始化处理，记为 $\Delta^{(0)}$；

（3）从 $t = 0, 1, \cdots, M-1$ 开始循环采样：

1）在均匀分布［0，1］内抽取一个随机数 u，记为 $u \sim U_{[0,1]}$；

2）采集建议的新状态值 $\boldsymbol{\Delta}^{(*)} \sim p(\boldsymbol{\Delta}^{(*)} | y)$；

3）计算接受概率 $r = \min\left\{1, \dfrac{p(\boldsymbol{\Delta}^{(*)} | \boldsymbol{y}) q(\boldsymbol{\Delta}^{(t)})}{p(\boldsymbol{\Delta}^{(t)} | \boldsymbol{y}) q(\boldsymbol{\Delta}^{(*)})}\right\}$；

（4）将链的下一状态值设置成：$\boldsymbol{\Delta}^{(t+1)} = \begin{cases} \boldsymbol{\Delta}^{(*)} & u \leqslant r \\ \boldsymbol{\Delta}^{(t)} & u > r \end{cases}$。

一般情况下，为了确保抽样过程的平稳性，一些初始的样本点将会被丢弃。在计算中，总共采集了 10000 个 MCMC 样本，并对最初始的 2000 个样本进行了剔除。此时，待估计参数 $\boldsymbol{\theta}$ 的后验均值可以近似为：

$$\hat{\boldsymbol{\theta}} = \frac{1}{M}\sum_{t=1}^{M}\boldsymbol{\theta}^{(t)} \tag{1-42}$$

1.3.5　新过程序贯试验设计

在初始实验阶段，若采集到的新过程实验数据不能使新迁移模型的参数估计满足所设定的停止规则，此时就需要获取更多的数据样本点。通过采用序贯算法就能够获取到新过程稳定工况范围内的下一个最佳数据点。序贯算法的优势在于其先验密度是可以进行更新的。比如，在获得先验分布和似然函数后，n 次迭代的后验分布可以计算得出，并且经迭代后所得到的后验分布还可以作为第 $n+1$ 次迭代中的先验分布[40]。

序贯算法主要依赖于效用函数的构造[41]。该效用通常表述为费舍尔信息矩阵的泛函[42]，正式定义为似然函数自然对数的二阶矩形式：

$$\begin{aligned}\boldsymbol{I}(\boldsymbol{x}_i,\ \boldsymbol{\theta}) &= -\boldsymbol{E}\left\{\frac{\partial}{\partial\boldsymbol{\theta}^{\mathrm{T}}}\left[\frac{\partial p(y_i \mid \boldsymbol{\theta},\ \boldsymbol{x}_i)}{\partial\theta}\right]\right\} \\ &= \sigma_{\varepsilon}^{-2}\left[\frac{\partial\eta}{\partial\boldsymbol{\theta}}(\boldsymbol{x}_i,\ \boldsymbol{\theta})\right]\left[\frac{\partial\eta}{\partial\boldsymbol{\theta}}(\boldsymbol{x}_i,\ \boldsymbol{\theta})\right]^{\mathrm{T}} \\ &= \sigma_{\varepsilon}^{-2}q(\boldsymbol{x}_i,\ \boldsymbol{\theta})q(\boldsymbol{x}_i,\ \boldsymbol{\theta})^{\mathrm{T}}\end{aligned} \tag{1-43}$$

式中，$\boldsymbol{I}(\boldsymbol{x}_i,\ \boldsymbol{\theta})$ 为在第 i 个数据点 $\boldsymbol{x}_i$ 处的费舍尔信息。在迁移过程中，对于给定的新过程输入数据 $\boldsymbol{x}_i$，其费舍尔信息可以写成：

$$\boldsymbol{I}(\boldsymbol{x}_i,\boldsymbol{\theta}) = \sigma_{\varepsilon}^{-2}q(\boldsymbol{x}_i,\boldsymbol{\theta})q(\boldsymbol{x}_i,\boldsymbol{\theta})^{\mathrm{T}} \tag{1-44}$$

其中，$q(\boldsymbol{x}_i,\ \boldsymbol{\theta})$ 为：

$$q(\boldsymbol{x}_i,\boldsymbol{\theta}) = q(\boldsymbol{x}_i,\rho,\delta) = \begin{pmatrix} f_{\mathrm{o}}(\boldsymbol{\rho}_{[1:d]}\ \cdot *\boldsymbol{x}_i + \boldsymbol{\delta}_{[1:d]}) \\ 1 \\ \rho_0 \cdot x_{i1}\left(\dfrac{\partial f_{\mathrm{o}}}{\partial\rho_1}(\boldsymbol{\rho}_{[1:d]}\ \cdot *\boldsymbol{x}_i + \boldsymbol{\delta}_{[1:d]})\right) \\ \vdots \\ \rho_0 \cdot x_{id}\left(\dfrac{\partial f_{\mathrm{o}}}{\partial\rho_d}(\boldsymbol{\rho}_{[1:d]}\ \cdot *\boldsymbol{x}_i + \boldsymbol{\delta}_{[1:d]})\right) \\ \rho_0\left(\dfrac{\partial f_{\mathrm{o}}}{\partial\delta_1}(\boldsymbol{\rho}_{[1:d]}\ \cdot *\boldsymbol{x}_i + \boldsymbol{\delta}_{[1:d]})\right) \\ \vdots \\ \rho_0\left(\dfrac{\partial f_{\mathrm{o}}}{\partial\delta_d}(\boldsymbol{\rho}_{[1:d]}\ \cdot *\boldsymbol{x}_i + \boldsymbol{\delta}_{[1:d]})\right) \end{pmatrix} \tag{1-45}$$

对于非参数模型还需要利用数值方法来计算费舍尔信息的偏导数，即：

$$\frac{\partial f_o}{\partial \rho_i}(\boldsymbol{\rho}_{[1:d]} \cdot * \boldsymbol{x}_i + \boldsymbol{\delta}_{[1:d]}) \approx \frac{f_o([\rho_1, \cdots, \rho_i + \Delta\rho_i, \cdots, \rho_d] \cdot * \boldsymbol{x}_i + \boldsymbol{\delta}_{[1:d]}) - f_o(\boldsymbol{\rho}_{[1:d]} \cdot * \boldsymbol{x}_i + \boldsymbol{\delta}_{[1:d]})}{\Delta\rho_i} \tag{1-46}$$

$$\frac{\partial f_o}{\partial \delta_i}(\boldsymbol{\rho}_{[1:d]} \cdot * \boldsymbol{x}_i + \boldsymbol{\delta}_{[1:d]}) \approx \frac{f_o(\boldsymbol{\rho}_{[1:d]} \cdot * \boldsymbol{x}_i + [\delta_1, \cdots, \delta_i + \Delta\delta_i, \cdots, \delta_d]) - f_o(\boldsymbol{\rho}_{[1:d]} \cdot * \boldsymbol{x}_i + \boldsymbol{\delta}_{[1:d]})}{\Delta\delta_i} \tag{1-47}$$

式中，$\Delta\rho_i$ 和 $\Delta\delta_i$ 为无穷小的常量。

文献［43］中提出了一种局部 D-优化设计方法，其目标是在可能的设计点 ξ 处寻求费舍尔信息矩阵 $\boldsymbol{I}(\boldsymbol{x}_i, \boldsymbol{\theta})$ 行列式的最大化。也就是说，最优设计点 ξ^* 需满足以下条件：

$$\det\int \boldsymbol{I}(\xi^*, \boldsymbol{\theta})\xi^*(\mathrm{d}x) \geqslant \det\int \boldsymbol{I}(\xi, \boldsymbol{\theta})\xi(\mathrm{d}\boldsymbol{x}) \tag{1-48}$$

式中，det 为行列式；ξ 为一个在 $\mathcal{X}$ 范围内含有 k 个不同支撑点 $\boldsymbol{x}_1$，$\boldsymbol{x}_2$，…，$\boldsymbol{x}_k$ 的概率测度，其对应的权值 w_1，w_2，…，w_k 满足 $0 < w_i \leqslant 1$，$i = 1, 2, \cdots, k$，且 $\sum_{i=1}^{k} w_i = 1$。一般来说，这种设计方法往往依赖于未知参数（ρ，δ），并且在使用过程中也必须指定 $\boldsymbol{\theta}$ 的值。为了解决参数 $\boldsymbol{\theta}$ 的初始猜测问题，可以在未知量适当的先验分布上利用贝叶斯优化设计的方法。比如，首先通过一个概率测度 $p(\boldsymbol{\theta})$ 将未知参数的先验信息以数学公式描述，然后再使用贝叶斯框架纳入设计。通常，贝叶斯 D-优化设计定义了一个效用函数[44]：

$$\int_{\Theta} \ln\det \boldsymbol{I}(\xi, \boldsymbol{\theta}) p(\boldsymbol{\theta}) \mathrm{d}\boldsymbol{\theta} \tag{1-49}$$

并且需要在可行区域内进行最大化处理。

以新过程为例，序贯实验设计是指在新过程的稳定工况范围内进行一系列连续实验的过程。假如在运行 n 次实验后，已经采集到新过程的数据集 $\{(\boldsymbol{x}_1, \boldsymbol{y}_1), (\boldsymbol{x}_2, \boldsymbol{y}_2), \cdots, (\boldsymbol{x}_n, \boldsymbol{y}_n)\}$；那么在任何的 n 次实验处，可以停止实验或者继续进行实验以获取下一个数据点（$\boldsymbol{x}_{n+1}$，y_{n+1}）。

基于 Roya 等人[45]和 Yu 等人[46]所做的研究，可以利用 $\boldsymbol{I}_n(\boldsymbol{\theta})$ 表示序贯实验经过 n 次迭代后积累的费舍尔信息，且 $\boldsymbol{I}_n(\boldsymbol{\theta}) = \sum_{i=1}^{n} \boldsymbol{I}(\boldsymbol{x}_i, \boldsymbol{\theta})$。对于第 $n+1$ 次迭代，序贯贝叶斯 D-优化策略是在配置的每个阶段寻求后验期望对数行列式的最大化，即新过程稳定工况范围内的下一个最佳设计点可通过最大化式（1-50）

获得：

$$\psi(\boldsymbol{x}_{n+1}) = \int_{\Theta} \text{lndet}[\boldsymbol{I}_n(\boldsymbol{\theta}) + \boldsymbol{I}(\boldsymbol{x}_{n+1}, \boldsymbol{\theta})] \times p(\boldsymbol{\theta} \mid \boldsymbol{x}_1, \cdots, \boldsymbol{x}_n, \boldsymbol{y}_1, \cdots, \boldsymbol{y}_n) \mathrm{d}\boldsymbol{\theta} \tag{1-50}$$

式中，$p(\boldsymbol{\theta} \mid \boldsymbol{x}_1, \cdots, \boldsymbol{x}_n, \boldsymbol{y}_1, \cdots, \boldsymbol{y}_n)$ 为 n 次迭代的后验分布，也即第 $n+1$ 次迭代的先验分布。文中采用网格搜索算法来获取下一个最佳的操作条件 $\boldsymbol{x}_{n+1}$，同样利用 Metropolis-Hastings 抽样方法[8] 对上式进行优化处理。即从后验分布 $p(\boldsymbol{\theta} \mid \boldsymbol{x}_1, \cdots, \boldsymbol{x}_n, \boldsymbol{y}_1, \cdots, \boldsymbol{y}_n)$ 中抽取 M 个样本（$\boldsymbol{\theta}^{(1)}, \cdots, \boldsymbol{\theta}^{(M)}$），然后再求取其近似解：

$$\frac{1}{M}\sum_{i=1}^{M} \text{lndet}\left[\sum_{j=1}^{n} \boldsymbol{I}(\boldsymbol{x}_j, \boldsymbol{\theta}^{(i)}) + \boldsymbol{I}(\boldsymbol{x}_{n+1}, \boldsymbol{\theta}^{(i)})\right] \tag{1-51}$$

综上所述，基于先验分布 $p(\rho, \delta)$，在新过程的稳定工况范围内进行序贯实验设计，基本步骤可以归纳如下。

（1）假设在新过程的稳定运行工况范围内已经采集到实验数据集 $\{(\boldsymbol{x}_1, \boldsymbol{y}_1), (\boldsymbol{x}_2, \boldsymbol{y}_2), \cdots, (\boldsymbol{x}_n, \boldsymbol{y}_n)\}$，则可以基于所采集的实验数据和先验分布计算出后验分布 $p(\boldsymbol{\theta} \mid \boldsymbol{x}_1, \cdots, \boldsymbol{x}_n, \boldsymbol{y}_1, \cdots, \boldsymbol{y}_n)$。

（2）根据预先制定好的停止规则来判断是否停止实验，或者继续进行实验以获得新过程稳定工况范围内的下一个最佳设计点。

（3）若需要获取更多的新过程实验数据样本，则下一个最佳的操作条件 $\boldsymbol{x}_{n+1}$ 可以基于当前的实验数据样本和后验分布，通过最大化效用函数获得：

$$\arg\max_{x_{n+1} \in \mathcal{X}} \int_{\Theta} \text{lndet}\left[\sum_{j=1}^{n} \boldsymbol{I}(\boldsymbol{x}_j, \boldsymbol{\theta}) + \boldsymbol{I}(\boldsymbol{x}_{n+1}, \boldsymbol{\theta})\right] \times p(\boldsymbol{\theta} \mid \boldsymbol{x}_1, \cdots, \boldsymbol{x}_n, \boldsymbol{y}_1, \cdots, \boldsymbol{y}_n) \mathrm{d}\boldsymbol{\theta} \tag{1-52}$$

（4）收集新的数据点 $(\boldsymbol{x}_{n+1}, \boldsymbol{y}_{n+1})$，并且基于新过程所有的实验数据集 $\{(\boldsymbol{x}_1, \boldsymbol{y}_1), (\boldsymbol{x}_2, \boldsymbol{y}_2), \cdots, (\boldsymbol{x}_n, \boldsymbol{y}_n)\}$ 对后验分布进行更新。

（5）重复步骤（2）到步骤（4）直至新迁移模型的参数估计满足停止规则。

1.3.6　停止条件与迁移模型验证

在实际应用中，序贯实验还需要考虑实验何时停止的问题。在每次实验结束后，都需要对新迁移模型参数估计的收敛性进行判断。若新迁移模型的参数估计满足所设定的停止规则，则停止实验并将该模型直接作为新过程的模型。否则，就需要继续进行实验以获取新过程稳定工况范围内的下一个最佳数据点，直至新迁移模型的参数估计满足停止规则。将 n 个数据点时参数估计的最大相对误差作为新迁移模型的停止规则，其中参数估计的最大相对误差表示为：

$$re(n) = \max_{j=1,2,\cdots,n} \left| \frac{\widetilde{\boldsymbol{\theta}}_j^{(n)} - \widetilde{\boldsymbol{\theta}}_j^{(n-1)}}{\widetilde{\boldsymbol{\theta}}_j^{(n-1)}} \right| \tag{1-53}$$

式中，$\widetilde{\boldsymbol{\theta}}_j^{(n)}$ 为 n 个数据点时，第 j 个待估计参数的后验均值估计 $\widetilde{\boldsymbol{\theta}}$ 。另外，实验运行的最少次数 n_k 可以表示为：

$$n_k = \min\left\{n: \max_{j=1,2,\cdots,n}\left|\frac{\widetilde{\boldsymbol{\theta}}_j^{(n)} - \widetilde{\boldsymbol{\theta}}_j^{(n-1)}}{\widetilde{\boldsymbol{\theta}}_j^{(n-1)}}\right| \leqslant k\right\} \tag{1-54}$$

式中，k 为预先设定的阈值。

利用新过程的实验数据来验证新迁移模型的预测性能，采用均方根误差（RMSE）对其预测精度进行评估，对于 L 个测试样本有

$$\mathrm{RMSE} = \sqrt{\frac{1}{L}\sum_{i=1}^{L}(y_i - Y_i)^2} \tag{1-55}$$

式中，y_i 为实际值；Y_i 为新迁移模型的预测值。

1.4 实验验证

1.4.1 实验设计

离心压缩机作为现代工业能量转换的核心设备，广泛地应用于石油石化、冶金矿业、通风制冷等行业，保障其安全稳定、经济高效地运行一直是现代工业追求的目标。本节以复杂工业过程大型高耗能离心压缩机为研究对象，研究所提快速建模方法的有效性。由于离心压缩机的试验平台有限，很难将运行的离心压缩机直接地应用于仿真实验。文献［47］详细讨论了如何建立合适的多级离心压缩机机理模型，同时利用真实离心压缩机运行数据验证了所建机理模型的有效性，因此，本节采用离心压缩机机理模型来搭建虚拟仿真试验平台来验证所提方法的优势。在文献［47］中通过仿真实验详细讨论了关键几何参数、空气动力学参数对离心压缩机输出性能的影响，并给出了通过基因遗传算法辨识关键参数的方法。因此，基于上述成果，本节通过调整已有离心压缩机机理模型相关参数，比如几何尺寸、冲击损失系数和参考面积等使其输出特性发生相应的变化，来模拟两台相似的离心压缩机，此时就相当于得到了两个不同规格的离心压缩机模型：模型 A 和模型 B。其中，模型 A 为原有压缩机模型，模型 B 则用于模拟新压缩机的运行环境。在参数调整前后两个机理模型输出的压比与温比如图 1-4 所示。可以看出，两模型输出的性能曲线之间存在很大的差异，能够满足所需的实验要求。

离心压缩机机理模型 A 和模型 B 中的一些相关参数分别列于表 1-1 和表 1-2。其中，模型 A 中压缩机（即原有压缩机）的相关参数由厂方提供的设计图纸估算得出，模型 B 中压缩机的相关参数则按一定的比例缩放得到。下面基于这两个不同规格的离心压缩机模型，对压缩过程之间的相似性进行分析。

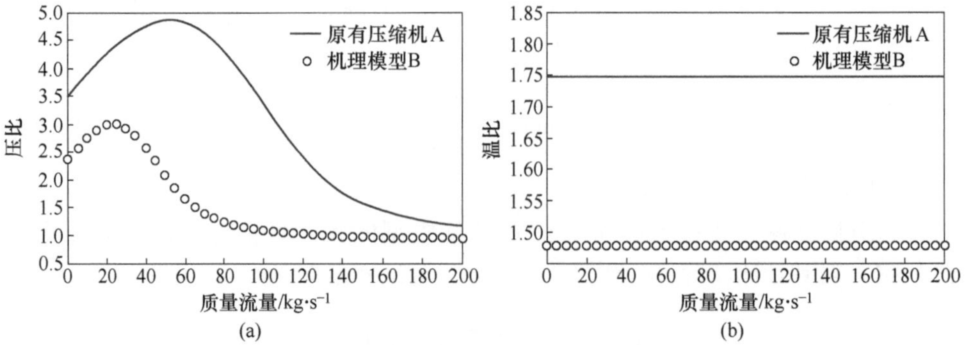

图 1-4　机理模型 A 和机理模型 B 预测压比及温比的对比结果

表 1-1　原有离心压缩机的参数

相关参数	数值大小		
	1 级	2 级	3 级
滑差系数 σ	0.9	0.9	0.9
叶轮叶片安装角 $\beta_{1b}/(°)$	33	33.5	32
叶轮气眼处的平均直径 D_1/m	0.5883	0.5803	0.5767
叶轮出口处的直径 D_2/m	1.080	1.080	1.080
叶轮叶道中间流线长度 l_y/m	0.4250	0.4040	0.3720
扩压器叶道中间流线长度 l_k/m	1.0310	0.9860	0.4170
叶轮的水力直径 d_y/m	0.1158	0.1006	0.0904
扩压器的水力直径 d_k/m	0.0822	0.0677	0.0874
气体的平均分子质量	27.68	27.68	27.68
比热比	1.36	1.36	1.36
比热容/$J \cdot kg^{-1} \cdot K^{-1}$	1118.50	1118.50	1118.50
冲击损失系数	1.0	1.0	1.0
参考面积 A_1/m^2	0.3262	0.3041	0.3004
回流损失、涡流损失和间隙损失的总和	0	0	0

表 1-2　离心压缩机机理模型 B 的参数

相关参数	数值大小		
	1 级	2 级	3 级
滑差系数 σ	0.9	0.9	0.9
叶轮叶片安装角度 $\beta_{1b}/(°)$	33	33.5	32
叶轮气眼处的平均直径 D_1/m	0.4706	0.4642	0.4614
叶轮出口处的直径 D_2/m	0.864	0.864	0.864
叶轮叶道中间流线长度 l_y/m	0.3400	0.3232	0.2976
扩压器叶道中间流线长度 l_k/m	0.8248	0.7888	0.3336

续表 1-2

相关参数	数值大小		
	1 级	2 级	3 级
叶轮的水力直径 d_y/m	0.0926	0.0805	0.0723
扩压器的水力直径 d_k/m	0.0658	0.0542	0.0670
气体的平均分子质量	27.68	27.68	27.68
比热比	1.36	1.36	1.36
比热容/J·kg^{-1}·K^{-1}	1118.50	1118.50	1118.50
冲击损失系数	0.9	1.0	0.9
参考面积 A_1/m^2	0.2609	0.2432	0.2403
回流损失、涡流损失和间隙损失的总和	0.06	0.06	0.06

离心压缩机的性能参数主要体现在其输出压比、温比和效率等方面，其中，压缩机的输出效率可以通过压比和温比来表征，故在本书中就不做过多地阐述。在假设入口处介质含量、压缩背景等其他生产因素一定的前提，影响压缩机输出性能的主要因素有结构尺寸的大小和操作条件的范围。其中，离心压缩机的操作条件包括入口压力和温度、质量流量以及转速。通过分析操作条件对压缩机性能曲线的影响可知，操作条件的改变会引起压缩机的运行工况发生相应的变化。本节原有压缩机和新压缩机的输入变量范围见表 1-3。

表 1-3　原有压缩机和新压缩机的输入变量范围

输入变量	原有压缩机	新压缩机
入口压力/kPa	106~146	108~136
入口温度/K	273~330	290~320
质量流量/kg·s^{-1}	50~97	60~85
转速/r·min^{-1}	4500~5500	4800~5400

针对不同规格的离心压缩机，在压缩机的入口压力和温度、质量流量以及转速发生变化时，它们输出性能曲线的变化规律分析如下。

对于离心压缩机的输出压比，如图 1-5 所示。在保持其他操作条件不变时，将入口压力增大会引起两压缩机输出的性能曲线发生一定的右移；在保持其他操作条件不变时，将入口温度增大会导致两压缩机输出的性能曲线发生下移，随着入口温度的增大，两压缩机输出的压比会逐渐减小；同理，当其他操作条件固定不变时，将转速增大会导致两压缩机输出的性能曲线发生上移，并且压缩机的转速越大，它们输出的压比则越大。

对于离心压缩机的输出温比，如图 1-6 所示。在保持其他操作条件不变时，将入口压力增大会引起两压缩机输出的性能曲线发生一定的上移；在保持其他操作条件不变时，将入口温度增大会导致两压缩机输出的性能曲线发生下移；同理，

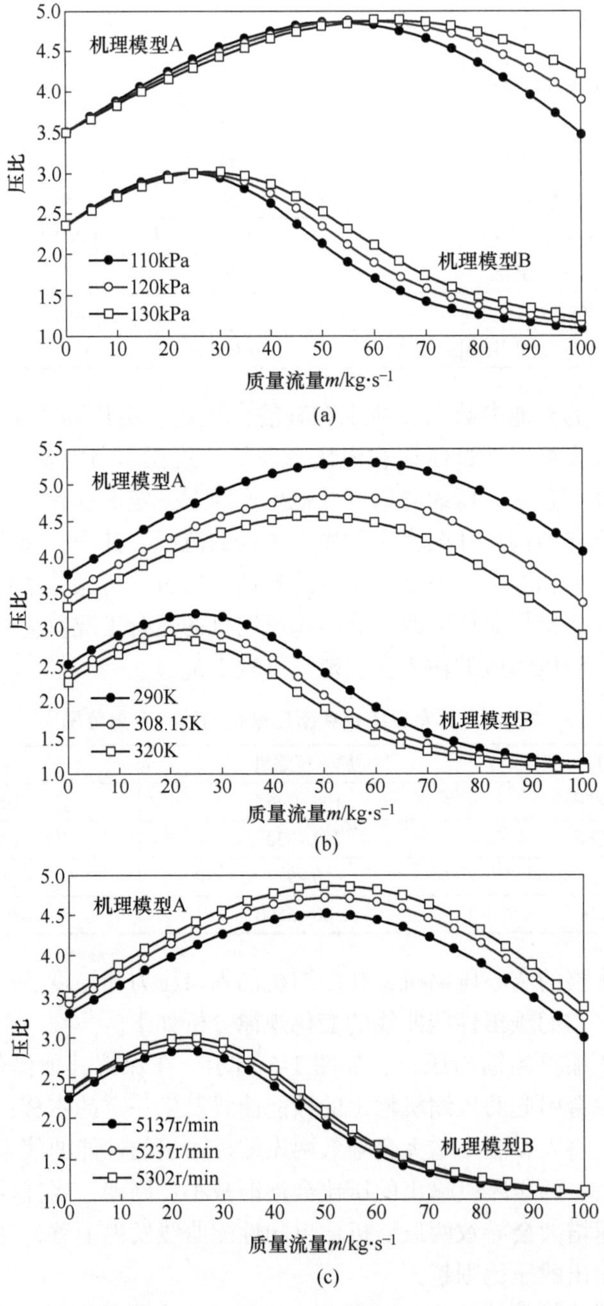

扫一扫
查看彩图

图 1-5　不同操作条件下机理模型 A 和机理模型 B 预测压比的对比结果
(a) 不同入口压力；(b) 不同入口温度；(c) 不同转速

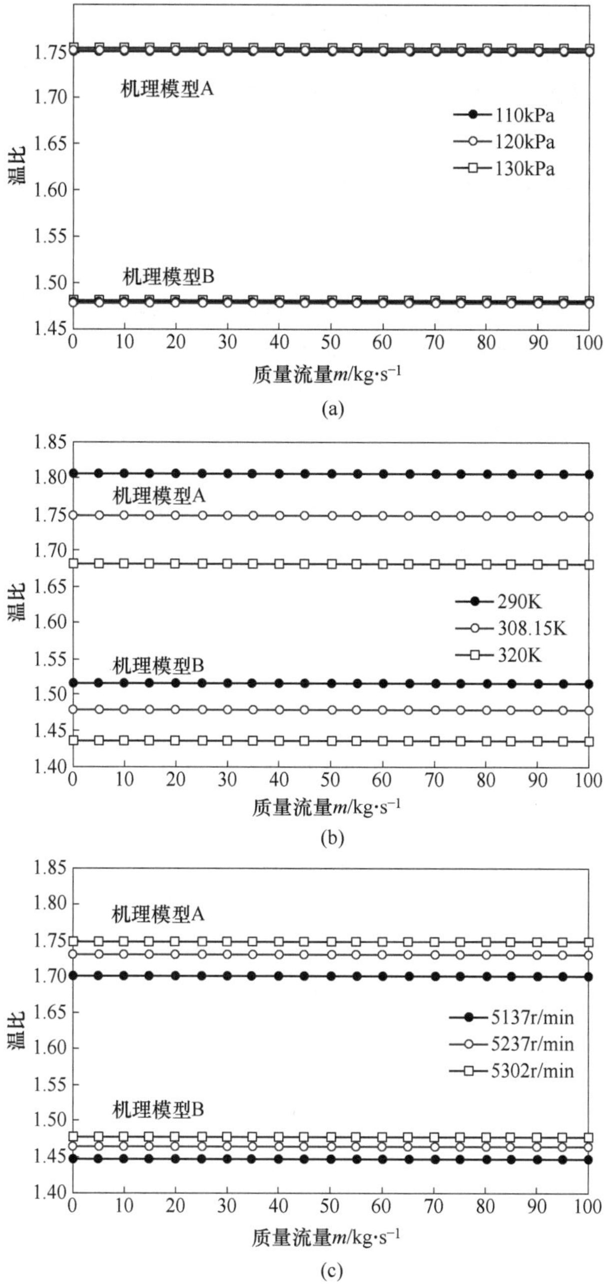

扫一扫
查看彩图

图 1-6　不同操作条件下机理模型 A 和机理模型 B 预测温比的对比结果

（a）不同入口压力；（b）不同入口温度；（c）不同转速

当其他操作条件固定不变时，将转速增大会使两压缩机输出的性能曲线发生上移。依次类推，同样可以获得其他输入参数与压缩机输出性能之间的关系，在此就不一一列举了。可以看出，尽管不同规格的离心压缩机具有不同的操作条件范围，但是操作条件的变化导致压缩机性能曲线变化的趋势却是相似的。

此外，离心压缩机的结构尺寸属于工艺参数。它们主要由压缩机的生产规格来决定，并且对压缩机的输出性能影响较大。离心压缩机生产规格的不同其对应的几何尺寸大小也不一样，所以在压缩过程中，压缩机结构尺寸上的差异可以看成是运行工况的变化，也即第 2 章所建机理模型中参数的改变。总而言之，离心压缩机的结构尺寸和操作条件范围的改变都将会引起运行工况发生相应的变化。尽管不同规格的离心压缩机之间存在很大的差异，但是整个压缩过程的机理却是相同的。换句话来说，它们都属于同一家族内运行工况的变化。因此，可以认为它们之间是具有相似性的，可以采用迁移建模策略来快速地建立相似压缩机的模型。

综上所述，对离心压缩机之间的几种相似情况归纳如下，并且凡是符合以下情况的相似压缩机都可以直接进行迁移建模。

（1）两压缩机具有不同的规格，但运行背景相似，比如同为气体压缩，它们之间的差异反映在结构尺寸和操作条件范围等方面；

（2）两压缩机的规格和型号都相同，但由于压缩机投入运行的时间不同导致输出特性发生了漂移的情况；

（3）在操作条件发生变化时，两压缩机性能曲线的变化规律是相似的情况。

本章中，考虑一个多输入单输出的高斯过程模型，只针对压缩机的输出压比进行分析。将入口压力和温度、质量流量以及压缩机的转速作为模型的输入变量，利用压缩机的输出压比作为模型的输出变量来训练原有压缩机的高斯过程模型，如图 1-7所示。

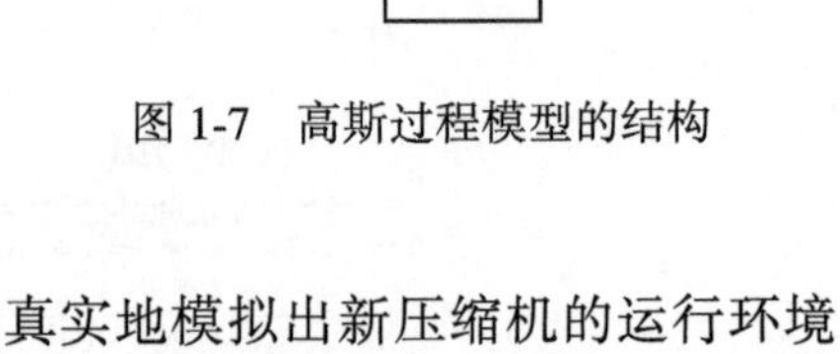

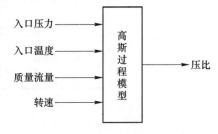

图 1-7　高斯过程模型的结构

根据“10*d* 原则”从原有压缩机的历史运行数据库中，总共采集了 100 组数据样本来开发高斯过程模型，此外，为了更加真实地模拟出新压缩机的运行环境，利用新压缩机的实验平台产生实验数据样本时，在采集模型输出的压比时还加入了 5%的噪声。

利用 Matlab R2014a 软件平台来编程实现上述所有的算法，其中，在仿真分析时采用的高斯过程回归算法来源于 http://www. gaussianprocess. org/gpml/code/matlab/doc，MCMC 工具箱来源于 http://helios. fmi. fi/ ~ lainema/mcmc/。

首先，根据原有压缩机和新压缩机的输入变量范围和式（1-31）的约束条件，待估计参数（$\rho_{[1:4]}$，$\delta_{[1:4]}$）在数据集 C_i，$i=1$，2，3，4 中取均匀分布，并且 C_i，$i=1$，2，3，4 分别表示为：

$$\begin{aligned} &C_1:\{(\rho_1,\delta_1):108\rho_1+\delta_1\geqslant 106;136\rho_1+\delta_1\leqslant 146\}\\ &C_2:\{(\rho_2,\delta_2):290\rho_2+\delta_2\geqslant 273;320\rho_2+\delta_2\leqslant 330\}\\ &C_3:\{(\rho_3,\delta_3):60\rho_3+\delta_3\geqslant 50;85\rho_3+\delta_3\leqslant 97\}\\ &C_4:\{(\rho_4,\delta_4):4800\rho_4+\delta_4\geqslant 4500;5400\rho_4+\delta_4\leqslant 5500\} \end{aligned} \tag{1-56}$$

待估计参数 $[\rho_0,\ \delta_0]'$ 服从联合高斯分布，其均值和协方差分别取为 $[0,\ 0]'$ 和 $\begin{bmatrix}6&0\\0&6\end{bmatrix}$，通过利用式（1-38）就可以计算出待估计参数的先验密度 $p(\boldsymbol{\theta})$。

其次，在初始阶段的实验设计中，先利用 LHD 方法在新压缩机的输入变量空间内采集 10 个初始的数据点（根据 $10d$ 和 25%的原则），之后基于这些实验数据和更新的后验分布，通过进行序贯实验来获取新压缩机稳定工况范围内的下一个最佳数据点，直至新迁移模型的参数估计满足所设定的停止规则。在仿真中，设定的阈值为 $k=0.05$ 和 $k=0.01$。

新压缩机的实验数据样本在表 1-4 中列出，其中，新压缩机的入口压力 p(kPa) 和温度 T(K)、质量流量 m(kg/s) 以及转速 N(r/min) 分别在 2~5 列中给出，新压缩机的实际输出压比 $\varepsilon_{\text{real}}$在第 6 列中给出。注意，表中最初的 10 个数据点是在初始实验设计阶段获得的，其余的数据点则是通过序贯实验依次采集得到。新迁移模型预测的压比 ε 在第 7 列中给出，并且在第 8 列中还给出了对应于各样本数目时新迁移模型参数估计的最大相对误差 $re(n)$。从表 1-4 中可以看出，在获取到 15 个实验数据点时，新迁移模型参数估计的最大相对误差就满足停止规则 $re<0.05$，并且随着实验数据点的增加，新迁移模型参数估计的最大相对误差会逐渐减小。当实验数据点增加到 18 个时，新迁移模型参数估计的最大相对误差将小于设定的阈值 0.01。在工程应用中，设定的阈值越小则所建立的新迁移模型就越准确，当然这是以牺牲较多的实验开发成本为代价的。事实上，也必须承认由于某些不确定因素的存在会导致模型出现一些偏差。因此，设定阈值时需要根据实际情况，在确保模型的预测误差在工程允许范围的同时，也应尽量减少模型开发的成本。

表 1-4 新压缩机的序贯实验结果

实验	p/kPa	T/K	m/kg · s^{-1}	N/r · min^{-1}	$\varepsilon_{\text{real}}$	ε	$re(n)$	阈值
1	114.5	303.7	79.9	4829	2.556	—	—	
2	125.2	305.4	72.2	4850	2.715	—	—	

续表 1-4

实验	p/kPa	T/K	m/kg · s^{-1}	N/r · min^{-1}	ε_{real}	ε	$re(n)$	阈值
3	121.8	313.4	66.4	4893	2.689	—	—	
4	108.3	319.5	86.4	4928	2.210	—	—	
5	134.5	302.7	60.7	4943	2.854	—	—	
6	111.2	297.0	73.7	4992	2.886	—	—	
7	113.2	306.9	69.1	5014	2.837	—	—	
8	134.0	317.2	75.6	5042	2.786	—	—	
9	128.4	299.9	78.0	5089	3.019	—	—	
10	109.7	291.7	74.8	5117	3.090	—	—	
11	127.6	309.8	78.5	5139	2.941	2.896	3.253	
12	131.4	300.5	82.6	5182	3.108	3.076	0.933	
13	117.4	294.7	81.3	5201	3.144	3.118	0.387	
14	117.1	290.6	64.2	5235	3.317	3.352	0.132	
15	123.3	296.6	67.4	5291	3.313	3.336	0.046	$re<0.05$
16	130.6	316.6	70.1	5329	3.119	3.107	0.038	
17	119.6	310.4	63.1	5358	3.215	3.198	0.013	
18	124.9	312.2	62.2	5370	3.202	3.211	0.008	$re<0.01$

1.4.2　结果分析

基于新压缩机的实验数据样本，在不同的样本个数时新迁移模型预测压比的均方根误差（RMSE）如图 1-8 所示。可以看出，利用序贯算法来获取新压缩机稳定工况范围内的下一个最佳数据点，随着实验数据点的增加，新迁移模型预测压比的 RMSE 会逐渐减小，可以结合实际的生产需求实现对模型开发成本的有效控制。

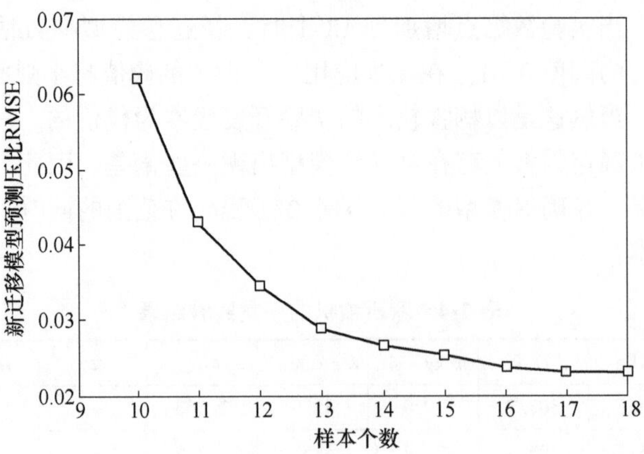

图 1-8　不同样本个数时新迁移模型预测压比的均方根误差

利用贝叶斯理论和 Metropolis-Hastings 算法来计算尺度调整参数ρ和偏差调整参数δ，在获取到 18 个实验数据点时，尺度-偏差参数估计的后验分布如图 1-9所示，同时表 1-5 中还给出了各参数估计的后验均值。可以看出，各参数的后验分布几乎呈现出了一个尖峰，可以满足要求，并且随着实验数据点的逐渐积累，其也将获得更好的稳定性。

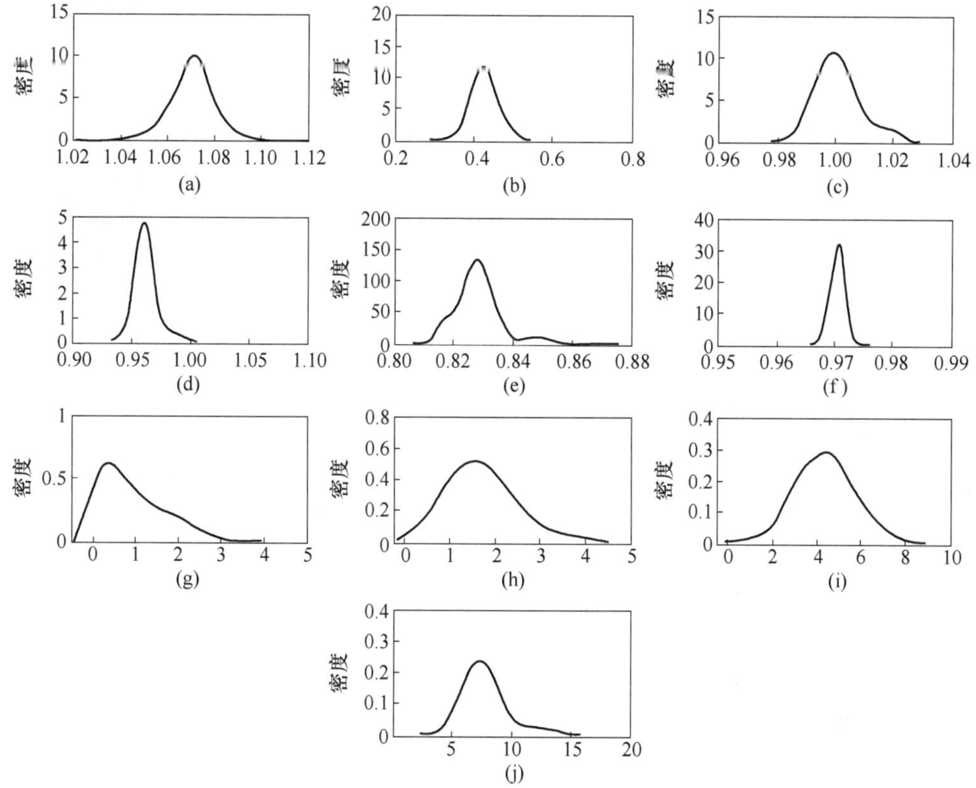

图 1-9　在 18 个实验数据点处尺度-偏差参数估计的参数

(a) ρ_0 后验分布；(b) δ_0 后验分布；(c) ρ_1 后验分布；(d) ρ_2 后验分布；(e) ρ_3 后验分布；(f) ρ_4 后验分布；(g) δ_1 后验分布；(h) δ_2 后验分布；(i) δ_3 后验分布；(j) δ_4 后验分布

表 1-5　基于 18 个数据点时尺度-偏差参数估计的后验均值

数据点	ρ_0	δ_0	ρ_1	ρ_2	ρ_3	ρ_4	δ_1	δ_2	δ_3	δ_4
后验均值	1.068	0.408	0.992	0.956	0.831	0.970	0.562	1.553	4.037	8.103

此外，我们还利用 LHD 方法在稳定区域内采集新压缩机的测试数据样本(30 组)。基于上述新压缩机的序贯实验结果，在不同的样本个数时将新迁移模型与高斯过程模型的预测误差进行对比分析，两模型预测压比的 RMSE 对比结果

如图 1-10 所示。可以看出，在数据样本较少时，相比于高斯过程模型的预测结果，新迁移模型预测压比的 RMSE 更小，模型的预测精度和可靠性较高。随着样本数量的增加，两模型的预测误差会逐渐减小，当数据样本足够多时，两模型的预测精度最终也将会收敛到同一水平。

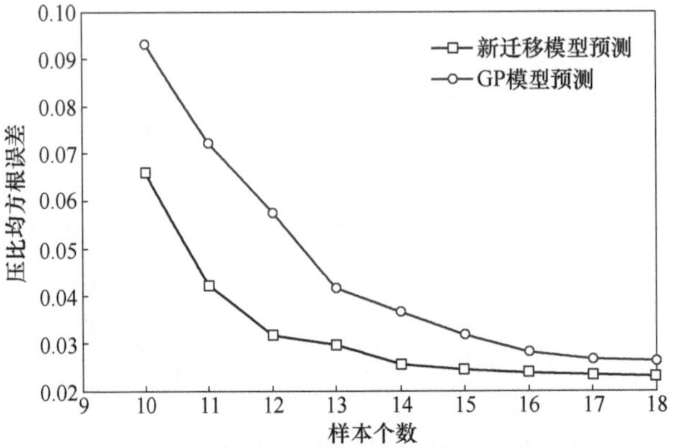

扫一扫
查看彩图

图 1-10　新迁移模型和高斯过程模型预测压比的均方根误差对比结果

为了进一步说明所提方法的优势，选择在所提方法和纯高斯过程方法的 RMSE 差异明显的数据点，即第 12 个训练点，对比两种方法的模型的预测精度。图 1-11 为在 20 组测试数据下，两种方法建立的性能预测模型的预测结果与真实值的对比情况。从图 1-11 中可以看出，相比于纯高斯过程模型，所提方法所建立的性能预测模型的预测值更接近实际值，也就是说，所提方法能够在更少的数据样本的情况下建立更为准确的性能预测模型。

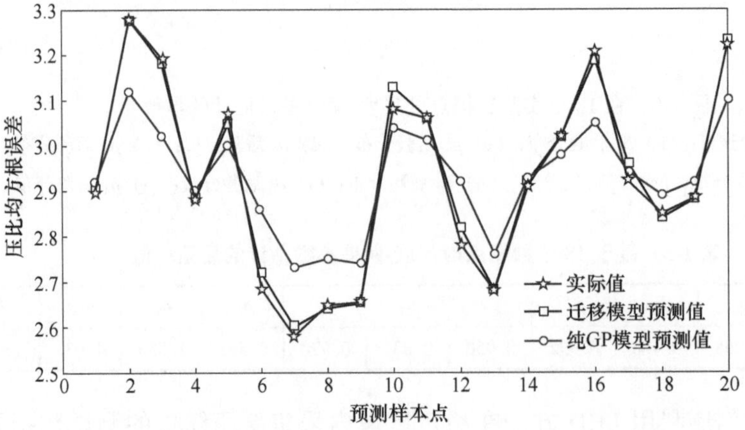

扫一扫
查看彩图

图 1-11　新迁移模型和高斯过程模型预测压比的均方根误差对比结果

此外，由表 1-4 知，在第 18 个数据点时 $re(n) < 0.01$，满足停止规则。因此分别选择第 18 个数据点处的两种方法所建立的模型，来对比两种方法的 RMSE 和 MRE。表 1-6 为两种方法的 RMSE 和 MRE。从表 1-6 中可以看出，所提方法和纯高斯过程法的 RMSE 分别为 0.0227 和 0.0271，MRE 分别为 0.66%和 0.82%。结果表明，当使用相同质量和数量的训练数据时，所提方法的预测性能明显高于纯高斯过程方法。

表 1-6　迁移模型与纯高斯过程模型 RMSE 与 MRE 对比

方法	RMSE	MRE/%
迁移模型	0.0227	0.66
纯高斯过程模型	0.0271	0.82

参 考 文 献

[1] 刘强，秦泗钊. 过程工业大数据建模研究展望 [J]. 自动化学报，2016，42（2）：161-171.

[2] 柴天佑. 制造流程智能化对人工智能的挑战 [J]. 中国科学基金，2018，32（3）：251-256.

[3] 周书恒，杜文莉. 基于迁移学习的裂解炉产率建模 [J]. 化工学报，2014，65（12）：4921-4928.

[4] 唐美玲. 单级离心式压缩机内部流场分析与结构优化 [D]. 阜新：辽宁工程技术大学，2009.

[5] Chu F, Dai B, Lu N, et al. Improved fast model migration method for centrifugal compressor based on bayesian algorithm and Gaussian process model [J]. Science China Technological Sciences, 2018, 61 (12): 1950-1958.

[6] Botros K K. Transient phenomena in compressor stations during surge [J]. Journal of Engineering for Gas Turbines and Power, 1994, 116 (1): 133-142.

[7] Van Helvoirt J, De Jager B. Dynamic model including piping acoustics of a centrifugal compression system [J]. Journal of Sound and Vibration, 2007, 302 (1/2): 361-378.

[8] 赵冬冬，华志广，梁艳，等. 飞机燃料电池的离心空气压缩机特性研究 [J]. 航空科学技术，2017，28（2）：64-68.

[9] Chu F, Wang F, Wang X, et al. Performance modeling of centrifugal compressor using kernel partial least squares [J]. Applied Thermal Engineering, 2012, 44: 90-99.

[10] Sanaye S, Dehghandokht M, Mohammadbeigi H, et al. Modeling of rotary vane compressor applying artificial neural network [J]. International Journal of Refrigeration, 2011, 34 (3): 764-772.

[11] Ghorbanian K, Gholamrezaei M. An artificial neural network approach to compressor performance prediction [J]. Applied Energy, 2009, 86 (7/8): 1210-1221.

[12] Tian Z, Gu B, Yang L, et al. Hybrid ANN - PLS approach to scroll compressor thermodynamic performance prediction [J]. Applied Thermal Engineering, 2015, 77: 113-120.

[13] Fei J, Zhao N, Shi Y, et al. Compressor performance prediction using a novel feed-forward neural network based on Gaussian kernel function [J]. Advances in Mechanical Engineering, 2016, 8 (1): 1-14.

[14] Pan S J, Shen D, Yang Q, et al. Transferring localization models across space[C]. Proceedings of the 23th AAAI Conference on Artificial Intelligence, Chicago, Illinois, USA, 2008: 1383-1388.

[15] Zhao Z, Chen Y, Liu J, et al. Cross-mobile elm-based activity recognition [J]. International Journal of Engineering and Industries, 2010, 1 (1): 30-38.

[16] Lu J, Gao F. Process modeling based on process similarity [J]. Industrial & Engineering Chemistry Research, 2008, 47 (6): 1967-1974.

[17] Lu J, Yao Y, Gao F. Model migration for development of a new process model [J]. Industrial & Engineering Chemistry Research, 2009, 48 (21): 9603-9610.

[18] Lu J, Yao K, Gao F. Process similarity and developing new process models through migration [J]. AIChE Journal, 2009, 55 (9): 2318-2328.

[19] Lu J, Gao F. Model migration with inclusive similarity for development of a new process model [J]. Industrial & Engineering Chemistry Research, 2008, 47 (23): 9508-9516.

[20] 张立, 高宪文, 王介生, 等. 基于模型迁移方法的回转窑煅烧带温度软测量 [J]. 东北大学学报（自然科学版）, 2011, 32 (2): 175-178.

[21] 王介生, 杨阳, 孙世峰. 基于模型迁移的磨矿过程混合蛙跳算法：小波神经网络软测量建模及重构 [J]. 上海交通大学学报, 2012, 46 (12): 1951-1955.

[22] 吕伍, 毛志忠, 袁平, 等. 基于模型迁移方法的精炼炉钢水终点硫含量预报 [J]. 东北大学学报（自然科学版）, 2014, 35 (3): 314-317.

[23] 王浩亮, 李清东, 任章, 等. 基于模型迁移方法的高超声速飞行器建模 [J]. 北京航空航天大学学报, 2016, 42 (12): 2640-2647.

[24] 何志昆, 刘光斌, 赵曦晶, 等. 高斯过程回归方法综述 [J]. 控制与决策, 2013, 28 (8): 1121-1129.

[25] 王华忠. 高斯过程及其在软测量建模中的应用 [J]. 化工学报, 2007, 58 (11): 2840-2845.

[26] Williams C K I, Rasmussen C E. Gaussian processes for machine learning [M]. Cambridge, MA: MIT press, 2006.

[27] 孙斌, 姚海涛, 刘婷. 基于高斯过程回归的短期风速预测 [J]. 中国电机工程学报, 2012, 32 (29): 104-109.

[28] 茆诗松. 贝叶斯统计 [M]. 北京：中国统计出版社, 1999.

[29] 茆诗松, 王静龙, 濮晓龙. 高等数理统计 [M]. 北京：高等教育出版社, 2006.

[30] 刘乐平, 高磊, 杨娜. MCMC 方法的发展与现代贝叶斯的复兴——纪念贝叶斯定理发现250周年 [J]. 统计与信息论坛, 2014, 29 (2): 3-11.

[31] 王安麟, 孟庆华, 韩继斌. 基于拉丁超立方仿真实验设计的双涡轮变矩器性能分析 [J]. 中国工程机械学报, 2015, 13 (4): 293-298.

[32] 郝中军, 扈晓翔. 基于拉丁超立方抽样的导弹快速精度分析与误差补偿方法 [J]. 兵工自动化, 2009, 28 (6): 23-25.

[33] Loeppky J L, Welch W J. Choosing the sample size of a computer experiment: a practical guide [J]. Technometrics, 2008, 51 (4): 366-376.

[34] Box G E P, Hunter J S, Hunter W G. Statistics for experimenters: design, innovation, and discovery [M]. New York, USA: Wiley, 2005.

[35] 李航. 统计学习方法 [M]. 北京：清华大学出版社, 2012.

[36] Liu J S. Monte Carlo strategies in scientific computing [M]. New York, USA: Springer, 2001.

[37] Andrieu C, Freitas N D, Doucet A, et al. An introduction to MCMC for machine learning [J]. Machine Learning, 2003, 50 (1/2): 5-43.

[38] Haario H, Laine M, Mira A, et al. DRAM: efficient adaptive MCMC [J]. Statistics & Computing, 2006, 16 (4): 339-354.

[39] Ji C L, Schmidler S C. Adaptive markov chain monte carlo for bayesian variable selection [J]. Journal of Computational & Graphical Statistics, 2013, 22 (3): 708-728.

[40] Luo L, Yao Y, Gao F. Bayesian improved model migration methodology for fast process modeling by incorporating prior information [J]. Chemical Engineering Science, 2015, 134: 23-35.

[41] Lindley D V. On a measure of the information provided by an experiment [J]. Annals of Mathematical Statistics, 1956, 27 (4): 986-1005.

[42] Fisher R A. The design of experiments [J]. Nature, 1936, 137 (1): 252-254.

[43] Horníková A. Optimum experimental designs, with SAS [J]. Technometrics, 2009, 51 (3): 341.

[44] Zhu L, Dasgupta T, Huang Q. A D-optimal design for estimation of parameters of an exponential-linear growth curve of nanostructures [J]. Technometrics, 2014, 56 (4): 432-442.

[45] Roya A. Convergence properities of sequential Bayesian D-optimal designs [J]. Journal of Statistics Planning & Inference, 2009, 139 (2): 425-440.

[46] Yu Y. On a multiplicative algorithm for computing bayesian D-optimal designs [J]. arXiv preprint arXiv: 1005.2355, 2010.

[47] Chu F, Wang F L, Wang X G, et al. A model for parameter estimation of multistage centrifugal compressor and compressor performance analysis using genetic algorithm [J]. Science China Technological Sciences, 2012, 55 (11): 3163-3175.

2 基于多模型迁移和贝叶斯模型平均算法的最小成本建模方法

2.1 引 言

在第1章，本书基于高斯过程模型和贝叶斯算法提出了改进的迁移建模方法，它基于已有相似过程的信息，通过修改相似过程的模型以适应新过程，从而实现以较低的成本开发新过程模型。在实际的工业生产中存在大量与新过程相似的旧过程，它们的模型与数据包含大量有用的信息，可以用来指导新过程的建模。鉴于此，通过迁移多个已有相似旧过程性能预测模型，同时结合少量数据开发新过程模型成为降低过程建模成本的一个有效途径。

然而，通过对现有工作的调研可以发现，目前大多数基于模型迁移的方法都是针对两个过程模型的迁移，很少有组合利用多个相似过程模型的方法，从而造成过程信息浪费，建模成本增加。而在实际生产中，充分挖掘多个相似过程模型与目标建模过程之间潜在的共性信息对于减少过程建模所需数据样本，降低过程建模成本，提高模型精度与泛化性，提升模型开发速度具有重要意义。因此，从解决当前相似过程建模问题的迫切需求出发，本章提出一种基于多模型迁移策略的过程低成本建模方法。需要说明的是本章所述的“低成本”是指用于建立准确合适的过程性能预测模型所需的建模数据样本最少。这是因为通过设计实验等途径采集建模所必要的数据要花费大量的人力、物力和财力，减少建模数据量可以有效地降低建模成本，提高经济效益。该方法的核心是迁移利用已有多个相似过程模型所包含的信息以减少新过程建模所需的数据，从而最大限度地降低新过程建模成本。首先利用贝叶斯模型平均算法获取多模型最优组合权重系数，组合多模型实现可用迁移信息的最大化，其次，通过多模型迁移策略充分利用相似过程的有用信息帮助新过程建模，并利用最小二乘支持向量机算法训练迁移模型。若获得的迁移模型不能满足提前设定的停止条件，则需要进一步实验采集新过程数据训练模型，直到满足设定的停止条件。为了保证用于新过程建模的采样次数最少，本章采用嵌套拉丁超立方采样方法避免重复采样。最后，将本章所提方法应用于联合循环发电机组中大型工业用多级离心压缩机的快速低成本建模，验证所提方法的有效性。

2.2 多模型迁移策略

模型迁移是一种有效的迁移学习方法，它通过修改相似源域已有旧模型以适应目标过程从而降低新过程的建模成本。传统的模型迁移仅仅关注一个相似源域的模型，然而在实际生产中往往存在许多与目标过程相似的旧过程，它们所包含的信息同样在一定程度上可以用于目标过程的建模工作。因此，研究迁移多个相似源域旧模型建立目标过程的模型具有重要的实际意义。假设选定 N 个与目标过程相似的旧过程，它们所对应的模型为 M_1，…，M_N，那么多模型迁移策略的结构可以用图 2-1 表示。图中目标过程数据 X 一方面用于训练过程模型，另一方面通过区间转换技术映射到相似过程模型的有效区间内获得多个相似模型的输出 $M_i(X)$，$\boldsymbol{y}_o$ 表示多个相似旧过程模型的组合输出：

$$\boldsymbol{y}_o = \sum_{i=1}^{N} w_i \cdot M_i(X_i) \tag{2-1}$$

由于旧过程与目标过程相似，且旧过程模型的输出 $M_i(X)$ 是输入数据 X 的某种表示，所以 $M_i(X)$ 包含与目标过程建模有用的信息，$\boldsymbol{y}_o$ 是各旧过程模型的组合输出，因此，$\boldsymbol{y}_o$ 包含可以描述旧过程的关键特征的关键信息，因而将 $\boldsymbol{y}_o$ 作为训练模型的附加输入可以充分挖掘与利用旧过程包含的有用信息，从而降低目标过程建模所需的数据成本。Y_n 表示训练模型的输出。常用的训练算法可以是 ANN，PLS 等，考虑到目标过程建模数据小样本的特征，本章选择最小二乘支持向量机算法作为新模型的训练算法，最小二乘支持向量机理论介绍详见第 3 章 3.2.2 节。

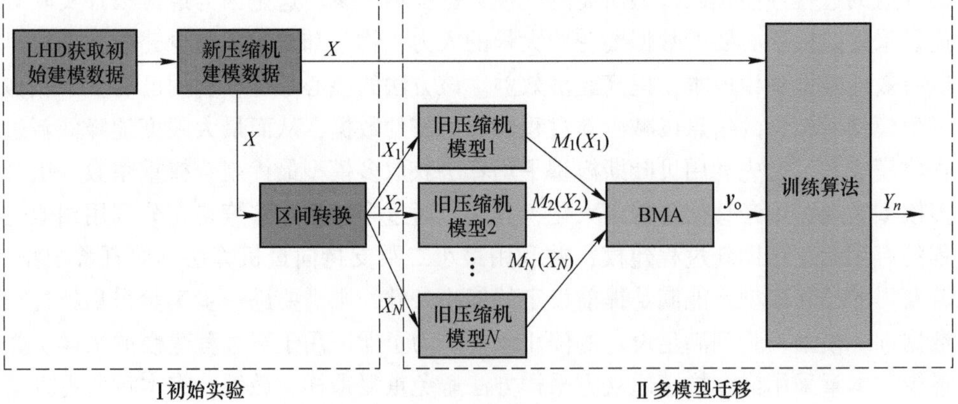

图 2-1 多模型迁移策略

2.3 贝叶斯模型平均算法

2.3.1 BMA

由 2.2 节分析可知，在选定 N 个相似旧过程模型后，关键问题是采用有效的方式将各模型进行组合从而实现相似过程模型可用信息最大化。通常不同的旧过程模型包含的有用信息并不一致，与目标过程越相似的过程，包含的有用信息就越多，在模型组合时应该给予更大的权值 w。常用的模型组合方法有简单平均法、加权平均法等，然而这些方法并未考虑模型的主观先验信息和模型不确定性，所获得的模型组合权重并不一定是最优的。因此，本章采用贝叶斯模型平均算法实现多模型的组合，如图 2-2 所示。

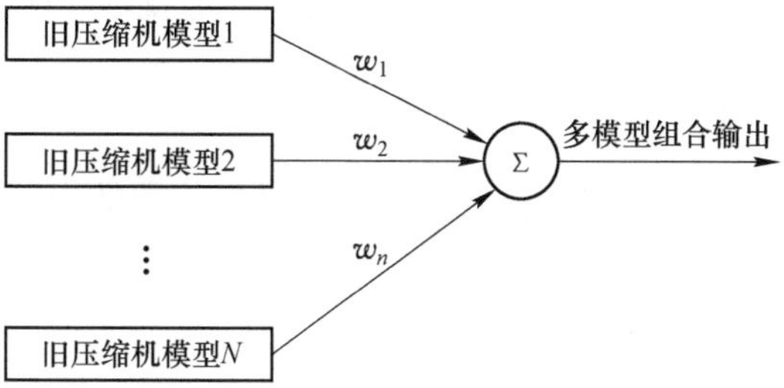

图 2-2 多模型组合

贝叶斯模型平均法（Bayesian Model Averaging，BMA）是一种基于贝叶斯理论的且充分考虑模型的先验信息的模型组合方法，它能够充分提取各旧过程模型对目标过程建模的有用信息，反映其对目标过程建模权重的大小。其基本原理如下[1-3]：

设 M_1，M_2，…，M_N 是选定的 N 个相似旧过程模型，$D = \{(\boldsymbol{x}_1, Y_1), (\boldsymbol{x}_2, Y_2), \cdots, (\boldsymbol{x}_n, Y_n)\}$ 为训练数据集，Y 为模型 $M(\boldsymbol{x})$ 的预测输出。根据全概公式，在给定训练集 D 和 N 个相似过程模型下，模型的预测输出 Y 的概率密度函数 $P(Y)$ 可以表示为：

$$p(Y) = \sum_{i=1}^{N} p(M_i \mid D) \cdot p_i(Y \mid M_i, D) \tag{2-2}$$

式中，$p_i(Y \mid M_i, D)$ 为在给定训练数据集 D 和第 i 个模型 $M_i(\boldsymbol{x})$ 条件下 Y 的后验分布，$p(M_i \mid D)$ 为在给定数据集 D 的条件下 $M_i(\boldsymbol{x})$ 的后验分布，它反映了模型 $M_i(\boldsymbol{x})$ 的输出与 Y 的相似程度，即 $w_i = p(M_i \mid D)$ 且 $\sum_{i=1}^{N} w_i = 1$，具体形式为：

$$p(M_i \mid D) = \frac{p(D \mid M_i)p(M_i)}{\sum_{j=1}^{N} p(D \mid M_j)p(M_j)} \tag{2-3}$$

式中，$p(M_i)$ 为第 i 个过程模型 $M_i(\boldsymbol{x})$ 的先验概率（通常在未知情况下可以去均匀分布）即 $p(M_i) = 1/N$；$p(D \mid M_i)$ 为模型 $M_i(\boldsymbol{x})$ 的边缘分布。根据贝叶斯模型平均理论，Y 的均值和方差分别为：

$$E(Y \mid D) = \sum_{i=1}^{N} p(M_i \mid D) \cdot E[p_i(Y \mid M_i, D)] = \sum_{i=1}^{N} w_i M_i \tag{2-4}$$

$$V(Y \mid D) = \sum_{i=1}^{N} w_i (M_i - \sum_{j=1}^{N} w_j M_i)^2 + \sum_{i=1}^{N} w_i \sigma_i^2 \tag{2-5}$$

式中，w_i 为模型 $M_i(\boldsymbol{x})$ 的权重；σ_i^2 为模型 $M_i(\boldsymbol{x})$ 的方差。

综上分析可知，模型的综合预测输出 Y 的后验分布本质上是以权重 $p(M_i \mid D)$ 对所有模型的后验分布 $p_i(Y \mid M_i, D)$ 的加权平均输出。

2.3.2 期望最大（EM）算法

通过上述分析可知，贝叶斯模型平均法应用的关键是确定模型 $M_i(\boldsymbol{x})$ 的权重系数 w_i。通常 w_i 是一个高维、复杂的积分，很难直接进行计算，本章利用 EM 算法最大化似然函数迭代求解 w_i。

期望最大（EM）算法通过迭代优化的策略首先对训练数据进行分析，利用已有参数的先验信息估计模型参数初值，之后根据所估计的模型参数值估算相应的训练数据，接着将估算的训练数据加上之前的训练数据重新估算模型参数值，如此反复迭代优化直到模型参数满足收敛条件。在贝叶斯模型平均算法中，EM 算法是通过最大似然函数来计算各模型的权重和方差，具体理论[4,5]如下。

假设模型的后验分布 $p_i(Y \mid M_i, D)$ 服从高斯分布，t 为 EM 算法迭代求解次数，$z_{i,t}$ 是模型未观测变量，即潜变量，且满足：

$$z_{i,t} = \begin{cases} 1, \text{在 } t \text{ 步模型中 } M_i \text{ 为最优预测模型} \\ 0, \text{其他} \end{cases} \tag{2-6}$$

模型待求解参数 $\theta = \{\omega_i, \sigma_i, i = 1, 2, \cdots, N\}$，则在第 t 次迭代时模型参数的对数似然函数可以表示为：

$$l(w, \sigma)^t = \ln\Big(\sum_{i=1}^{N} w_i \cdot p_i(Y \mid M_i, D)\Big) \tag{2-7}$$

根据 EM 算法最大似然函数原则，EM 算法分为 E 步和 M 步，在 E 步中 $z_{i,t}$ 是 θ 的估计值，在 M 步中 θ 是 $z_{i,t}$ 的估计值。重复迭代 E 步和 M 步直到满足迭代停止条件。具体实施步骤如下。

步骤 1：给定模型各参数初值，且 $t=0$。

$$w_{i,t} = \frac{1}{N}, \sigma_{i,t}^2 = \frac{1}{N}\sum_{j=1}^{n} \frac{\left(\sum_{i=1}^{N} Y_i - M_{i,t}\right)^2}{n} \tag{2-8}$$

式中，n 为训练数据个数。

步骤 2：计算初始对数似然函数。

$$\begin{aligned} l(w,\ \sigma)^t &= \ln\left(\sum_{i=1}^{N} w_i \cdot p_i(Y \mid M_i,\ D)\right) \\ &= \ln\left(\sum_{i=1}^{N} w_i \cdot \sum_{j=1}^{n} gp(Y_j \mid M_{i,j},\ \sigma_{i,t})\right) \end{aligned} \tag{2-9}$$

式中，$gp(Y_j \mid M_{i,j},\ \sigma_{i,t})$ 为高斯函数。

步骤 3：执行 E 步，设 $t = t + 1$，对于 $i = 1, \cdots, N$ 和 $j = 1, \cdots, n$，计算：

$$z_{k,j,t} = \frac{gp(Y_j \mid M_{i,j}, \sigma_{i,t-1})}{\sum_{i=1}^{N} gp(Y_j \mid M_{i,j}, \sigma_{i,t-1})} \tag{2-10}$$

步骤 4：执行 M 步，计算模型参数 θ。

$$w_{i,t} = \frac{1}{n}\sum_{j=1}^{n} z_{i,j,t} \tag{2-11}$$

$$\sigma_{i,t}^2 = \frac{\sum_{j=1}^{n} z_{i,j,t} \cdot (Y_j - M_{i,j})^2}{\sum_{j=1}^{n} z_{i,j,t}} \tag{2-12}$$

并根据式（2-9）更新似然函数。

步骤 5：判断迭代停止条件 $\delta = l(w,\ \sigma)^t - l(w,\ \sigma)^{t-1}$，若 $\delta \leqslant$ 设定值，则停止迭代过程，否则返回步骤 3。

根据上述 EM 算法可获得模型 $M_i(\boldsymbol{x})$ 相对应的权重参数 w_i，从而获得多个旧模型的组合输出。

2.4　基于多模型迁移策略的最小成本建模方法

在实际生产过程中通常存在大量相似的过程，例如在油气输送管网中同等级的管网使用的离心压缩机很可能是相似的。尽管这些压缩机在结构、大小、运行工况等方面存在着差异，但是它们所遵循的数学、物理等相关原理是相同的，例如都遵循能量守恒定律。因而它们所包含的信息，如模型参数，可以用来指导新压缩机的建模。对于新的过程而言，由于运行时间短，过程积累的建模数据不足，覆盖新过程有效运行区域窄，传统的建模方法很难快速准确地建立新过程的性能预测模型，而设计实验收集建模数据又会增加建模成本，同时在建立新的过程性能预测模型时，不仅仅关注一个相似过程而是多个相似过程。

针对上述问题，本章利用多模型迁移策略迁移多个已有相似过程有用信息建立新过程性能预测模型，建模过程如图 2-3 所示，具体建模步骤归纳如下。

步骤 1：选定相似过程基础模型。

步骤 2：采集新过程初始建模数据集。

步骤 3：迁移模型参数估计与模型训练。

步骤 4：补充实验与模型验证。

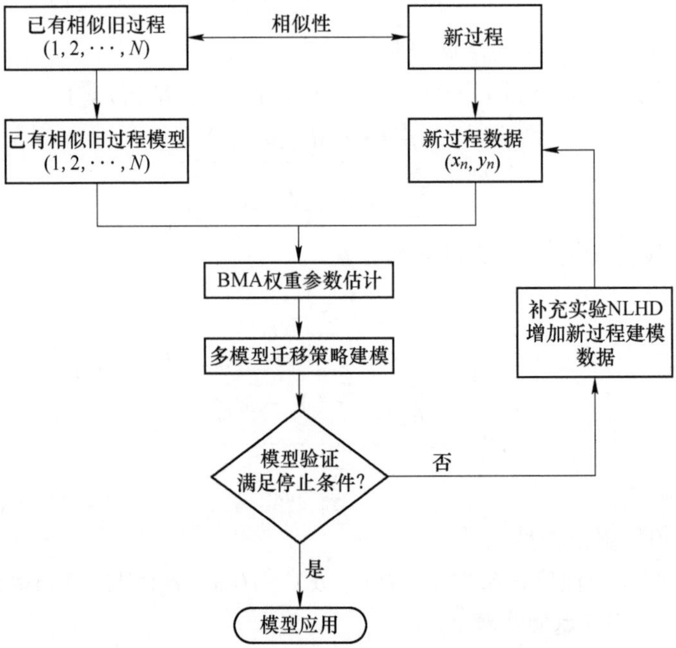

图 2-3　基于多模型迁移过程低成本建模过程

2.4.1　相似过程基础模型选择

已有相似过程由于长时间稳定运行，积累了大量有价数据信息，可以准确地描述过程的关键性能特征，这些关键信息可以被用来辅助建立新过程性能预测模型。通常提取这些信息的有效途径是通过过程的性能预测模型，因此，本章假设相似过程的模型可以直接获得，并且定义选择的性能预测模型为基础模型。由于建模方法与建模目的的不同，基础模型的类型也不尽相同，常见的有机理模型、数据模型和混合模型等。然而本章所提的多模型迁移策略是通过对基础模型的组合输出以实现迁移相似过程的有用信息，基础模型的特定类型并不影响所提方法的实现，因而本章对基础模型的种类并不做限制，既可以是同一类型的模型也可以是不同类型模型的组合。由于机理模型对过程的运行具有较强的解释能力，本章选取机理模型作为基础模型。

2.4.2　新过程初始建模数据获取

本章所提的多模型迁移策略的核心是能够充分利用相似过程的信息以及少量新过程的数据，因而有必要设计实验采集过程数据样本用于迁移建模。在初始实验阶段，为了使采集的数据样本尽可能地覆盖整个新过程的稳定运行区间，采用拉丁超立方采样方法（Latin Hypercube Sampling，LHS）采集新过程初始建模数据样本[6]。

文献［7］推荐在建模的初始阶段，采集的建模数据样本不应超过建模成本的25%，称为“25%准则”。例如 $n=10d$ 是建立模型的数据成本，d 为输入变量的维度，则在初始阶段，初始建模数据 $n_0 \leqslant 2.5d$。

由于新过程的变量输入有效区间与相似旧过程输入变量有效区间有所不同，因而在前一阶段还需要将新过程的输入变量映射到旧过程的有效运行区间。变量区间转换公式为：

$$\frac{\boldsymbol{x}_{\mathrm{o}}-\boldsymbol{x}_{\mathrm{o,min}}}{\boldsymbol{x}_{n}-\boldsymbol{x}_{n,\mathrm{min}}}=\frac{\boldsymbol{x}_{\mathrm{o,max}}-\boldsymbol{x}_{\mathrm{o,min}}}{\boldsymbol{x}_{n,\mathrm{max}}-\boldsymbol{x}_{n,\mathrm{min}}} \tag{2-13}$$

式中，$\boldsymbol{x}_{\mathrm{o}}$ 与 $\boldsymbol{x}_{n}$ 为新旧过程的输入数据；$\boldsymbol{x}_{\mathrm{o,\ min}}$ 与 $\boldsymbol{x}_{\mathrm{o,\ max}}$ 为旧过程输入变量的上、下限；$\boldsymbol{x}_{n,\ \mathrm{min}}$ 与 $\boldsymbol{x}_{n,\ \mathrm{max}}$ 为新过程输入变量的上、下限。

2.4.3　参数估计与模型训练

根据2.4.1节与2.4.2节所述，在获得旧过程基础模型与新过程实验初始数据之后，则严格按照贝叶斯模型平均算法对多模型组合权重进行估计，获得一组最优的组合权重。之后按照多模型迁移策略结合新过程建模初始数据进行多模型迁移训练。本章选取最小二乘支持向量机算法作为多模型迁移策略的训练算法，并选取RBF核函数作为最小二乘支持向量机的核函数。选用网格搜索法[8,9]确定LSSVM正则化系数 γ 与RBF核宽度 δ。

2.4.4　补充实验与模型验证

如果上述的初始建模数据获得的迁移模型不能满足模型训练的停止条件，则需要补充实验，进一步采集新过程实验数据。在初始实验中，采用拉丁超立方采样方法采集新过程实验数据，然而，拉丁超立方的使用需要提前确定样本数据的大小，而在补充实验中很难提前确定建立满足条件的迁移模型所需的训练数据样本大小。另一方面，尽管确定了补充实验样本的大小 n，但必要的实验数据样本可能小于 n，超出的实验样本则造成了建模成本增加。针对上述问题，本章在拉丁超立方方法采集的初始实验样本的基础上采用嵌套拉丁超立方（Nested Latin Hypercube Design, NLHD）采样方法继续采集新过程迁移建模所需必要数据集，减少重复采样降低建模成本。若初始建模数据样本大小为 n_0，即 $\boldsymbol{A} = [x_1, x_2, \cdots, x_n]^{\mathrm{T}}$ 则嵌套拉丁超立方采样简述如下[10]。

步骤 1：计算 $a_k = (\lceil n_1 x_{1k} \rceil, \cdots, \lceil n_1 x_{nk} \rceil)$，式中，$\lceil n_1 x_{1k} \rceil$ 为大于 $n_1 x_{1k}$ 的最小正整数；$k=1, 2, \cdots, d$ 为输入变量的维度。

步骤 2：在 $Z_{n_1} \setminus a_k$ 中抽取一个均匀排列 $(b_{1,k}, \cdots, b_{n_1-n_0,k})$，其中，$Z_{n_1} = (1, 2, \cdots, n_1)$，$Z_{n_1} \setminus a_k$ 为 Z_{n_1} 与 a_k 补集的交集。

步骤 3：通过式 $c_{ik} = \dfrac{b_{ik} - u_{ik}}{n_1}$ $(i = 1, \cdots, n_1 - n_0,\ k = 1, \cdots, d)$ 构建矩阵 $\boldsymbol{C}$，式中，u_{ik} 为服从 0~1 上均匀分布 $U_{[0,1)}$ 的相互独立随机变量。

步骤 4：逐行增加矩阵 $\boldsymbol{A}$ 和 $\boldsymbol{C}$ 获得最终补充建模训练数据集。

通过上述分析可知嵌套拉丁超立方采样法提供了采集任意大小数据集的方法，在补充实验中实验并不能无限制运行，还需要确定合适的实验停止条件。本章采用交叉检验的方法实现模型的检验，并将平均交叉检验误差（Mean-CVE）作为实验停止阈值，当交叉检验误差大于设定阈值时，则继续补充实验采集新过程训练数据，反之停止补充实验。具体实施步骤简述如下。

步骤 1：利用 LHS 获取 n_0 个初始建模数据样本，设置 $t = 0$。

步骤 2：利用 n_t 新过程数据训练迁移模型。

步骤 3：计算平均交叉检验误差。

$$\text{Mean-CVE} = \frac{1}{n_t}\sum_{i=1}^{n_t}(y_i' - Y_i)^2 \tag{2-14}$$

式中，Y_i 为新过程真实输出数据；y_i' 为利用除去 $(\boldsymbol{x}_i, Y_i)$ 后的建模数据集获得的迁移模型的预测输出。

步骤 4：若 Mean-CVE 小于设定阈值，则停止补充实验，否则令 $t = t + 1$，利用嵌套拉丁超立方采样采集 $n_{t+1} - n_t$ 个新过程数据构建训练数据集 $(\boldsymbol{x}_1, \cdots, \boldsymbol{x}_{n_t})$，返回步骤 3。

在每次采样实验中，由于一个数据点只能包含有限的信息，推荐每次实验增加 $(n_{t+1} - n_t) = d + 1$ 个新过程数据，其中，d 为输入变量的维数。

此外，为了评估所建立迁移模型的有效性，本章采用模型的均方根误差（RMSE）与平均相对误差（Mean Relative Error, MRE）来评估所建模型的有效性。其中，MRE 为：

$$\text{MRE} = \frac{1}{T}\sum_{i=1}^{T}\frac{|y_i - Y_i|}{Y_i} \tag{2-15}$$

式中，T 为测试数据样本大小；Y_i 为新过程实际输出；y_i 为模型预测输出。

2.5 实验验证

2.5.1 实验设计

本节选择 CCPP 系统中的大型离心压缩机作为实验对象，建立离心压缩机的性能预测模型验证所提多模型迁移建模方法的有效性。同时将所建模型的预测效果与无迁移的纯 LSSVM 建模算法的预测效果和单模型迁移建模方法的预测效果进行对比，进一步展示所提方法的优越性。

在第 1 章，我们详细地分析了离心压缩机的工艺流程与运行机理，在此基础上建立了离心压缩机性能预测机理模型，并通过仿真实验验证了机理模型的有效性，满足实际控制使用要求。同时通过实验分析获得了影响离心压缩机机理模型性能的关键几何参数与空气动力学参数。本章利用第 1 章所建立的离心压缩机机理模型代替实际生产中的离心压缩机，通过修改关键几何参数与空气动力学参数（如参考直径，叶轮出口直径和压缩机叶片入口角度等）构建多离心压缩机系统仿真平台，代替实际生产中的离心压缩机验证所提算法的可行性与有效性。

通过上述分析，本节所构建的多离心压缩机系统仿真平台共包含 A、B、C 和 D 4 台相似离心压缩机，它们运行机理相同，比如都为气体压缩机，仅在尺寸、转速等方面存在差异，满足多模型迁移策略的应用要求。表 2-1 为 4 台相似离心压缩机的具体参数[11]。

表 2-1 离心压缩机 A、B、C 和 D 几何参数与空气动力学参数

参数	压缩机 A			压缩机 B			压缩机 C			压缩机 D		
	1 级	2 级	3 级	1 级	2 级	3 级	1 级	2 级	3 级	1 级	2 级	3 级
σ	0.9	0.9	0.9	0.9	0.9	0.9	0.9	0.9	0.9	0.9	0.9	0.9
β_{1b}	33	33.5	32	33	33.5	32	33	33.5	32	33	33.5	32
D_1	0.684	0.659	0.654	0.720	0.694	0.688	0.756	0.729	0.722	0.648	0.625	0.619
D_2	1.026	1.026	1.026	1.080	1.080	1.080	1.134	1.134	1.134	0.972	0.972	0.972
l_y	0.404	0.384	0.353	0.425	0.404	0.037	0.446	0.424	0.391	0.383	0.364	0.335
l_k	0.979	0.937	0.396	1.031	0.986	0.417	1.083	1.035	0.438	0.928	0.887	0.375
d_y	0.110	0.096	0.086	0.116	0.101	0.090	0.121	0.106	0.095	0.104	0.091	0.081
d_k	0.078	0.064	0.083	0.082	0.068	0.087	0.086	0.071	0.092	0.074	0.061	0.079
M_r	27.68	27.68	27.68	27.68	27.68	27.68	27.68	27.68	27.68	27.68	27.68	27.68
γ	1.360	1.360	1.360	1.360	1.360	1.360	1.360	1.360	1.360	1.360	1.360	1.360
c	1118	1118	1118	1118	1118	1118	1118	1118	1118	1118	1118	1118
ξ	0.9	1	0.9	1	1	1	0.9	1	0.9	0.9	1	0.9
A	0.239	0.234	0.231	0.272	0.265	0.261	0.307	0.298	0.294	0.210	0.206	0.203
Δh_{sh}	0.06	0.06	0.06	0.05	0.05	0.05	0.06	0.06	0.06	0.06	0.06	0.06

图 2-4 为在不同质量流量的情况下各离心压缩机压比与效率的对比图，从图中可以看出，离心压缩机在不同质量流量的情况下压比与效率的形状与趋势大致相似，在一定程度上说明了本节所构建的离心压缩机具有一定的相似性。

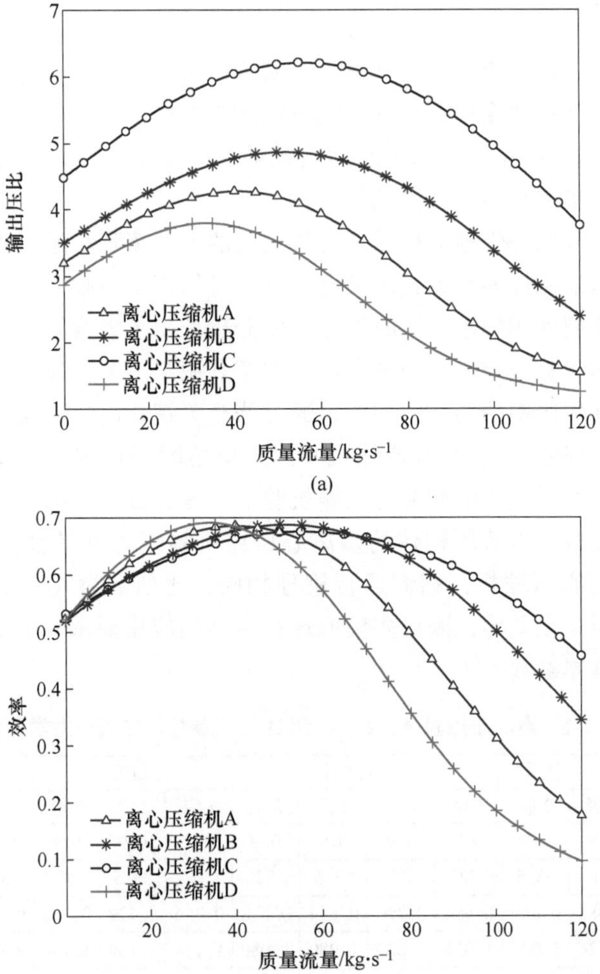

(a)

(b)

扫一扫
查看彩图

图 2-4　离心压缩机 A、B、C 和 D 输出压比效率对比图

在第 1 章分析离心压缩机的输出性能主要是指离心压缩机的输出压比，温比和效率，影响输出性能的输入变量为入口压力 p、质量流量 m、温度 T 和转速 N。为了仿真实验的便利性，本章所指的离心压缩机的预测性能主要是指离心压缩机出口压比，输入变量是指入口压力、温度、转速、质量流量。通过详细分析所构建的离心压缩机性能曲线，本章估算 A、B、C 和 D 4 台相似离心压缩机的稳定运行区间见表 2-2。

表 2-2 离心压缩机 A、B、C 和 D 稳定运行区间

输入变量	压缩机 A	压缩机 B	压缩机 C	压缩机 D
入口压力 p/kPa	101~142	106~146	111~152	100~138
入口温度 T/K	261~310	273~320	280~330	260~300
质量流量 m/kg · s^{-1}	45~80	55~100	60~116	38~65
转速 N/r · min^{-1}	4250~5150	4300~5200	4500~5400	4100~5000

对于 A、B、C 和 D 4 台离心压缩机，压缩机 A 作为新的待建模离心压缩机，产生数据用于证明多模型迁移的有效性；压缩机 B、C 和 D 则作为已有相似离心压缩机，它们的模型将通过多模型组合，辅助新压缩机的建模。

2.5.2 结果分析

在新离心压缩机（压缩机 A）的稳定运行区间内，需要采集必要的初始模型训练数据。在 2.4.2 节详细讨论了在初始实验如何确定合适数量的模型训练数据以及数据采集的方法。考虑本章选择输入变量维度为 4，即 $d=4$，根据“25%原则”利用拉丁超立方采样法采集 10 组初始模型训练数据。同时额外采集 20 组测试数据用以验证模型的有效性。此外，为了更好地模拟真实的实验环境，在训练数据和测试数据中分别加入 2%的噪声。

在获得的 10 组初始模型训练数据的基础上，本章严格遵循 2.4 节离心压缩机多模型迁移建模方法。同时设定 Mean-CVE = 0.05 作为模型训练的停止条件。若该条件无法满足，则必须执行补充实验，利用嵌套拉丁超立方方法继续采集新离心压缩机模型训练数据。需要说明的是，在执行补充实验时，每次将增加 5 组训练数据到之前的训练数据集中。

表 2-3 为在初始实验和补充实验中纯 LSSVM 算法、单模型迁移算法、多模型迁移算法的 Mean-CVE 的变化情况，其中 1~10 组数据表示初始模型训练数据，11~15 组数据是第一次补充实验采集的训练数据，16~20 组数据是第二次补充实验采集的模型训练数据，依次类推。从表 2-3 中可以看出，随着训练数据的增加，虽然各个算法的 Mean-CVE 都在降低，但多模型迁移所建立的模型的 Mean-CVE 始终低于其他两种算法，并且在第二次补充实验中满足模型训练停止条件，即 Mean-CVE = 0.041<0.05。这说明相比于另外两种建模方法，本章所提的离心压缩机迁移建模方法能够利用更少的训练数据满足模型训练停止条件，在一定程度上降低建模成本。

为了进一步验证所建离心压缩机模型的有效性，利用采集的 20 组测试数据对离心压缩机模型进行检验，并且以在测试数据下所建离心压缩机模型的 RMSE 作为有效性评估的指标。图 2-5 为在 20 组测试数据下，不同数量训练数据的三

种方法所建离心压缩机模型的 RMSE 值。比较三种方法的 RMSE 曲线，可以看出多模型迁移算法的 RMSE 值始终小于其他两种建模方法，这意味着尽管使用少量的训练数据，但该方法建立的离心压缩机性能预测模型具有更好的泛化性。同时也可以发现基于模型迁移策略的建模方法所需训练数据要少于没有模型迁移的建模方法，多模型迁移的建模方法也要少于单模型迁移的建模方法。这说明模型迁移策略可以有效地利用相似过程的有用信息帮助新过程模型的建立，降低新过程建模所需的数据成本，同时也说明多模型迁移方法比单模型迁移方法更能有效地利用过程之间的信息。

表 2-3　三种方法的初始建模数据和补充实验数据的 Mean-CVE 结果

实验数据点	p/kPa	T/K	m/kg · s^{-1}	N/r · min^{-1}	Mean-CVE		
					纯 LSSVM	单模型迁移	多模型迁移
1	130. 76	294. 16	52. 39	4818. 54	—	—	—
2	126. 05	290. 37	74. 35	4682. 41	—	—	—
3	101. 06	291. 06	50. 76	5129. 46	—	—	—
4	118. 54	295. 14	68. 37	4253. 76	—	—	—
5	116. 36	276. 22	74. 78	4586. 50	—	—	—
6	129. 42	285. 01	47. 94	4533. 81	—	—	—
7	140. 86	280. 27	67. 14	4621. 25	—	—	—
8	112. 30	267. 19	76. 33	5030. 18	—	—	—
9	139. 25	304. 97	53. 54	4444. 74	—	—	—
10	136. 07	303. 40	59. 72	4726. 46	0. 186	0. 124	0. 080
11	128. 75	282. 28	77. 31	5075. 68	—	—	—
12	113. 45	266. 75	79. 78	4386. 16	—	—	—
13	134. 24	268. 91	55. 27	4292. 01	—	—	—
14	122. 85	308. 02	62. 96	4538. 76	—	—	—
15	109. 72	273. 39	60. 70	4841. 59	0. 143	0. 102	0. 066
16	138. 46	264. 48	56. 62	4677. 86	—	—	—
17	103. 29	287. 98	72. 01	4931. 20	—	—	—
18	105. 89	262. 36	45. 23	4863. 03	—	—	—
19	106. 63	297. 02	64. 31	4427. 53	—	—	—
20	119. 55	278. 36	69. 73	4953. 80	0. 129	0. 088	0. 041
21	115. 62	298. 84	70. 27	5079. 45	—	—	—
22	121. 79	300. 50	57. 88	4778. 73	—	—	—
23	124. 86	308. 54	65. 87	4355. 22	—	—	—
24	133. 41	271. 23	49. 56	4498. 65	—	—	—
25	108. 04	283. 67	47. 47	4992. 83	0. 057	0. 045	0. 033

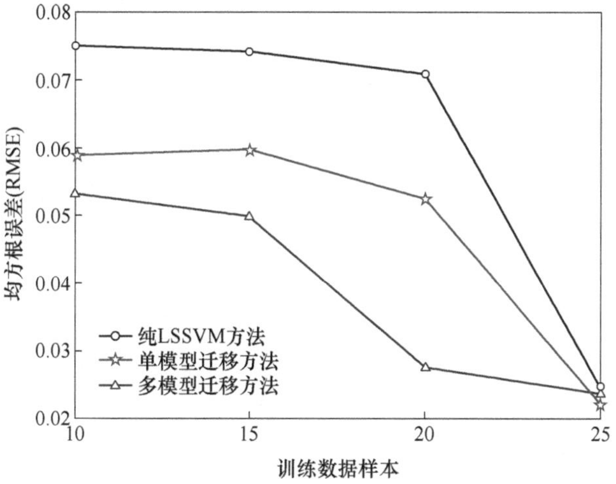

扫一扫
查看彩图

图 2-5　三种方法建立模型的 RMSE 值

为了更为清晰地展现在满足模型训练停止条件时，所提方法所建离心压缩机性能预测模型的预测性能，比较了三种建模方法在 20 组训练数据下所建离心压缩机模型的性能。图 2-6 为在 20 组训练数据下通过贝叶斯模型平均算法所获得的旧离心压缩机 B、C 和 D 模型的权重。从图 2-6 可以看出权重分别为 w_B = 0.403，w_C = 0.169，w_D = 0.428。同时基于网格搜索法利用 20 组训练数据获得 LSSVM 的最优参数为：r = 2844029.386，δ^2 = 5433.09。

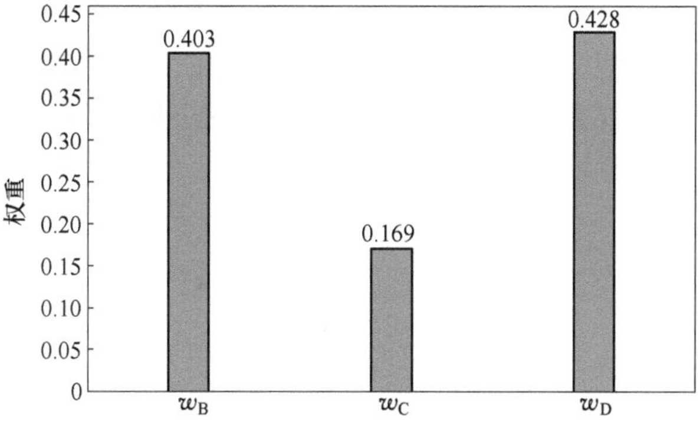

图 2-6　在 20 组训练数据下压缩机 B、C 和 D 模型权重估计值

图 2-7 为在 20 组训练数据下三种建模方法所建离心压缩机模型的预测效果，从图中可以看出，基于多模型迁移策略的离心压缩机建模方法所建离心压缩机模型预测值更接近，再次说明了所提方法的优越性。

同时计算了在 20 组训练数据下，三种方法建立的离心压缩机模型的 RMSE

与 MRE 值，见表 2-4，从表中可以看出，多模型迁移方法的 RMSE 和 MRE 分别为 0. 0274 和 0. 16%，均小于其他两种方法。

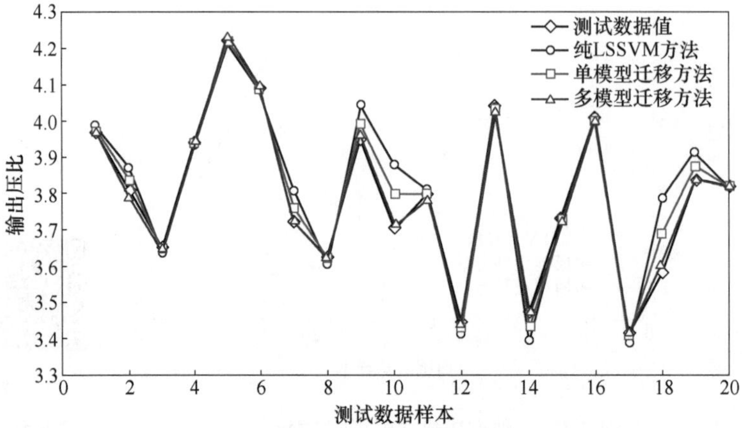

扫一扫
查看彩图

图 2-7　三种方法建立的模型压比预测输出

表 2-4　三种方法建立的离心压缩机模型的 RMSE 与 MRE 值

方　法	RMSE	MRE/%
多模型迁移	0. 0274	0. 16
单模型迁移	0. 0523	0. 36
纯 LSSVM	0. 0708	0. 82

上述实验结果表明，在相同质量和数量训练数据的条件下，多模型迁移策略所建立的离心压缩机模型精度更高；相同精度的条件下，多模型迁移策略所需要的数据最少，建模成本最小。

参 考 文 献

[1] Wasserman L. Bayesian model selection and model averaging [J]. Journal of Mathematical Psychology, 2000, 44 (1): 92-107.

[2] Raftery A E, Gneiting T, Balabdaoui F, et al. Using Bayesian model averaging to calibrate forecast ensembles [J]. Monthly Weather Review, 2005, 133 (5): 1155-1174.

[3] Evans G W, Honkapohja S, Sargent T J, et al. Bayesian model averaging, learning, and model selection [J]. Macroeconomics at the Service of Public Policy, 2013: 99-119.

[4] Duan Q, Ajami N K, Gao X, et al. Multi-model ensemble hydrologic prediction using Bayesian model averaging [J]. Advances in Water Resources, 2007, 30 (5): 1371-1386.

[5] Baran S. Probabilistic wind speed forecasting using Bayesian model averaging with truncated normal components [J]. Computational Statistics & Data Analysis, 2014, 75: 227-238.

[6] Mckay M D, Beckman R J, Conover W J. A comparison of three methods for selecting values of input variables in the analysis of output from a computer code [J]. Technometrics, 2000, 42 (1): 55-61.

[7] Chu F, Dai B, Dai W, et al. Rapid modeling method for performance prediction of centrifugal compressor based on model migration and SVM [J]. IEEE Access, 2017, 5: 21488-21496.

[8] Suykens J A, Vandewalle J. Least squares support vector machine classifiers [J]. Neural Processing letters, 1999, 9 (3): 293-300.

[9] Lu C, Chen J, Hong R, et al. Degradation trend estimation of slewing bearing based on LSSVM model [J]. Mechanical Systems and Signal Processing, 2016, 76: 353-366.

[10] Yang J, Liu M, Lin D K. Construction of nested orthogonal Latin hypercube designs [J]. Statistica Sinica, 2014, 24 (1): 211-219.

[11] Chu F, Dai B, Ma X, et al. A minimum-cost modeling method for nonlinear industrial process based on multi-model migration and bayesian model averaging method [J]. IEEE Transactions on Automation Science and Engineering, 2019, 17 (2): 947-956.

3 基于多任务最小二乘支持向量机的多过程联合建模方法

3.1 引 言

在第2章讨论了利用多个相似过程模型实现新过程性能预测模型快速准确低成本的建立。在实际生产过程中我们不仅仅关注一个新过程的建模，通常在某个生产区域内会同时存在多个相似或相同的过程，为了实现这些过程的运行优化控制，则必须对其建立准确的性能预测模型。若依然沿用单个过程逐一建模的方式则会导致建模周期长、投入资源成本高等问题。因而，在利用已有相似过程数据信息的基础上，充分整合资源，实现多个过程联合建模成为解决上述问题的一种有效途径。

在实际生产中，相似的过程之间通常共享着通用的信息，以离心压缩机为例，图2-4中描绘了运行在不同工况下且仅在尺寸大小、转速等方面存在差异的相似离心压缩机的输出压比对比图。从图2-4中可以看出不同压缩机的输出压比性能曲线存在很多相似的行为。例如，随着质量流量的变化压缩机都有一个最大的输出压比，在稳定运行区域，随着质量流量的增加压缩机的输出压比都随之减小。从能量守恒的角度可以解释为，由于压缩机输入能量不变，增加质量流量则单位压缩介质所获得的能量就减少，从而造成压比的降低。此外，当质量流量增大到某一值时，压缩机进入阻塞区，这些相似的行为趋势说明，尽管这些压缩机在某些方面存在一些差异，但它们内部所遵循的基本原理如空气动力学、热力学等原理是相同的，因此它们之间存在共性信息，例如相似的行为趋势。充分利用这些共性信息可以帮助实现多离心压缩机的快速建模，提高建模效率和模型的泛化性，降低建模成本。

本章假设多个待建模的新过程与已有相似过程之间共享着通用的信息，一个过程的建模数据可能对其他的过程建模有帮助，对于其中任意第 i 个过程的模型 y_i 可以看作是共性特征模型与独有特征模型之和，可以表述为：

$$y_i = f_0 + f_i \tag{3-1}$$

式中，f_0 为共性特征模型；f_i 为独有特征模型。其中，f_0 通过所有建模数据获得，f_i 只与第 i 个过程建模数据有关。因此，本章需要探索能够同时建立共性特征模型和独有特征模型的多输出建模算法。多任务学习作为迁移学习算法的一种，其主要思想是通过同时学习多个相关联任务，来提高模型的精度，增强模型的泛化性。与传统单任务学习不同，多任务学习能够利用隐含在多个相关任务之中的共享知识获得其他相关任务的知识，即一个问题的知识应用到相关的问题的方法，从而提高学习的效率[1,2]。上述分析表明相似过程之间的模型存在较强的相关性，因此符合多任务学习的前提。

综上所述，本章提出基于多任务学习的多过程 Joint 建模方法。该方法将过程模型看作共性特征模型和独有特征模型两个部分，然后组合所有相似过程建模数据，利用多任务最小二乘向量机算法同时训练上述两个部分，训练完成后，同时输出多个过程模型。该方法的目的是通过利用多个相似过程的过程数据提取共性信息，一方面提高目标过程性能预测模型的精度，另一方面基于 Joint 建模方法联合建立多个过程性能预测模型。

3.2 多任务最小二乘支持向量机

3.2.1 多任务学习算法

在传统的机器学习领域，标准的算法理论是一次学习只关注一个任务，然而，对于复杂学习的问题，通常的解决思路是将一个问题划分成多个理论上简单、独立的局部子问题，通过对每个局部子问题的学习，最终组合获得原问题的解决策略。然而这种基于单个任务学习的方法，忽略了任务与任务之间的联系，浪费了可用的相关信息，在某些应用条件下并不是那么的有效。

多任务学习作为单任务学习理论的拓展，它不仅仅关注任务之间的差异性，同时也考虑了任务之间的相关性，通过对相关任务的学习来提高学习性能。多任务学习能够有效缓解小规模训练样本的学习问题，提高任务学习效率。多任务学习的本质是不仅关注到任务之间的差异性，更多的是考虑到任务之间的共性特征，并以此作为偏置信息来提高学习模型的泛化性能[3]。与单任务学习各任务相互独立相比，多任务学习充分挖掘相关任务潜在的共性信息，同时学习多个任务。具体学习策略如图 3-1 所示[4]。

3.2.2 最小二乘支持向量机

支持向量机（Support Vector Machine，SVM）以统计学习理论为基础，结合 VC 维（Vapnik-Chervonenkis Dimension）和结构风险最小化（Structure Risk Minimization，SRM）等技术，利用少量的训练样本，在模型-数据契合度和保留模型特征二者之间折中训练，从而获得一个具有强泛化性的学习器[5]，有效地

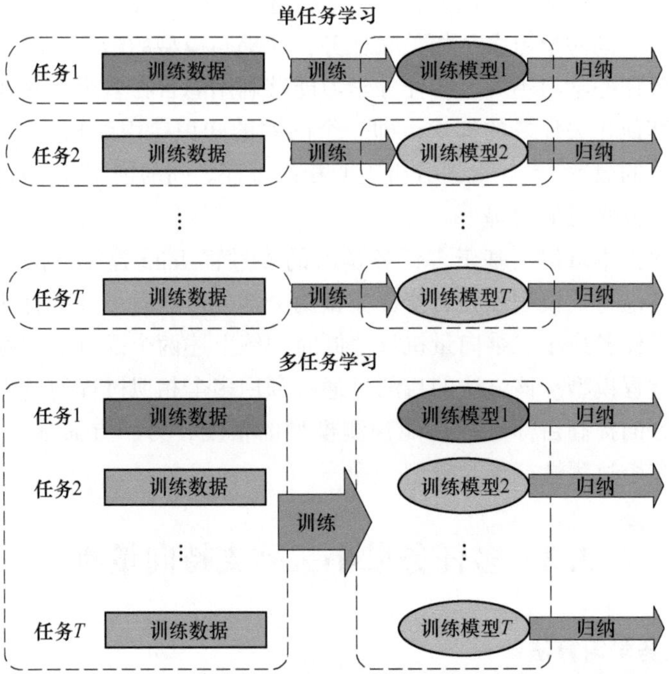

图 3-1　多任务学习与单任务学习结构对比

抑制了过拟合和维数灾难等问题，在文本识别、图像分类等领域获得广泛的应用[6,7]。在此基础上，Suykens 等人将损失函数直接定义为误差平方和，提出了一种改进的 SVM 算法——LSSVM 算法。其主要优势是转化 SVM 中的不等式约束为等式约束，从而降低算法计算的复杂性，加快算法求解的速度，其基本原理如下[8]：

设有训练集 (x_i, y_i)，$i = 1, 2, \cdots, l$，$x_i \in \mathrm{R}^d$ 是第 i 个样本的输入，$y_i \in \mathrm{R}$ 是第 i 个样本的期望输出，构造回归函数：

$$f(\boldsymbol{x}_i) = \boldsymbol{\omega}^{\mathrm{T}}\varphi(\boldsymbol{x}_i) + b + \xi_i \tag{3-2}$$

式中，$\boldsymbol{\omega}$ 为最小二乘支持向量机的法向量；b 为位移项；ξ_i 为误差；$\varphi(\boldsymbol{x}_i)$ 为核函数。

定义损失函数为：

$$l(y, f(\boldsymbol{x})) = (y - f(\boldsymbol{x}))^2 = \xi^2 \tag{3-3}$$

根据结构风险最小原理，最小二乘支持向量机风险函数为：

$$J = \frac{1}{2}\|\boldsymbol{\omega}\|^2 + \frac{r}{2}\sum_{i=1}^{l}\xi_i^2 \tag{3-4}$$

式中，r 为惩罚系数。据此可以得到最优化问题：

$$\min \frac{1}{2}\|\boldsymbol{\omega}\|^2 + \frac{r}{2}\sum_{i=1}^{l}\xi_i^2$$
$$\text{s.t. } f(\boldsymbol{x}_i) = \boldsymbol{\omega}^{\mathrm{T}}\varphi(\boldsymbol{x}_i) + b + \xi_i,\quad i = 1,2,\cdots,l \tag{3-5}$$

构造 Lagrange 函数：

$$L(\boldsymbol{\omega},b,\xi_i,a_i) = \frac{1}{2}\|\boldsymbol{\omega}\|^2 + \frac{r}{2}\sum_{i=1}^{l}\xi_i^2 - \sum_{i=1}^{l}a_i\{\boldsymbol{\omega}^{\mathrm{T}}\varphi(\boldsymbol{x}_i) + b + \xi_i - y_i\} \tag{3-6}$$

式中，$a_i \geqslant 0$ 为 Lagrange 乘子。

根据 KKT 条件[9]，最优条件为：

$$\begin{cases} \dfrac{\partial L}{\partial \omega} = \boldsymbol{\omega} - \sum\limits_{i=1}^{l}a_i\varphi(x_i) = 0 \rightarrow \boldsymbol{\omega} = \sum\limits_{i=1}^{l}a_i\varphi(x_i) \\ \dfrac{\partial L}{\partial b} = -\sum\limits_{i=1}^{l}a_i = 0 \rightarrow \sum\limits_{i=1}^{l}a_i = 0 \\ \dfrac{\partial L}{\partial e_i} = r\sum\limits_{i=1}^{l}\xi_i - \sum\limits_{i=1}^{l}a_i = 0 \rightarrow a_i = r\xi_i \\ \dfrac{\partial L}{\partial a_i} = 0 \rightarrow \boldsymbol{\omega}^{\mathrm{T}}\varphi(x_i) + b + \xi_i - y_i = 0 \end{cases} \tag{3-7}$$

消去 $\boldsymbol{\omega}$ 和 ξ 解线性方程：

$$\begin{bmatrix} 0 & \mathbf{1}_v \\ \mathbf{1}_v^{\mathrm{T}} & \boldsymbol{\Omega} + \boldsymbol{D}_r^{-1} \end{bmatrix}\begin{bmatrix} b \\ \boldsymbol{a} \end{bmatrix} = \begin{bmatrix} 0 \\ \boldsymbol{y} \end{bmatrix} \tag{3-8}$$

式中，$\mathbf{1}_v = [1,\ 1,\ \cdots,\ 1]$；对角阵 $\boldsymbol{D}_r = \mathrm{diag}[r,\ r,\ \cdots,\ r]$；$\boldsymbol{y} = [y_1,\ y_2,\ \cdots,\ y_N]^{\mathrm{T}}$；$\boldsymbol{a} = [a_1,\ a_2,\ \cdots,\ a_N]^{\mathrm{T}}$；矩阵 $\boldsymbol{\Omega}$ 的元素为：

$$\boldsymbol{\Omega}_{ij} = \varphi(\boldsymbol{x}_i)^{\mathrm{T}}\varphi(\boldsymbol{x}_j) = K(\boldsymbol{x}_i,\boldsymbol{x}_j) \tag{3-9}$$

式中，$K(\boldsymbol{x}_i,\ \boldsymbol{x}_j)$ 为核函数。解方程组（3-7）得到 a_i 与 b，则最小二乘支持向量机回归模型为：

$$f(\boldsymbol{x}) = \sum_{i=1}^{l}a_iK(\boldsymbol{x}_i,\boldsymbol{x}_j) + b \tag{3-10}$$

LSSVM 的回归预测能力主要取决于核函数与具体参数的选取。实际应用中通常选择满足 Mercer 条件的核函数，常见的主要分为局部核函数和全局核函数两类[10]。为了使模型具有较强的泛化性，通常的做法是将全局核函数与局部核函数线性组合，将两者的优点集于一身。常用的核函数主要有高斯径向基核函数、多项式核函数、多层感知器核函数等，具体表达式如下：

（1）高斯径向基核。

$$K(x,z) = e^{-\frac{\|x-z\|^2}{2\delta^2}} \tag{3-11}$$

式中，δ 为 RBF 核宽度。

（2）多项式核函数。

$$K(x,z) = (x \cdot z + 1)^{d} \tag{3-12}$$

式中，d 为多项式核的阶次。

（3）多层感知器核函数，又称 sigmoid 核函数。

$$K(x,z) = \tanh(ax \cdot z + r) \tag{3-13}$$

式中，a 为一个标量；r 为一个位移参数。

3.2.3　多任务最小二乘支持向量机

假设有 M 个学习任务，对于任意第 m 个任务其训练数据为：

$$D^{m} = \{(x_i^{m}, y_i^{m}), i = 1,\cdots,N_m\} \tag{3-14}$$

式中，N_m为第 m 个任务训练数据样本总量，则 M 个学习任务的训练数据集 D 中共有 $N = \sum_{m=1}^{M} N_m$ 个训练数据样本。为了方便起见，令

$$\begin{aligned} \boldsymbol{X} &= [\boldsymbol{x}_1^1,\cdots,\boldsymbol{x}_{N_1}^1,\cdots,\boldsymbol{x}_1^M,\cdots,\boldsymbol{x}_{N_M}^M]^{\mathrm{T}} \\ \boldsymbol{y} &= [y_1^1,\cdots,y_{N_1}^1,\cdots,y_1^M,\cdots,y_{N_M}^M]^{\mathrm{T}} \end{aligned} \tag{3-15}$$

假设所有任务共享共性特征模型，则对第 m 个任务的模型可以表示为：

$$\begin{aligned} f_m(\boldsymbol{X}) &= f_0(\boldsymbol{X}) + f_m(\boldsymbol{X}) \\ &= \boldsymbol{\omega}_0^{\mathrm{T}}\varphi_0(\boldsymbol{X}) + \boldsymbol{v}_m^{\mathrm{T}}\varphi_m(\boldsymbol{X}) + b_m \end{aligned} \tag{3-16}$$

式中，$\boldsymbol{\omega}_0$ 和 φ_0 为共性特征模型的法向量和非线性特征映射函数；$\boldsymbol{\omega}_m$ 和 φ_m 为第 m 个学习任务独有特征模型的法向量和非线性特征映射函数；b_m 为偏移量。根据式（3-16），参照最小二乘支持向量机算法求解的最优函数，可以构造如下的优化函数，通过对其求解建立第 m 个任务的多任务最小二乘支持向量机模型[11-13]。

$$\begin{aligned} &\min_{\omega_0, v_m, b_m, \xi_m} \frac{1}{2}\|\boldsymbol{\omega}_0\|^2 + \frac{C_1}{2}\sum_{m=1}^{M}\|\boldsymbol{v}_m\|^2 + \frac{C_2}{2}\sum_{m=1}^{M}\|\boldsymbol{\xi}_m\|^2 \\ &\text{s.t.}\ \ \boldsymbol{\omega}_0^{\mathrm{T}}\boldsymbol{Z}_m + \boldsymbol{v}_m^{\mathrm{T}}\boldsymbol{A}_m + b_m + \boldsymbol{\xi}_m = \boldsymbol{y}_m \end{aligned} \tag{3-17}$$

式中，$\boldsymbol{Z}_m = \{\varphi_0(\boldsymbol{x}_{m,1}),\ \varphi_0(\boldsymbol{x}_{m,2}),\ \cdots,\ \varphi_0(\boldsymbol{x}_{m,N_m})\}$；$\boldsymbol{A}_m = \{\varphi_m(\boldsymbol{x}_{m,1}),\ \varphi_m(\boldsymbol{x}_{m,2}),\ \cdots,\ \varphi_m(\boldsymbol{x}_{m,N_m})\}$；$\boldsymbol{\xi}_m = [\xi_{m,1},\ \xi_{m,2},\ \cdots,\ \xi_{m,N_m}]^{\mathrm{T}}$ 表示任务 m 的松弛系数向量；C_1和 C_2为正则化参数。由式（3-17）可以看出，由于共性信息相互连接，多任务最小二乘支持向量机同时训练了 M 个任务，使得在训练过程中任务之间能够充分利用潜在的共性信息，并以此作为偏置信号，提高模型的预测精度。

为了更高效求解上述优化问题，通过引入拉格朗日乘子获得上述优化问题的对偶问题。式（3-17）的拉格朗日函数可以写为：

$$
\begin{aligned}
& L(\boldsymbol{\omega}_0, \boldsymbol{v}_m, b_m, \boldsymbol{\xi}_m, \boldsymbol{\alpha}_m) \\
= & \frac{1}{2} \| \boldsymbol{\omega}_0 \|^2 + \frac{C_1}{2} \sum_{m=1}^{M} \| \boldsymbol{v}_m \|^2 + \frac{C_2}{2} \sum_{m=1}^{M} \| \boldsymbol{\xi}_m \|^2 - \\
& \sum_{m=1}^{M} \boldsymbol{\alpha}_m (\boldsymbol{\omega}_0^{\mathrm{T}} \boldsymbol{Z}_m + \boldsymbol{v}_m^{\mathrm{T}} \boldsymbol{A}_m + b_m + \boldsymbol{\xi}_m - \boldsymbol{y}_m)
\end{aligned} \tag{3-18}
$$

式中，$\boldsymbol{\alpha}_m = (\alpha_{m,1}, \alpha_{m,2}, \cdots, \alpha_{m,N_m})^{\mathrm{T}}$ 为拉格朗日算子。根据 KTT 条件，求解下列方程：

$$
\begin{cases}
\dfrac{\partial L}{\partial \boldsymbol{\omega}_0} = 0 & \Rightarrow \boldsymbol{\omega}_0 = \boldsymbol{Z}_m \boldsymbol{\alpha}_m \\
\dfrac{\partial L}{\partial \boldsymbol{v}_m} = 0 & \Rightarrow \boldsymbol{v}_m = \dfrac{1}{C_1} \boldsymbol{A}_m \boldsymbol{\alpha}_m \\
\dfrac{\partial L}{\partial b_m} = 0 & \Rightarrow \sum_{i=1}^{N_m} \alpha_{m,i} = 0 \\
\dfrac{\partial L}{\partial \alpha_m} = 0 & \Rightarrow \boldsymbol{\omega}_0^{\mathrm{T}} \boldsymbol{Z}_m + \boldsymbol{v}_m^{\mathrm{T}} \boldsymbol{A}_m + b_m + \boldsymbol{\xi}_m - \boldsymbol{y}_m = 0 \\
\dfrac{\partial L}{\partial \boldsymbol{\xi}_m} = 0 & \Rightarrow \boldsymbol{\xi}_m = \dfrac{1}{C_2} \boldsymbol{\alpha}_m
\end{cases} \tag{3-19}
$$

将式（3-19）代入式（3-18），得式（3-17）的对偶问题形式：

$$
\begin{aligned}
\max_{\boldsymbol{\alpha}_m} \quad & -\frac{1}{2} \sum_{m,i=1}^{M} \boldsymbol{\alpha}_m^{\mathrm{T}} \boldsymbol{Z}_m^{\mathrm{T}} \boldsymbol{Z}_i \boldsymbol{\alpha}_i - \frac{1}{2C_1} \sum_{m=1}^{M} \boldsymbol{\alpha}_m^{\mathrm{T}} \boldsymbol{A}_m^{\mathrm{T}} \boldsymbol{A}_m \boldsymbol{\alpha}_m - \frac{1}{2C_2} \sum_{m=1}^{M} \boldsymbol{\alpha}_m^{\mathrm{T}} \boldsymbol{\alpha}_m + \sum_{m=1}^{M} \boldsymbol{\alpha}_m \\
\text{s. t.} \quad & \boldsymbol{\alpha}_m \geqslant 0 \\
& \sum_{i=1}^{N_m} \alpha_{m,i} = 0
\end{aligned} \tag{3-20}
$$

求解式（3-20），若获得的最优解为：

$$
\begin{aligned}
\boldsymbol{\alpha}^* &= (\boldsymbol{\alpha}_1^*, \boldsymbol{\alpha}_2^*, \cdots, \boldsymbol{\alpha}_M^*)^{\mathrm{T}} \\
\boldsymbol{b}^* &= (b_1^*, b_2^*, \cdots, b_M^*)^{\mathrm{T}}
\end{aligned} \tag{3-21}
$$

则任意第 m 个任务的模型可以表示为：

$$
\begin{aligned}
f_m(\boldsymbol{X}) &= f_0(\boldsymbol{X}) + f_m(\boldsymbol{X}) \\
&= \boldsymbol{\omega}_0^{\mathrm{T}} \varphi_0(\boldsymbol{X}) + \boldsymbol{v}_m^{\mathrm{T}} \boldsymbol{\varphi}_m(\boldsymbol{X}) + b_m^* \\
&= \sum_{m=1}^{M} \sum_{i=1}^{N_m} \alpha_{m,i}^* K_0(x_{m,i}, \boldsymbol{X}) + \frac{1}{C_1} \sum_{i=1}^{N_m} \alpha_{m,i}^* K_m(\boldsymbol{x}_{m,i}, \boldsymbol{X}) + b_m^*
\end{aligned} \tag{3-22}
$$

式中，$K_0(\cdot,\cdot)$ 与 $K_m(\cdot,\cdot)$ 为核函数。

3.3 多过程联合建模方法

本章所提的基于多任务学习的多过程 Joint 建模方法是将多个相似过程的数据组合，通过多任务最小二乘支持向量机训练学习数据中通用建模信息和特有建模信息，最终获得多个过程性能预测模型，并且提高单个模型的预测精度[14]。具体步骤包含过程建模数据预处理、构建多建模任务、模型训练、模型评估四部分，如图 3-2 所示。

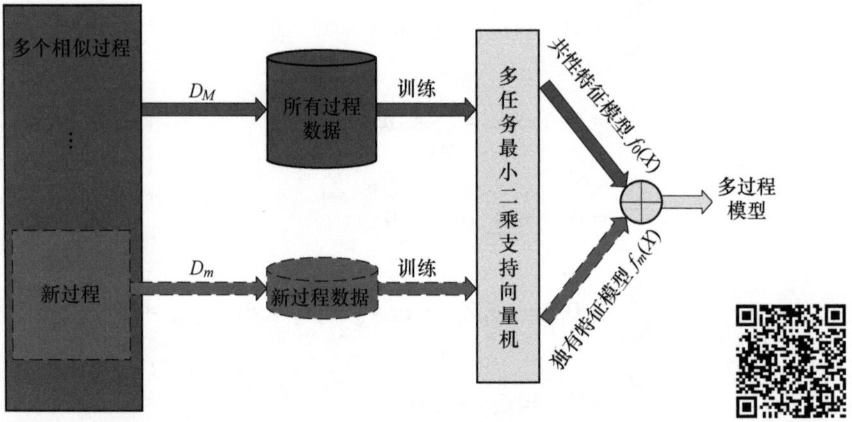

图 3-2 多过程 Joint 建模方法结构

扫一扫
查看彩图

3.3.1 数据预处理

本章假设所有过程的输入、输出数据均可以测量和获得，将获得的数据按照式（3-15）进行组合，构建建模训练数据集 D。如图 3-2 所示，其中深灰色（二维码里的彩图为绿色）数据块表示来自多个待建模过程的建模数据。为了消除量纲的影响，本章对所有建模数据进行归一化处理，归一化公式为：

$$z^* = \frac{z - \mu}{\sigma} \tag{3-23}$$

式中，z^* 为归一化后的数据；μ 为所有数据样本的均值；σ 为所有数据样本的方差。

3.3.2 构建多任务

本章假设共有 N 个相似过程，其中共有 n 个待建模过程，基于多任务学习方法的多过程建模的本质是利用过程之间的相似性信息进行归纳迁移学习。本章将

所有 N 个过程数据组合构建 N 个过程建模任务，并将 n 个待建模的过程预测值一起作为模型的输出。

3.3.3 模型训练与模型评估

将 n 个过程相对应的建模数据集同时经过多任务最小二乘支持向量机算法训练共性特征模型和独有特征模型，最终获得 n 个过程性能预测模型。需要说明的是，多任务最小二乘支持向量机的正则化参数 C_1，C_2通过网格搜索法获得。

此外，为了对模型精度进行评估，本章选择均方根误差（RMSE）和平均相对误差（MRE）来衡量。

3.4 实验验证

本章将设计多台离心压缩机建模仿真实验建立离心压缩机性能预测模型，并将所建立的离心压缩机性能预测模型与单任务最小二乘支持向量机所建模型进行对比以验证所提多离心压缩机 Joint 建模方法的两个优势，一是可以实现多离心压缩机联合建模，二是针对每个任务所建模型精度比单任务学习算法模型的精度高。本章所有程序算法均用 MATLAB2016a 实现。

3.4.1 实验设计

由于实验经费与设备的限制，很难在实际生产中对多台离心压缩机进行实验，因此本章采用压缩机机理模型代替实际生产中的压缩机。根据第 2 章与第 3 章的叙述，通过修改第 2 章所建的离心压缩机机理模型的关键几何参数，模拟产生 A、B、C 和 D 4 台不同但相似的离心压缩机机理模型用于仿真实验。关于 4 台离心压缩机的模型参数、稳定运行区间和性能输出分别见表 2-1，表 2-2 和图 2-4 所示。对于这 4 台离心压缩机，将压缩机 A 和 B 作为新的待建模的离心压缩机，C 和 D 作为已有相似离心压缩机。对于目标待建模离心压缩机在其稳定运行区间内分别采集 20 组训练数据和 20 组测试数据。对于压缩机 C 和 D 在其稳定运行区间内分别采集 40 组数据作为模型训练数据。因此，训练数据集共包含 80 组训练数据。需要说明的是，所有的数据均由拉丁超立方采样方法获得，且所有数据的有效性均通过经验公式（3-24）验证，从而保证数据的均匀性与有效性。

$$m_{\text{choke}}(U_1) = A_1\rho_{01}a_{01}\left[\frac{2+(\gamma-1)\left(\dfrac{U_1}{a_{01}}\right)^2}{\gamma+1}\right]^{(\gamma+1)/2(\gamma-1)} \tag{3-24}$$

在仿真实验中，均选择 RBF 核函数作为 $K_0(.\ ,\ .)$ 和 $K_m(.\ ,\ .)$ 的核函数以训练多任务最小二乘支持向量机，RBF 核函数表达式见式（3-11）。通常，所建模型的预测性能在一定程度上依赖于模型参数的选择，为了获得较优的模型参数，利用网格搜索法确定多任务最小二乘支持向量机模型与单任务最小二乘支持向量机模型的参数 C_1，C_2，δ_1，δ_2 和 C，δ 。为了降低模型的计算成本令 $C_1 \in \{2^{-7}, 2^{-5}, \cdots, 2^{5}\}$，$C_2 \in \{2^{-6}, 2^{-4}, \cdots, 2^{8}\}$，$\delta_1 \in \{2^{-7}, 2^{-5}, \cdots, 2^{5}\}$ 和 $\delta_2 \in \{2^{-7}, 2^{-5}, \cdots, 2^{5}\}$。对于最小二乘支持向量机其正则化参数 $C \in \{2^{-6}, 2^{-4}, \cdots, 2^{8}\}$，$\delta \in \{2^{-7}, 2^{-5}, \cdots, 2^{5}\}$ 且每个新压缩机单任务最小二乘支持向量机模型的训练数据与多任务最小二乘支持向量机相同。在进行实验时，新离心压缩机建模的初始训练数据均为 8 组，每次实验依次增加 4 组，直到训练数据用完。每次建模完成，测试数据集利用式（1-55）分别对所建性能预测模型进行评估。

3.4.2　结果分析

基于上述实验准备，本节利用多任务最小二乘支持向量机算法建立多台离心压缩机性能预测模型。图 3-3 为目标待建模压缩机 A 和 B 在训练样本数量为 8、

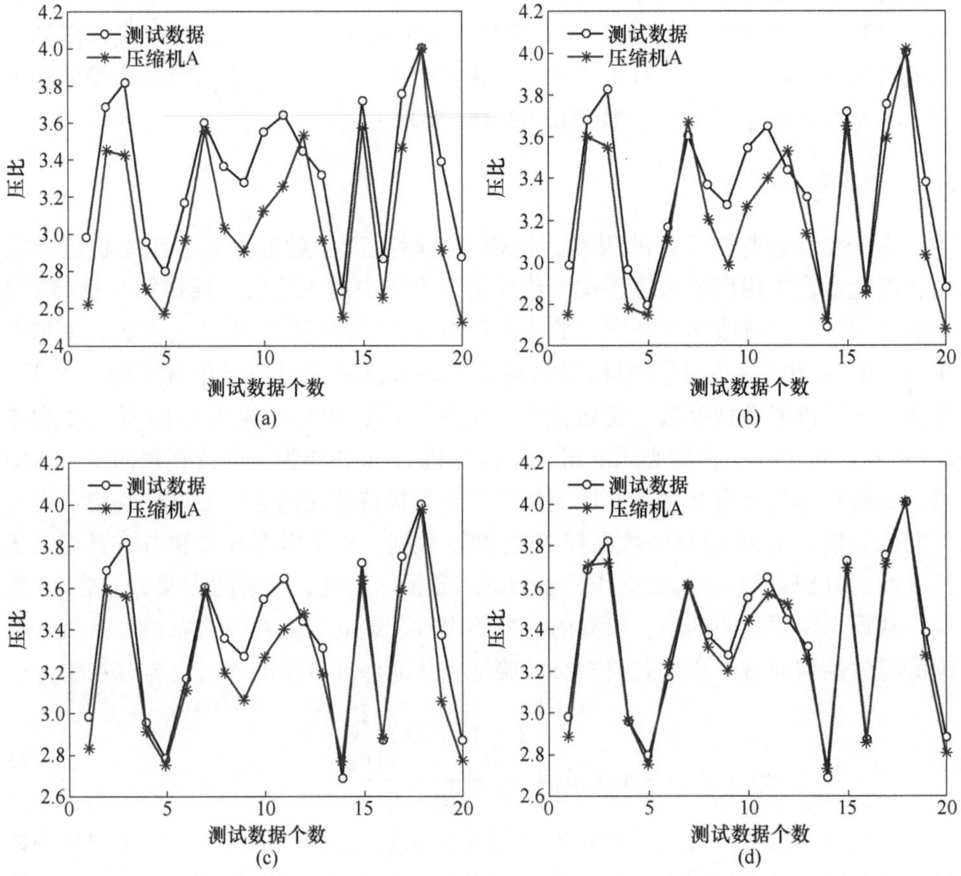

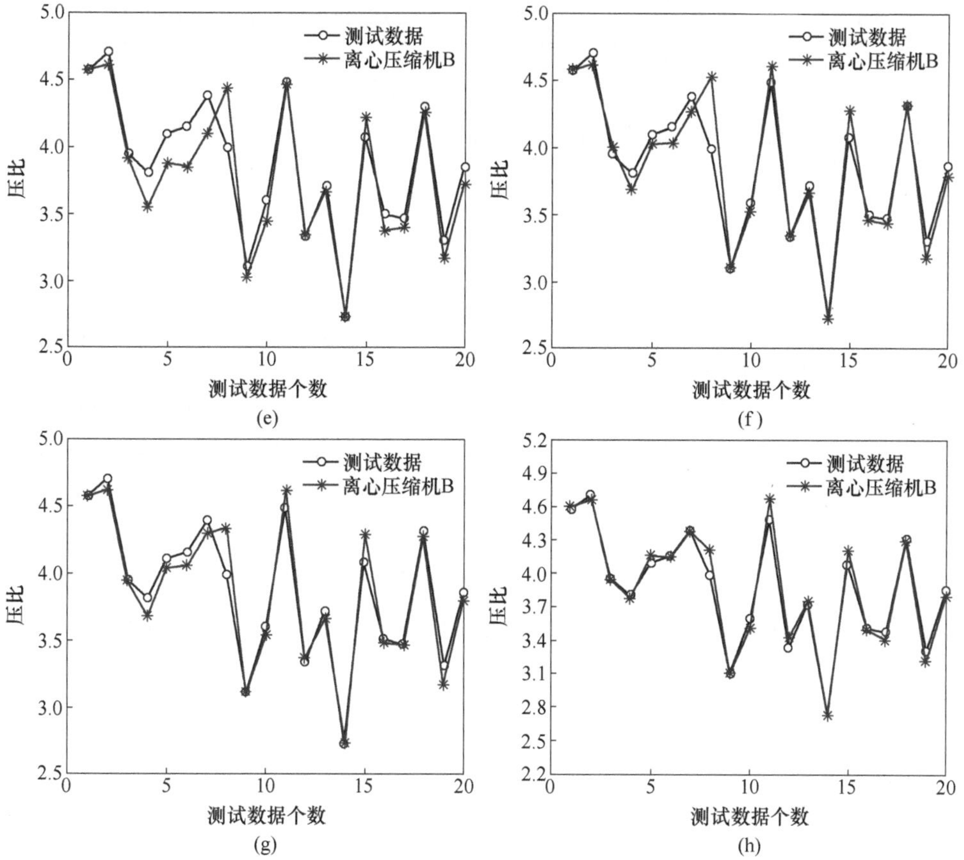

图 3-3 离心压缩机 A 和 B 在训练样本数量为 8、12、16 和 20 时所建性能预测模型的输出与测试样本的压比对比

（a）压缩机 A，8 组训练数据；（b）压缩机 A，12 组训练数据；（c）压缩机 A，16 组训练数据；（d）压缩机 A，20 组训练数据；（e）压缩机 B，8 组训练数据；（f）压缩机 B，12 组训练数据；（g）压缩机 B，16 组训练数据；（h）压缩机 B，20 组训练数据

扫一扫
查看彩图

12、16 和 20 时所建性能预测模型的输出与测试样本的结果对比，

从图中可以看出，所提方法建立的两压缩机性能预测模型可以很好地拟合测试样本值，且随着训练数据的增加模型拟合效果更好，这说明所提方法在充分利用相似离心压缩机训练数据的共性信息的同时能够很好地学习目标待建模压缩机的独有特征从而实现多台离心压缩机的联合建模。

表 3-1 为在不同训练样本的情况下所提方法所建两压缩机性能预测模型的均方根误差和平均相对误差。表 3-1 从 RMSE 和 MRE 两个方面对所建模型的性能进行评估，说明了所建模型的有效性。

表 3-1　离心压缩机 A、B 在 8、12、16 和 20 个训练数据下模型的 RMSE 和 MRE 值

样本	压缩机 A				压缩机 B			
	8	12	16	20	8	12	16	20
RMSE	0. 2910	0. 1801	0. 1539	0. 0639	0. 1754	0. 1493	0. 1153	0. 0846
MRE	0. 0800	0. 0452	0. 0365	0. 0165	0. 0335	0. 0239	0. 0202	0. 0155

为了进一步说明本章所提的多离心压缩机 Joint 建模方法的优势，将所提方法建立的性能预测模型与传统单任务最小二乘支持向量机模型的预测性能做对比。图 3-4 为在不同训练样本下两种方法建立的两压缩机性能预测模型的 RMSE 值与 LSSVM 模型 RMSE 值的对比，需要说明的是，建立 LSSVM 模型所用待建模压缩机训练数据与所提方法相同。从图 3-4 中可以看出，所提方法所建模型的 RMSE 始终小于 LSSVM 模型，且随着建模数据的增加两模型的 RMSE 值都在降低，同时两模型的 RMSE 差值也不断减少。这说明在建模初期，即建模数据不足时，所提方法所建模型比 LSSVM 拥有更高的精度。这是由于本章所提的建模方法可以充分利用相似离心压缩机建模数据中的共性信息部分帮助待建模压缩机建模，从而减少待建模压缩机建模所需的数据。另一方面，随着建模数据的增加，LSSVM 模型的精度也在不断提高，因而二者 RMSE 差值降低。当建模数据足够多时，两模型的精度相当。

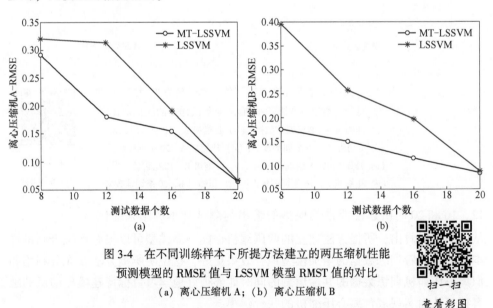

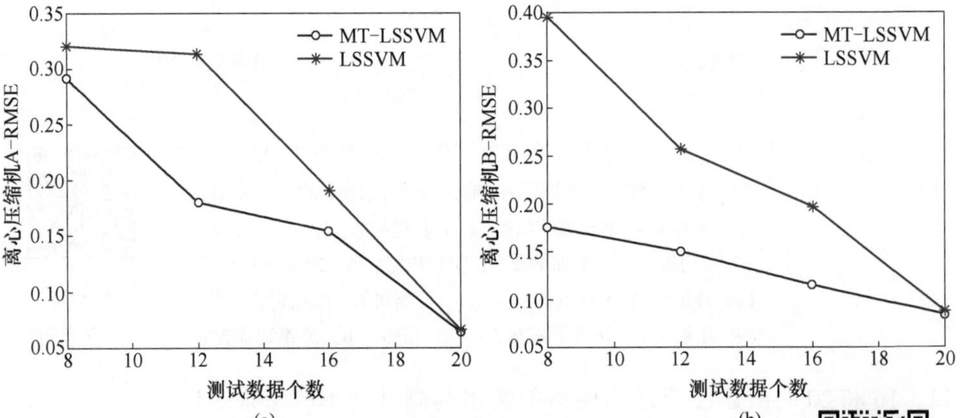

(a)　　(b)

图 3-4　在不同训练样本下所提方法建立的两压缩机性能预测模型的 RMSE 值与 LSSVM 模型 RMST 值的对比
（a）离心压缩机 A；（b）离心压缩机 B

扫一扫
查看彩图

为了进一步对比两模型的精度，图 3-5 为在训练样本分别为 8 和 20 的情况下，两压缩机所建模型的对比情况。从图 3-5 中可以看出，本章所提的方法可以有效地提高模型的精度，减少建模所需的训练数据，降低模型开发成本。

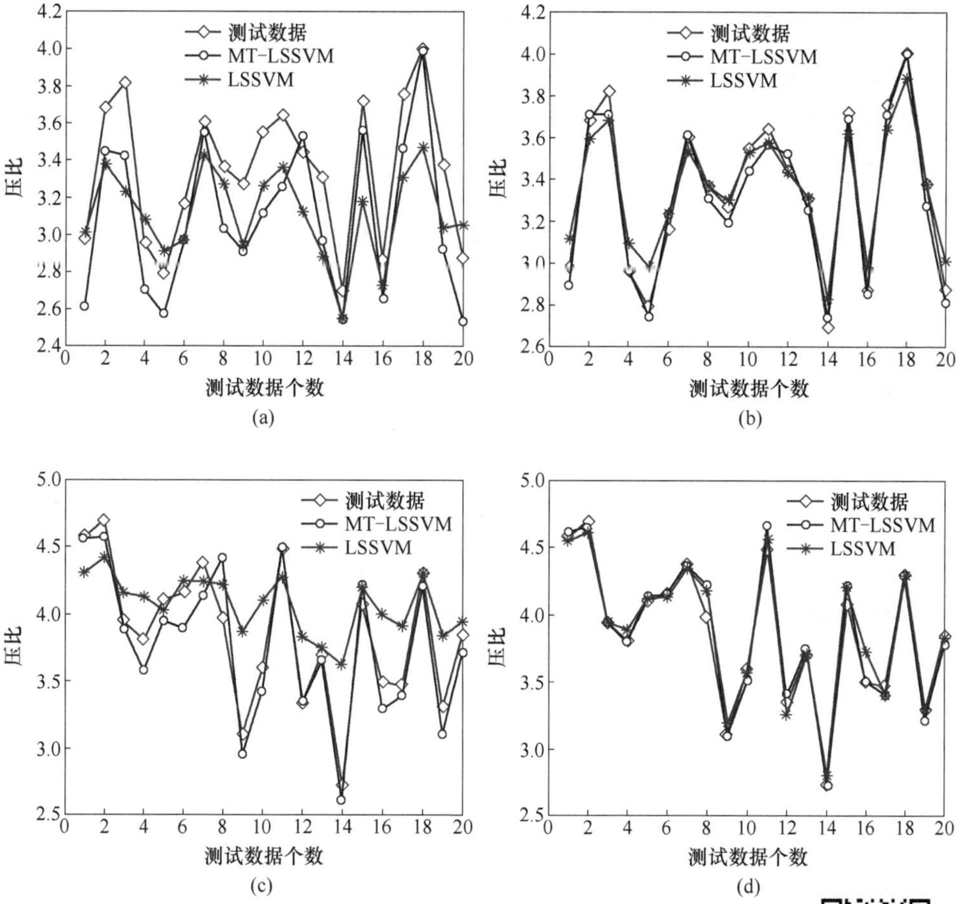

图 3-5 在训练样本分别为 8 和 20 时，离心压缩机 A 和 B MT-LSSVM 模型与 LSSVM 模型与测试值的对比

(a) 压缩机 A，8 组训练数据；(b) 压缩机 A，20 组训练数据；(c) 压缩机 B，8 组训练数据；(d) 压缩机 B，20 组训练数据

扫一扫
查看彩图

参 考 文 献

[1] Caruana R. Multitask learning [J]. Machine learning, 1997, 28 (1): 41-75.

[2] Evgeniou T, Micchelli C A, Pontil M. Learning multiple tasks with kernel methods [J]. Journal of Machine Learning Research, 2005, 6 (4): 615-637.

[3] Xue Y, Liao X, Carin L, et al. Multi-task learning for classification with dirichlet process priors [J]. Journal of Machine Learning Research, 2007, 8 (1): 35-63.

[4] 戴美银．基于动态模糊集的半监督多任务学习 [D]. 苏州: 苏州大学, 2012.

[5] Vapnik V N. An overview of statistical learning theory [J]. IEEE Transactions on Neural Networks, 1999, 10 (5): 988-999.

[6] Cherkassky V, Ma Y. Practical selection of SVM parameters and noise estimation for SVM regression [J]. Neural Networks, 2004, 17 (1): 113-126.

[7] 王岩, 张波, 薛博．基于 FOA-SVM 的中文文本分类方法研究 [J]. 四川大学学报 (自然科学版), 2016, 53 (4): 759-763.

[8] 周欣然．基于最小二乘支持向量机的在线建模与控制方法研究 [D]. 长沙: 湖南大学, 2012.

[9] 张檑, 李宏光．基于 KKT 条件选择被控变量的自优化控制方法 [J]. 北京化工大学学报 (自然科学版), 2013, 40 (S1): 67-71.

[10] 郑丽媛, 孙朋, 张素君．煤矿瓦斯突出预测的 PSO-LSSVM 模型 [J]. 仪表技术与传感器, 2014, 1 (6): 138-140, 143.

[11] Xu S, An X, Qiao X, et al. Multi-task least-squares support vector machines [J]. Multimedia Tools and Applications, 2014, 71 (2): 699-715.

[12] Xu S, An X, Qiao X, et al. Multi-output least-squares support vector regression machines [J]. Pattern Recognition Letters, 2013, 34 (9): 1078-1084.

[13] Lu L, Lin Q, Pei H, et al. The aLS-SVM based multi-task learning classifiers [J]. Applied Intelligence, 2018, 48 (8): 2393-2407.

[14] Chu F, Dai B, Lu N, et al. A multiprocess joint modeling method for performance prediction of nonlinear industrial processes based on multitask least squares support vector machine [J]. Industrial & Engineering Chemistry Research, 2022, 61 (3): 1443-1452.

第 2 部分

迁移学习驱动的产品质量预测方法

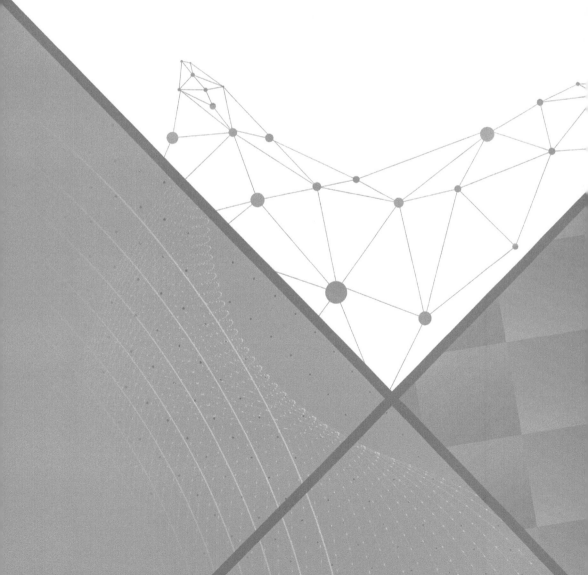

4 基于 JYKPLS 迁移模型的产品质量预测方法

4.1 引 言

产品质量一直是生产制造类企业的命脉，关系到整个制造过程是否顺畅、高效[1]。高质量的产品是生产厂家为之努力的核心目标[2]。因此，间歇过程产品质量的在线预测具有十分重要的意义，借助于产品质量的预测值，能够提前获知当前批次的运行状态是否正常，并及时调节相应的操作变量，修正其造成的不良影响，或者尽早地终止那些工作在不良状态下的操作批次而无须等到生产结束。

然而，在间歇过程的实际生产中，通常很难对产品质量进行实时测量，许多关键质量指标只能在生产结束后通过各种离线实验获得[3]。而这些离线测量方式往往采样周期较长，几个小时甚至十几小时，测量严重滞后，难以直接用于生产优化。虽然间歇过程的产品质量指标无法在线测量，但是大部分相关的过程变量却很容易测得。这些易于获取的过程变量测量数据反映了潜在的过程运行特性[4]，也蕴含了能够反映产品最终质量的丰富信息。正因为产品质量实际上很大程度上取决于过程变量轨迹的发展变化，可以从间歇过程的历史运行数据中发现过程变量与最终产品质量之间的具体作用关系[5]。通过对生产过程中易测量的过程变量进行采样，构造一种以这些易测变量为输入，以过程关键变量（比如质量指标）为输出的数学模型，从而对质量指标进行预测估计[6]。基于上述思路，面向工业制造的质量预测技术受到学者们的广泛关注。

一般来说，可以将质量预测方法分为两大类[7]。第一类是基于机理模型的方法[8,9]，这类方法是建立在对过程工艺机理的深刻理解和认识之上，需要对过程本身的物理与化学原理（比如能量平衡和物料平衡方程、吸热放热反应等）进行深入分析，从而构建精确的数学机理模型。机理建模对于简单的过程能够取得精确的建模效果。然而，对于较为复杂的工业系统，因为系统中往往存在非线性、不确定性、时变性等因素[10]，通常难以构建准确可靠的过程机理模型。因此，这类基于机理的方法适用范围非常有限，很难在现代工业中得到广泛应用[11]。第二类为基于数据的方法[12,13]，也称为数据驱动的方法。与机理模型方法相比，这类方法建模方式简单，无须事先对过程机理或工艺知识进行详细的了解，能够直接使用历史运行数据建立过程变量与关键变量之间的相关模型[14]。如果收集到的历史数据能够很好地反映过程的内在信息，则可以更加真实地描述过程的实际运行状态，进而实现更可靠的过程控制。随着数据存储和测量技术的迅猛发展，实际生产中积累了丰富的历史数据，这为实施数据驱动的建模与优化方法奠定了基础[15]。

目前，数据驱动的方法是质量预测建模的主流方向和研究热点。已有大量学者对这类方法展开了深入研究。在众多基于数据的方法中，基于多元统计分析的方法，比如多元线性回归（Multiple Linear Regression，MLR）[16]、主元回归（Principal Component Regression，PCR）[17]、偏最小二乘回归（Partial Least Squares，PLSR）[18]等，以其建模速度快、模型精度高、能够有效处理多变量间的高耦合性等优势，得到了广泛的应用。然而，这些传统的数据驱动建模方法都是建立在拥有充足数据样本的基础上，对于一个刚投入生产的新间歇生产过程，由于生产过程运行的时间较短，通常无法获得充足的过程数据。如果仍采用上述建模方法，将难以保证所建模型的可靠性，且模型预测精度较低无法满足实际生产需求。

考虑到现代工业生产过程中普遍存在相似过程[19]，即采用相同或相近工艺原理，生产相同或相似规格产品的两个独立生产过程。由于工艺流程及过程机理相近，驱动过程运行的物理化学原理是一致的，即相似过程的过程变量之间，过程变量与质量指标之间有着相同或相似的相关关系，如果能够采用某种策略，迁移相似过程中有用的数据信息来辅助新过程建模，将能够避免进行大量的重复实验，提高建模效率[20]。为此，García-Munoz 等人提出了一种新的潜变量迁移模型——JYPLS 模型（Joint-Y Partial Least Squares Model）。JYPLS 方法能够迁移相似过程数据中的有用信息帮助新过程建模，从而降低新过程模型对于自身数据的依赖，大大减少建模所需的时间、人力和财力。然而，该方法本质上仍是一种线性的建模方法，能够有效解决数据共线性问题，但是对于变量之间存在强非线性的复杂间歇生产过程，该方法可能因预测误差较大而难以适用。

为了将 JYPLS 方法拓展应用到非线性系统中，本章将核函数方法与 JYPLS 方法结合起来，提出了一种 JYKPLS 过程迁移模型。该方法克服了 JYPLS 方法只能够进行线性回归的局限性[23]。能够通过核变换将样本空间中的非线性关系映射到高维特征空间中变得线性可分，在高维特征空间中建立输入输出变量之间的 JYPLS 模型。类似于 JYPLS 模型，JYKPLS 模型也可以看作是两个独立的 KPLS 模型的联合，在共同的得分空间中求取输入输出矩阵的联合得分矩阵，以实现过程信息迁移。本章节将 JYKPLS 模型用于解决间歇过程的产品质量预测问题，而不同于 García-Munoz 等人所讨论的产品迁移问题[21]。由于这类方法能够实现相似过程间数据信息的迁移，本书将 JYKPLS 模型和 JYPLS 模型等称为过程迁移模型[30]。

4.2 JYKPLS 基本原理

4.2.1 PLS

偏最小二乘法（Partial Least Squares，PLS）由瑞典著名统计学家 Wold 首次提出，主要用于分析经济社会学中大量复杂数据之间的相关关系。在 1981 年，PLS 方法第一次被用于处理两个数据矩阵之间的回归和预测。随后，Swold 等人发现 PLS 方法的优势，首先将其应用于化学分析上，之后该算法被应用在很多领域，例如社会领域、经济领域、化工领域等，成为当前复杂数据降维和成分获取的重要技术。目前，PLS 已经成为一种重要的多变量统计分析方法，其应用的范围非常广泛[22]。

在 PLS 方法中，变量按照是否能够直接观测到而分为两大类，一类是显变量，另一类是隐变量，显变量是能够对应实际过程中的某些特性，含有具体物理意义的观测变量。主要包括输入变量 X 和输出变量 Y。隐变量无法直接对应实际过程中的物理意义，也无法直接被观测到，但是它能够很好地反映实际过程运行的关系，而且它们可以通过显变量的线性组合获得。偏最小二乘算法就是将显变量进行线性组合获得的隐变量去代表过程特性，这样实现了维度的降低，同时也将多维度关系转化成多个一元组合的线性关系。偏最小二乘方法很好地实现了将原始数据之间复杂的线性关系转换成了单一多元潜变量之间的组合。通过数据的分析以及数据的提取从而实现了转换，达到降维以及消除干扰的目的。当出现数据缺失或者变量之间存在着更加复杂的关系时，PLS 也能达到很好的效果。

4.2.2 KPLS

在 PLS 方法中，通过求解主成分间协方差的极大值问题，即可获得线性空间中的主成分。假如已知非线性映射函数 $\boldsymbol{\Phi}(\cdot)$ 的显示表达式，就可直接求得输入数据在高维空间中的映射矩阵 $\boldsymbol{\Phi}(\boldsymbol{X})$。因此，在高维映射空间中最大化主成分间的协方差，同样能够获得高维特征空间中的主成分。然而，由于非线性映射函数 $\boldsymbol{\Phi}(\cdot)$ 的显示表达式通常未知，无法通过这种方式直接计算主成分。为了处理自变量间的非线性相关性问题，Scholkopf 和 Rosipal 等人对这两种方法进行了改进，分别在 1998 年和 2003 年提出了核主元分析方法（KPCA）和核偏最小二乘方法（KPLS），统称为核分析方法。KPCA 用原始输入空间的核函数去替代映射数据的内积函数，并在高维空间对核矩阵进行主元提取。而 KPLS 则是以最大化自变量映射与因变量的互相关为目标，对因变量数据矩阵和核矩阵进行 PLS 分析。

4.2.2.1 核函数

KPLS 方法中，通过引入核函数，能够把高维特征空间中的内积运算转变为计算原始输入空间的核函数[24]。这样，就可以不需要知道非线性映射函数 $\Phi(\cdot)$ 的具体形式，只要计算原始低维空间中的核函数 $K(x_i, x_j)$ 就可得到高维空间的内积矩阵。假设 $\boldsymbol{\varphi}_i$ 与 $\boldsymbol{\varphi}_j$ 为高维线性空间中非线性映射矩阵 $\boldsymbol{\Phi}$ 的列向量，$\boldsymbol{x}_i$ 与 $\boldsymbol{x}_j$ 为输入变量矩阵 $\boldsymbol{X}$ 中的列向量，$i, j = 1, 2, \cdots, n$。如果在原始空间中存在一个函数 $\boldsymbol{K}_{ij} = \boldsymbol{K}(\boldsymbol{x}_i, \boldsymbol{x}_j)$，满足 $\boldsymbol{K}(\boldsymbol{x}_i, \boldsymbol{x}_j) = \boldsymbol{\varphi}_i T \boldsymbol{\varphi}_j$，其中 $\boldsymbol{\varphi}_i^{\mathrm{T}} \boldsymbol{\varphi}_j$ 为高维映射空间中 $\boldsymbol{\varphi}_i$ 与 $\boldsymbol{\varphi}_j$ 的内积，则将 $\boldsymbol{K}(\boldsymbol{x}_i, \boldsymbol{x}_j)$ 称为核函数。如果在高维线性空间中用核函数 $\boldsymbol{K}(\boldsymbol{x}_i, \boldsymbol{x}_j)$ 代替内积矩阵 $\boldsymbol{K} = \boldsymbol{\Phi}\boldsymbol{\Phi}^{\mathrm{T}}$ 的每个元素 $\boldsymbol{\varphi}_i^{\mathrm{T}} \boldsymbol{\varphi}_j$，则将内积矩阵 $\boldsymbol{K}$ 称为核矩阵：

$$\boldsymbol{K} = \boldsymbol{\Phi}\boldsymbol{\Phi}^{\mathrm{T}} = \begin{bmatrix} K_{11} & \cdots & K_{1n} \\ \vdots & \ddots & \vdots \\ K_{n1} & \cdots & K_{nn} \end{bmatrix} \tag{4-1}$$

式中，$K_{ij} = \boldsymbol{K}(\boldsymbol{x}_i, \boldsymbol{x}_j)$ 为选定的核函数。

常见的核函数[23]有以下几种形式：

（1）多项式核函数。

$$K_{ij} = [\boldsymbol{x}_i \cdot \boldsymbol{x}_j + 1]^d \tag{4-2}$$

式中，“·”为向量点积；d 为整数。

（2）高斯核函数。

$$K_{ij} = \exp\left(-\frac{\| \boldsymbol{x}_i - \boldsymbol{x}_j \|^2}{c}\right) \tag{4-3}$$

式中，c 为核参数。

（3）Sigmoid 核函数。

$$K_{ij} = \tanh(a\boldsymbol{x}_i \cdot \boldsymbol{x}_j + b) \tag{4-4}$$

式中，tan$h$ 为双曲正切函数；参数 a 和参数 b 为实数。

高斯核函数是目前使用最广泛一种核函数。不同的核函数决定了不同的非线性变换。可依据原始变量空间的情况，挑选不同的核函数，以获得满意的非线性映射关系[25]。

4.2.2.2　KPLS 基本原理

记 $\boldsymbol{t}$ 为非线性映射矩阵 $\boldsymbol{\Phi}$ 的核主成分，$\boldsymbol{u}$ 为因变量矩阵 $\boldsymbol{Y}$ 的主成分。KPLS 算法既要求 $\boldsymbol{t}$ 和 $\boldsymbol{u}$ 能最大限度地携带 $\boldsymbol{\Phi}$ 和 $\boldsymbol{Y}$ 中的数据变异信息，又要求 $\boldsymbol{t}$ 对 $\boldsymbol{u}$ 具有最大的解释作用。综合起来，KPLS 方法在映射空间中要求 $\boldsymbol{t}_1$ 和 $\boldsymbol{u}_1$ 之间的协方差 $\mathrm{Cov}(\boldsymbol{t}_1, \boldsymbol{u}_1)$ 最大。令第一个核主成分 $\boldsymbol{t}_1 = \boldsymbol{\Phi}\boldsymbol{w}_1$，自变量主成分 $\boldsymbol{u}_1 = \boldsymbol{Y}\boldsymbol{c}_1$，因此，求解第一个核主成分 $\boldsymbol{t}_1$ 就转变为求解优化式（4-5），即根据映射矩阵 $\boldsymbol{\Phi}$ 和因变量矩阵 $\boldsymbol{Y}$ 确定权值向量 $\boldsymbol{w}_1$ 和 $\boldsymbol{c}_1$。

$$\begin{aligned} &\max \operatorname{Cov}(\boldsymbol{\Phi w}_1, \boldsymbol{Yc}_1) = \frac{1}{n}\boldsymbol{w}_1^{\mathrm{T}}\boldsymbol{\Phi}^{\mathrm{T}}\boldsymbol{Yc}_1 \\ &\text{s. t.} \qquad \boldsymbol{w}_1^{\mathrm{T}}\boldsymbol{w}_1 = 1 \\ &\qquad\qquad c_1^{\mathrm{T}}\boldsymbol{c}_1 = 1 \end{aligned} \tag{4-5}$$

采用拉格朗日算法求解该优化问题，可得公式（4-6）所示的 $\boldsymbol{w}_1$ 的求解方法。

$$\boldsymbol{\Phi}^{\mathrm{T}}\boldsymbol{YY}^{\mathrm{T}}\boldsymbol{\Phi w}_1 = \lambda_1\boldsymbol{w}_1 \tag{4-6}$$

在公式（4-6）中，$\boldsymbol{w}_1$为 $\boldsymbol{\Phi}^{\mathrm{T}}\boldsymbol{YY}^{\mathrm{T}}\boldsymbol{\Phi}$ 的最大特征值 λ_1 所对应的特征向量。由于原始映射矩阵 $\boldsymbol{\Phi}$ 的显示表达式未知，无法直接由 $\boldsymbol{\Phi}^{\mathrm{T}}\boldsymbol{YY}^{\mathrm{T}}\boldsymbol{\Phi}$ 计算 $\boldsymbol{w}_1$。KPLS 算法在引入核矩阵 $\boldsymbol{K} = \boldsymbol{\Phi\Phi}^{\mathrm{T}}$ 的基础上，将式（4-6）的两边左乘 $\boldsymbol{\Phi}$，并将 $\boldsymbol{t}_1 = \boldsymbol{\Phi w}_1$代入，得到式（4-7）。

$$\boldsymbol{KYY}^{\mathrm{T}}\boldsymbol{t}_1 = \lambda_1\boldsymbol{t}_1 \tag{4-7}$$

因变量数据矩阵 $\boldsymbol{Y}$ 已知，如果能得到核矩阵 $\boldsymbol{K}$，则能求解高维特征空间中的第一个核主成分 $\boldsymbol{t}_1$。求得 $\boldsymbol{t}_1$后，对 $\boldsymbol{K}$ 和 $\boldsymbol{Y}$ 进行缩减得到 $\boldsymbol{K}_2$和 $\boldsymbol{Y}_2$，用 $\boldsymbol{K}_2$和 $\boldsymbol{Y}_2$取代 $\boldsymbol{K}$ 和 $\boldsymbol{Y}$，重复上述过程即可求取下一个核主成分 $\boldsymbol{t}_2$。依此类推，即可获得所有的核主成分[26]。

式（4-7）为核主成分的解析算法，这种算法虽然概论清晰，但是需要求解矩阵的特征值和特征向量，计算量较大。当阶次较大时，没有一般的求特征值的公式，实际中多采用迭代算法求解。KPLS 迭代算法[27]的步骤如下。

步骤 1：令 $i=1$，$\boldsymbol{K}_1 = \boldsymbol{K}$，$\boldsymbol{Y}_1 = \boldsymbol{Y}$，下标 i 表示迭代次数，根据式（4-8）初始化 $\boldsymbol{K}_1$。

$$\boldsymbol{K}_1 = \boldsymbol{K} - \boldsymbol{1}_n\boldsymbol{K} - \boldsymbol{K1}_n + \boldsymbol{1}_n\boldsymbol{K1}_n \tag{4-8}$$

式中，$\boldsymbol{1}_n = \dfrac{1}{n}\begin{bmatrix} 1 & \cdots & 1 \\ \vdots & \ddots & \vdots \\ 1 & \cdots & 1 \end{bmatrix} \in R^{n\times n}$。

步骤 2：选择 $\boldsymbol{Y}_i$的任意一列作为 $\boldsymbol{u}_i$。

步骤 3：计算核主成分 $\boldsymbol{t}_i = \boldsymbol{K}_i\boldsymbol{u}_i$，$\boldsymbol{t}_i \leftarrow \boldsymbol{t}_i / \|\boldsymbol{t}_i\|$。

步骤 4：计算负载矩阵 $\boldsymbol{q}_i = \boldsymbol{Y}_i^{\mathrm{T}}\boldsymbol{t}_i$。

步骤 5：计算主成分 $\boldsymbol{u}_i = Y_i q_i$，$\boldsymbol{u}_i \leftarrow \boldsymbol{u}_i / \|\boldsymbol{u}_i\|$。

步骤 6：如果 $\boldsymbol{t}_i$ 收敛，则转到步骤 7，否则，返回步骤 3。

步骤 7：缩减核矩阵与自变量矩阵，$\boldsymbol{K}_{i+1} = \boldsymbol{K}_i - \boldsymbol{t}_i\boldsymbol{t}_i^{\mathrm{T}}\boldsymbol{K}_i - \boldsymbol{K}_i\boldsymbol{t}_i\boldsymbol{t}_i^{\mathrm{T}} + \boldsymbol{t}_i\boldsymbol{t}_i^{\mathrm{T}}K_i\boldsymbol{t}_i\boldsymbol{t}_i^{\mathrm{T}}$，$\boldsymbol{Y}_{i+1} = \boldsymbol{Y}_i - \boldsymbol{t}_i\boldsymbol{t}_i^{\mathrm{T}}\boldsymbol{Y}_i$。

步骤 8：令 $i = i + 1$，如果 $i > A$，则终止循环，否则返回步骤 2。

4.2.3 JYPLS

实际生产过程中广泛存在的过程相似性是实施过程迁移的基础。在介绍 JYPLS 算法之前，有必要先分析讨论过程间的相似性以及相似过程数据集的结构，进而确定 JYPLS 算法的适用范围。目前，只有少数学者[19, 28, 29]对相似过程数据集的结构特点进行了相关讨论。

在过程迁移问题中，相似过程的数据集往往不止一组。将一些过程定义为相似过程意味着它们具有相同或相似的工艺流程、物理和化学原理。从实际生产的角度来看，相似过程间可能使用了相同或相似的设备，具有相似的设计框架，各自的最终产品含有相近的质量指标[30]。各自的数据矩阵中也可能包含了一些共同的过程变量。换句话说，相似过程的数据间可能蕴含着相同或相近的因果关系和相关结构。因此，在新过程积累足够数量的建模数据之前，从已运行较长时间的相似旧过程中迁移有用的数据信息来辅助和加快新过程建模，是解决新过程建模数据不足的一种有效策略。本书仅考虑这些生产相同规格产品的相似生产过程。具有相同规格的产品表明这些过程的质量指标位于共同的潜变量空间中[21]。潜变量迁移方法，例如 JYKPLS 等，适合用于迁移这类相似过程。

本书所讨论的两个相似过程的数据矩阵如图 4-1 所示。如前文所述，这两个相似过程生产相同规格的产品（例如青霉素，草酸钴）。其中一个过程是“过程 A”，已经运行了很长时间并且累积了大量的过程数据，因此也被称为旧过程。另一个过程是“过程 B”。过程 B 是新生产过程，刚建立不久，缺乏建模数据，仅有少量实验数据。记这两个过程的输入变量矩阵为 $\boldsymbol{X}_a$，$\boldsymbol{X}_b$，输出变量矩阵为 $\boldsymbol{Y}_a$，$\boldsymbol{Y}_b$，其中，下标 a 和 b 分别表示过程 A 与过程 B。由于这两个相似过程间存在某些差异，如生产规模不同、建造时间不同或工作环境不同等，输入矩阵 $\boldsymbol{X}_a$ 和 $\boldsymbol{X}_b$ 的长度并不相同。过程变量的维度不一致问题是导致难以使用相似过程数据来构建新过程模型的原因之一[10]。本节所介绍的过程转移模型只要求产品质量指标

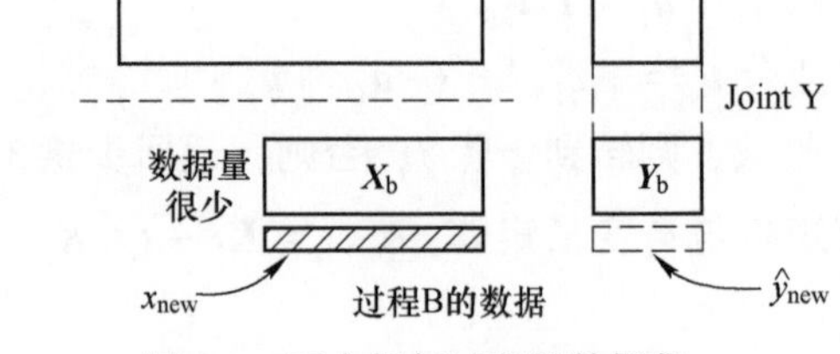

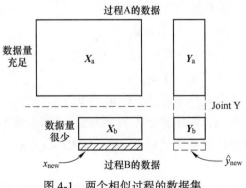

图 4-1　两个相似过程的数据集

的数量和属性相同，对输入变量 $\boldsymbol{X}_a$，$\boldsymbol{X}_b$ 的维度没有限制。换句话说，即使输入变量的数目、属性和采样间隔等不同，JYPLS 方法仍然可以在旧过程和新过程之间进行数据信息迁移。因此，过程迁移建模问题可概括为：在新过程样本数据不足的情况下，利用相似过程丰富的过程数据辅助和加快新过程建模。本节所介绍的过程转移方法不仅限于两个过程，同样适用于迁移三个或更多的相似过程。为简便起见，本文只介绍在两个相似过程间进行迁移的情况。

两家工厂都生产相同规格的产品，由于生产过程中涉及相似的物理或化学现象，它们的质量指标 $\boldsymbol{Y}_a$、$\boldsymbol{Y}_b$ 应当存在共同的得分空间，两者的负载矩阵 $\boldsymbol{Q}_a$、$\boldsymbol{Q}_b$ 应当彼此互为旋转矩阵[21]。尽管这两个过程中设备的设计和配置可能不同（可能由不同的人在不同时间设计和建造），并且测量得到的过程变量的数量和类型可能完全不同，但由于它们生产同一种产品，输入矩阵 $\boldsymbol{X}_a$ 和 $\boldsymbol{X}_b$ 应当在联合潜变量空间中变化。因此，如果能够将两者的质量指标联合起来，构建输入数据 $\boldsymbol{X}_a$、$\boldsymbol{X}_b$ 与联合输出数据 $\boldsymbol{Y}_J$ 的 PLS 模型，即 JYPLS 模型，就能将两个过程的数据信息结合起来，提取出两者共同的潜变量信息[21]。这就是 JYPLS 算法的基本思路。定义 $\boldsymbol{Y}_J$的负载矩阵为 $\boldsymbol{Q}_J$。定义输入数据 $\boldsymbol{X}_a$、$\boldsymbol{X}_b$ 的得分矩阵为 $\boldsymbol{T}_a$、$\boldsymbol{T}_b$，负载矩阵为 $\boldsymbol{P}_a$，$\boldsymbol{P}_b$，权值矩阵为 $\boldsymbol{W}_a$，$\boldsymbol{W}_b$。JYPLS 模型可以由式（4-9）~式(4-13)表示。

$$\boldsymbol{Y}_J = \begin{bmatrix} \boldsymbol{Y}_a \\ \boldsymbol{Y}_b \end{bmatrix} = \begin{bmatrix} \boldsymbol{T}_a \\ \boldsymbol{T}_b \end{bmatrix} \boldsymbol{Q}_J^T + \boldsymbol{E}_{YJ} \tag{4-9}$$

$$\boldsymbol{X}_a = \boldsymbol{T}_a \boldsymbol{P}_a^T + \boldsymbol{E}_{Xa} \tag{4-10}$$

$$\boldsymbol{X}_b = \boldsymbol{T}_b \boldsymbol{P}_b^T + \boldsymbol{E}_{Xb} \tag{4-11}$$

$$\boldsymbol{T}_a = \boldsymbol{X}_a \boldsymbol{W}_a (\boldsymbol{P}_a^T \boldsymbol{W}_a)^{-1} \tag{4-12}$$

$$\boldsymbol{T}_b = \boldsymbol{X}_b \boldsymbol{W}_b (\boldsymbol{P}_b^T \boldsymbol{W}_b)^{-1} \tag{4-13}$$

式中，$\boldsymbol{E}_{YJ}$、$\boldsymbol{E}_{Xa}$ 和 $\boldsymbol{E}_{Xb}$ 为预测误差。

JYPLS 算法中，定义了联合的得分矩阵 $\boldsymbol{T}_J$($\boldsymbol{T}_J = [\boldsymbol{T}_a;\ \boldsymbol{T}_b]$)，用于储存两个过程中共同的潜在信息，并且要求 $\boldsymbol{T}_a$ 和 $\boldsymbol{T}_b$ 中潜变量个数相同。此外，$\boldsymbol{W}_a$ 和 $\boldsymbol{W}_b$ 中的权重向量并不是各自分开计算。相反，用于参数估计的目标函数由共同的权重向量和联合的得分向量组成[30]。构建 JYPLS 模型的限制只有一个，即输出数据矩阵 $\boldsymbol{Y}_a$ 和 $\boldsymbol{Y}_b$ 必须列数相同。然而，如果想要在相似过程间进行成功的建模信息迁移，前提条件是它们之间拥有足够的相似性，也就是说，它们之间的协方差矩阵足够相似[20]。JYPLS 是传统 PLS 向多过程迁移建模的一种拓展，具有非常重要的实际应用价值。

4.2.4　JYKPLS

JYPLS 算法本质上是一种线性建模方法，不能有效地描述非线性系统的特性。因此，对于具有强非线性的生产系统，采用线性 JYPLS 模型通常难以达到较高的预测精度。为了解决这个问题，本书将该技巧引入到 JYPLS 方法中，首次提出了 JYKPLS 算法，用于建立多个非线性间歇过程的过程迁移模型。JYKPLS 模型的结构如图 4-2 所示。

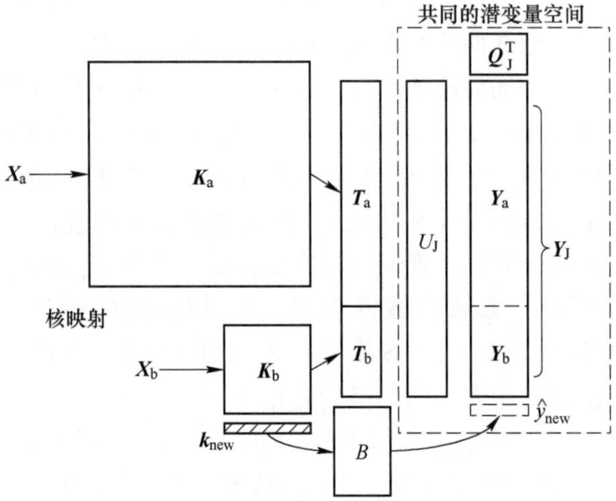

图 4-2　JYKPLS 模型的基本结构

JYKPLS 的目标是通过非线性映射将输入变量 $\boldsymbol{X}_a$、$\boldsymbol{X}_b$ 映射到高维特征空间，并在高维特征空间中构建核矩阵 $\boldsymbol{K}_a$、$\boldsymbol{K}_b$ 与联合质量指标矩阵 $\boldsymbol{Y}_J$ 的线性 JYPLS 模型。由于特征空间的维数很高甚至无穷维，不可能直接计算出得分向量、权值向量和回归系数值[31]。因此，必须对原始空间的运算公式进行变换，使它只包含映射后数据的内积运算。

假设存在如下从原始变量空间 $\{x_i\}_{i=1}^{I}$ 到特征空间 H 的非线性映射：

$$\boldsymbol{\Phi}:\ \boldsymbol{x}_i \in \mathrm{R}^N \rightarrow \boldsymbol{\Phi}(\boldsymbol{x}_i) \in H \tag{4-14}$$

式中，R^N为 N 维实数空间。内积运算可以由原始空间定义的核函数来表示，如式（4-15）所示。

$$K(\boldsymbol{x}_i,\ \boldsymbol{x}_j) = \boldsymbol{\Phi}^{\mathrm{T}}(\boldsymbol{x}_i)\boldsymbol{\Phi}(\boldsymbol{x}_j) \tag{4-15}$$

JYKPLS 中使用核函数矩阵 $\boldsymbol{K}_a$、$\boldsymbol{K}_b$ 代替原有的输入数据矩阵进行运算，并不需要知道非线性映射函数 $\boldsymbol{\Phi}(x_i)$ 的显示表达式。目前常用的核函数主要有多项式核函数、高斯核函数以及 Sigmoid 核函数 3 种。在进行 JYKPLS 算法前，需要先利用式（4-8）对两个核矩阵进行中心化处理。

通常，如果映射函数 $\boldsymbol{\Phi}(\cdot)$ 的显示表达式已知，就可以直接在高维空间中用 JYKPLS 方法对映射样本 $\boldsymbol{\Phi}_a$、$\boldsymbol{\Phi}_b$ 和输出样本 $\boldsymbol{Y}_a$、$\boldsymbol{Y}_b$ 进行建模。因此，类似于 JYPLS 方法，求解第一个权重向量的优化目标函数如式（4-16）所示。

$$\max_{\boldsymbol{w}_J} \quad \boldsymbol{w}_J^T \begin{bmatrix} \boldsymbol{\Phi}_a^T & 0 \\ 0 & \boldsymbol{\Phi}_b^T \end{bmatrix} \begin{bmatrix} \boldsymbol{Y}_a \\ \boldsymbol{Y}_b \end{bmatrix} \begin{bmatrix} \boldsymbol{Y}_a \\ \boldsymbol{Y}_b \end{bmatrix}^T \begin{bmatrix} \boldsymbol{\Phi}_a & \boldsymbol{0} \\ \boldsymbol{0} & \boldsymbol{\Phi}_b \end{bmatrix} \boldsymbol{w}_J \tag{4-16}$$

$$\text{s.t.} \qquad \| \boldsymbol{w}_J \| = 1$$

式中，$\boldsymbol{w}_J$ 为权重向量的联合，$\boldsymbol{w}_J = [\boldsymbol{w}_a;\ \boldsymbol{w}_b]$；$\boldsymbol{\Phi}_a$ 为 $\boldsymbol{X}_a$ 的映射矩阵，$\boldsymbol{\Phi}_b$ 为 $\boldsymbol{X}_b$ 的映射矩阵，$\boldsymbol{X}_a$ 和 $\boldsymbol{X}_b$ 都已先用各自的均值和方差归一化。

建立上述优化问题的拉格朗日函数，可得式（4-17），式中，λ 为拉格朗日函数的系数。拉格朗日乘子法将式（4-16）转化为了求解无约束极值的问题。

$$L(\boldsymbol{w}_J;\ \lambda) = \boldsymbol{w}_J^T \begin{bmatrix} \boldsymbol{\Phi}_a^T \boldsymbol{Y}_a \boldsymbol{Y}_a^T \boldsymbol{\Phi}_a & \boldsymbol{\Phi}_a^T \boldsymbol{Y}_a \boldsymbol{Y}_b^T \boldsymbol{\Phi}_b \\ \boldsymbol{\Phi}_b^T \boldsymbol{Y}_b \boldsymbol{Y}_a^T \boldsymbol{\Phi}_a & \boldsymbol{\Phi}_b^T \boldsymbol{Y}_b \boldsymbol{Y}_b^T \boldsymbol{\Phi}_b \end{bmatrix} \boldsymbol{w}_J - \lambda(\boldsymbol{w}_J^T \boldsymbol{w}_J - 1) \tag{4-17}$$

再令 $\nabla L(\boldsymbol{w}_J;\ \lambda) = 0$，式（4-16）中求解 $\boldsymbol{w}_J$ 的优化问题就变为求解式（4-18）中左矩阵的特征向量问题。式（4-16）的极大值就是式（4-18）中左矩阵的最大特征值。值得注意的是，与 JYPLS 方法类似，JYKPLS 模型中通过定义联合的权重向量 w_J 来迫使从映射矩阵 $\boldsymbol{\Phi}_a$、$\boldsymbol{\Phi}_b$ 中提取出相同数目的核主成分[30]。

$$\begin{bmatrix} \boldsymbol{\Phi}_a^T \boldsymbol{Y}_a \boldsymbol{Y}_a^T \boldsymbol{\Phi}_a & \boldsymbol{\Phi}_a^T \boldsymbol{Y}_a \boldsymbol{Y}_b^T \boldsymbol{\Phi}_b \\ \boldsymbol{\Phi}_b^T \boldsymbol{Y}_b \boldsymbol{Y}_a^T \boldsymbol{\Phi}_a & \boldsymbol{\Phi}_b^T \boldsymbol{Y}_b \boldsymbol{Y}_b^T \boldsymbol{\Phi}_b \end{bmatrix} \boldsymbol{w}_J = \lambda\, \boldsymbol{w}_J \tag{4-18}$$

由于 $\boldsymbol{\Phi}_a$ 和 $\boldsymbol{\Phi}_b$ 未知，w_J 不能通过式（4-18）直接计算。KPLS 方法提供了一种避免直接计算非线性映射矩阵的方法。因此，类似于 KPLS 方法，使用核矩阵将式（4-18）转化为式（4-19）。

$$\begin{bmatrix} \boldsymbol{K}_a \boldsymbol{Y}_a \boldsymbol{Y}_a^T & \boldsymbol{K}_a \boldsymbol{Y}_a \boldsymbol{Y}_b^T \\ \boldsymbol{K}_b \boldsymbol{Y}_b \boldsymbol{Y}_a^T & \boldsymbol{K}_b \boldsymbol{Y}_b \boldsymbol{Y}_b^T \end{bmatrix} \boldsymbol{t}_J = \lambda \boldsymbol{t}_J \tag{4-19}$$

式中，$\boldsymbol{K}_a$ 和 $\boldsymbol{K}_b$ 为过程 A 和 B 的核矩阵，$\boldsymbol{K}_a = \boldsymbol{\Phi}_a \boldsymbol{\Phi}_a^T$，$\boldsymbol{K}_b = \boldsymbol{\Phi}_b \boldsymbol{\Phi}_b^T$；$\boldsymbol{t}_a$ 和 $\boldsymbol{t}_b$ 为过程 A 和过程 B 的核主成分，$\boldsymbol{t}_a = \boldsymbol{\Phi}_a \boldsymbol{w}_a$，$\boldsymbol{t}_b = \boldsymbol{\Phi}_b \boldsymbol{w}_b$；$\boldsymbol{t}_J$ 为联合主成分，$\boldsymbol{t}_J = [\boldsymbol{t}_a;\ \boldsymbol{t}_b]$。

在得到第一个核主成分之后，需要对核矩阵 $\boldsymbol{K}_a$、$\boldsymbol{K}_b$ 以及质量矩阵 $\boldsymbol{Y}_a$、$\boldsymbol{Y}_b$ 进行缩减，以计算下一个核主成分。迭代算法（NIPALS）作为一种经典的方法，常用于估计 KPLS 模型或 JYPLS 模型的参数。这里，本书给出了 JYKPLS 迭代算法的基本步骤：

令 $i = 1$，$\boldsymbol{K}_{a1} = \boldsymbol{K}_a$，$\boldsymbol{K}_{b1} = \boldsymbol{K}_b$，$\boldsymbol{Y}_{J1} = \boldsymbol{Y}_J$，其中 i 表示提取潜变量的次序。

步骤 1：从联合输出矩阵 $\boldsymbol{Y}_{Ji}$ 中选取任意一列作为初始的 $\boldsymbol{u}_{Ji}$，$\boldsymbol{u}_{Ji} = [\boldsymbol{u}_{ai};\ \boldsymbol{u}_{bi}]$。

步骤 2：计算 $\boldsymbol{\Phi}_{ai}$ 的得分向量 $\boldsymbol{t}_{ai}$ 和 $\boldsymbol{\Phi}_{bi}$ 的得分向量 $\boldsymbol{t}_{bi}$。

$$\boldsymbol{t}_{ai} = \boldsymbol{K}_{ai} \boldsymbol{u}_{ai} / (\boldsymbol{u}_{ai}^T \boldsymbol{u}_{ai}) \tag{4-20}$$

$$\boldsymbol{t}_{bi} = \boldsymbol{K}_{bi} \boldsymbol{u}_{bi} / (\boldsymbol{u}_{bi}^T \boldsymbol{u}_{bi}) \tag{4-21}$$

步骤 3：计算联合输出变量的共同负载矩阵 $\boldsymbol{q}_{Ji}$。

$$\boldsymbol{q}_{\mathrm{J}i} = \boldsymbol{Y}_{\mathrm{J}i}^{\mathrm{T}}\boldsymbol{t}_{\mathrm{J}i}/(\boldsymbol{t}_{\mathrm{J}i}^{\mathrm{T}}\boldsymbol{t}_{\mathrm{J}i}) \tag{4-22}$$

其中，$\boldsymbol{t}_{\mathrm{J}i} = [\boldsymbol{t}_{\mathrm{a}i};\ \boldsymbol{t}_{\mathrm{b}i}]$，并归一化负载矩阵 $\boldsymbol{q}_{\mathrm{J}i} = \boldsymbol{q}_{\mathrm{J}i}/\|\boldsymbol{q}_{\mathrm{J}i}\|$，$\boldsymbol{q}_{\mathrm{J}i}^{\mathrm{T}}\boldsymbol{q}_{\mathrm{J}i} = 1$。

步骤 4：计算 $\boldsymbol{Y}_{\mathrm{a}i}$ 的得分向量 $u_{\mathrm{a}i} = \boldsymbol{Y}_{\mathrm{a}i}\boldsymbol{q}_{\mathrm{J}i}$，和 $\boldsymbol{Y}_{\mathrm{b}i}$ 的得分向量 $\boldsymbol{u}_{\mathrm{b}i} = \boldsymbol{Y}_{\mathrm{b}i}\boldsymbol{q}_{\mathrm{J}i}$。

步骤 5：判断 $\boldsymbol{u}_{\mathrm{a}i}$ 和 $\boldsymbol{u}_{\mathrm{b}i}$ 是否收敛，如果收敛，则进入步骤 6，否则返回步骤 2。

步骤 6：根据式（4-23）~式（4-25），缩减核矩阵与联合输出矩阵，以得到相应的残差矩阵 $\boldsymbol{K}_{\mathrm{a}i+1}$、$\boldsymbol{K}_{\mathrm{b}i+1}$ 和 $\boldsymbol{Y}_{\mathrm{J}i+1}$。

$$\boldsymbol{K}_{\mathrm{a}i+1} = [\boldsymbol{I} - \boldsymbol{t}_{\mathrm{a}i}\boldsymbol{t}_{\mathrm{a}i}^{\mathrm{T}}/(\boldsymbol{t}_{\mathrm{a}i}^{\mathrm{T}}\boldsymbol{t}_{\mathrm{a}i})]\boldsymbol{K}_{\mathrm{a}i}[\boldsymbol{I} - \boldsymbol{t}_{\mathrm{a}i}\boldsymbol{t}_{\mathrm{a}i}^{\mathrm{T}}/(\boldsymbol{t}_{\mathrm{a}i}^{\mathrm{T}}\boldsymbol{t}_{\mathrm{a}i})] \tag{4-23}$$

$$\boldsymbol{K}_{\mathrm{b}i+1} = [\boldsymbol{I} - \boldsymbol{t}_{\mathrm{b}i}\boldsymbol{t}_{\mathrm{b}i}^{\mathrm{T}}/(\boldsymbol{t}_{\mathrm{b}i}^{\mathrm{T}}\boldsymbol{t}_{\mathrm{b}i})]\boldsymbol{K}_{\mathrm{b}i}[\boldsymbol{I} - \boldsymbol{t}_{\mathrm{b}i}\boldsymbol{t}_{\mathrm{b}i}^{\mathrm{T}}/(\boldsymbol{t}_{\mathrm{b}i}^{\mathrm{T}}\boldsymbol{t}_{\mathrm{b}i})] \tag{4-24}$$

$$\boldsymbol{Y}_{\mathrm{J}i+1} = \boldsymbol{Y}_{\mathrm{J}i} - \boldsymbol{t}_{\mathrm{J}i}\boldsymbol{t}_{\mathrm{J}i}^{\mathrm{T}}Y_{\mathrm{J}i}/(\boldsymbol{t}_{\mathrm{J}i}^{\mathrm{T}}\boldsymbol{t}_{\mathrm{J}i}) \tag{4-25}$$

步骤 7：令 $i = i + 1$，重复步骤 2~7 直到提取出 A 个主元，主元个数 A 可由交叉验证法确定。

根据已知的核矩阵 $\boldsymbol{K}_{\mathrm{b}}$ 和求得的得分矩阵 $\boldsymbol{T}_{\mathrm{b}}$ 与 $\boldsymbol{U}_{\mathrm{b}}$ 即可计算出 JYKPLS 模型的输出，如式（4-26）所示。

$$\hat{\boldsymbol{Y}}_{\mathrm{b}} = \boldsymbol{K}_{\mathrm{b}}\boldsymbol{U}_{\mathrm{b}}(\boldsymbol{T}_{\mathrm{b}}^{\mathrm{T}}\boldsymbol{K}_{\mathrm{b}}\boldsymbol{U}_{\mathrm{b}})^{-1}\boldsymbol{T}_{\mathrm{J}}^{\mathrm{T}}\boldsymbol{Y}_{\mathrm{J}} \tag{4-26}$$

尽管不知道 $\boldsymbol{\Phi}(\cdot)$ 的显示表达式，但核主成分矩阵 $\boldsymbol{T}_{\mathrm{b}}$ 可表示为：

$$\boldsymbol{T}_{\mathrm{b}} = \boldsymbol{K}_{\mathrm{b}}\boldsymbol{U}_{\mathrm{b}}(\boldsymbol{T}_{\mathrm{b}}^{\mathrm{T}}\boldsymbol{K}_{\mathrm{b}}\boldsymbol{U}_{\mathrm{b}})^{-1} \tag{4-27}$$

4.3　基于 JYKPLS 迁移模型的间歇过程质量预测方法

本节在 JYKPLS 模型的基础上，提出了较为完整的间歇过程产品质量在线预测方法。本节将详细介绍其实施框架和算法流程，包括数据预处理、数据预估、模型更新、数据剔除、离线建模方法等。

4.3.1　数据预处理

本节考虑两个相似的间歇过程，分别为过程 A 和过程 B。它们的产品具有相同或相近的规格。这两个生产过程中包含了一些相同的生产设备和相似的产品配方。不同之处在于，过程 A 已经运行了很长时间，积累大量的历史数据。相反，过程 B 是一个新的生产过程，即将投入生产，迫切需要一个可靠有效的质量检测系统，以保证产品质量。一般来说，过程 B 可能是过程 A 的改进版本或者是更换配方后的过程 A[32]。然而，只有少量的实验数据可用于建立过程 B 的模型。传统的数据驱动建模方法依赖于充足的训练数据，对于建模数据不足的生产过程，如过程 B，往往难以保证模型精度。而通过中试实验等产生足够的实验数据也是费时费力的。由于数据分布和相关性的不同，适用于过程 A 的质量检测系统也无直接用到过程 B 中。在实际生产中，这个问题经常发生在建立新过程模型时。

定义这两个过程的输入变量矩阵为 $\boldsymbol{X}_{\mathrm{a}}$、$\boldsymbol{X}_{\mathrm{b}}$，输出变量矩阵为 $\boldsymbol{Y}_{\mathrm{a}}$、$\boldsymbol{Y}_{\mathrm{b}}$。与连续生产过程的二维数据结构不同，间歇过程的输入数据存储在三维数据矩阵中，也就是说 $\boldsymbol{X}_{\mathrm{a}}$ 的维数为 $I_{\mathrm{a}} \times K_{\mathrm{a}} \times J_{\mathrm{a}}$，$\boldsymbol{X}_{\mathrm{b}}$ 的维数为 $I_{\mathrm{b}} \times K_{\mathrm{b}} \times J_{\mathrm{b}}$，其中 I_{a}、I_{b} 表示间歇操作周期，J_{a}、J_{b} 表示过程变量个数，K_{a}、K_{b} 表示采样次数[33]。相比之下，间歇过程的输出矩阵一般由离线测量的产品质量构成，是一个二维矩阵。假定有 J_y 个产品质量指标，经过 I_{a} 和 I_{b} 次正常批次就可得到两个二维的质量矩阵 $Y_{\mathrm{a}}(I_{\mathrm{a}} \times J_y)$ 和 $Y_{\mathrm{b}}(I_{\mathrm{b}} \times J_y)$。除了输入变量矩阵具有独特的三维数据结构外，相似间歇过程的过程变量间也存在非常复杂的耦合相关性，而且也蕴含着内容更加丰富的潜在统计特征和规律[34]。

在建立潜变量迁移模型之前，需要预先进行相应的数据预处理。通常采用数据展开的方式，将三维数据展开成二维数据矩阵。常用的数据展开方式有批次展开和变量展开两种。批次展开能够保留 $\boldsymbol{X}_{\mathrm{a}}$、$\boldsymbol{X}_{\mathrm{b}}$ 在批次方向上的信息，也就是将过程变量和采样时间这两个维度上的数据排列在一起，最后组成了二维数据矩阵 $\boldsymbol{X}_{\mathrm{a}}(I_{\mathrm{a}} \times K_{\mathrm{a}}J_{\mathrm{a}})$、$\boldsymbol{X}_{\mathrm{b}}(I_{\mathrm{b}} \times K_{\mathrm{b}}J_{\mathrm{b}})$，其中的每一行由一个批次内的所有测量数据构成，如图 4-3 所示。由于输入变量个数和采样间隔的不同，批次展开后的矩阵 $\boldsymbol{X}_{\mathrm{a}}$ 和 $\boldsymbol{X}_{\mathrm{b}}$ 的长度并不相同。变量展开则保留了 $\boldsymbol{X}_{\mathrm{a}}$、$\boldsymbol{X}_{\mathrm{b}}$ 在过程变量方向上的信息，将批次和采样时间两个维度上的数据排列在一起，组成二维数据矩阵 $\boldsymbol{X}_{\mathrm{a}}(K_{\mathrm{a}}I_{\mathrm{a}} \times J_{\mathrm{a}})$、$\boldsymbol{X}_{\mathrm{b}}(K_{\mathrm{b}}I_{\mathrm{b}} \times J_{\mathrm{b}})$，其中的每一列由同一个过程变量在所有批次上的观测数据排列而成。本书采用批次展开方式对相似间歇过程的数据进行处理。批次展开后的相似过程数据拥有与连续生产过程相同的数据结构。

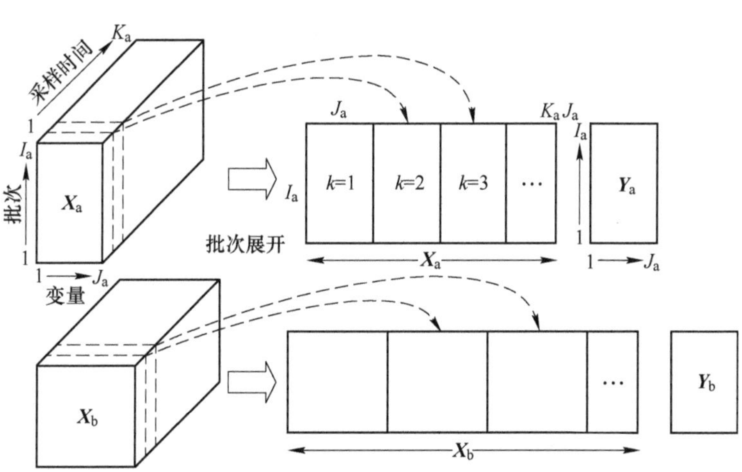

图 4-3　批次展开

经过数据预处理，就可以在二维矩阵中对过程变量进行标准化。值得注意的是，对经过批次展开的二维数据 $\boldsymbol{X}_a(I_a \times K_a J_a)$、$\boldsymbol{X}_b(I_b \times K_b J_b)$ 进行标准化处理，实际上是提取了输入变量在多个正常运行批次下的平均变化轨迹[7]。所以标准化后的测量数据反映了间歇生产过程在不同运行批次间的某种随机波动，可假设它们服从多元正态分布。因此，这类标准化方式能够在一定程度上减小相似间歇过程中非线性和动态特性的影响。

4.3.2 基于 PCA 映射的数据预估

在某个批次运行期间，在线测量到的输入数据 $\boldsymbol{x}_{new}$ 通常由已知和未知两部分组成[40]，即 $\boldsymbol{x}_{new} = [\boldsymbol{x}_{known};\ \boldsymbol{x}_{unknown}]$。对于当前质量指标的预测，只需要已知的部分 $\boldsymbol{x}_{known}$ 即可进行预测。而对于终点质量预测，为了得到更好的预测结果，还需要未知的部分 $\boldsymbol{x}_{unknown}$。由于当前批次尚未结束，无法测得未来的输入数据 $\boldsymbol{x}_{unknown}$，因此需要对这部分数据进行预估。文献［35］给出了三种常用的未知数据估计方法，即零补足法，当前数据补足法和基于 PCA 的预估法。如果过程变量是连续的，且未知轨迹与已知轨迹呈现因果关系，则基于 PCA 的预估法将比前两种方法表现更好[36]。首先，利用 PCA 算法得到历史数据输入矩阵 $\boldsymbol{X}_b$ 的负载矩阵 $\boldsymbol{P}_{pca}$。类似于 $\boldsymbol{x}_{new} = [\boldsymbol{x}_{known};\ \boldsymbol{x}_{unknown}]$，负载矩阵 $\boldsymbol{P}_{pca}$ 也可以被划分为已知和未知两个部分，$\boldsymbol{P}_{pca} = [\boldsymbol{P}_{known};\ \boldsymbol{P}_{unknown}]$，其中，$\boldsymbol{P}_{known}$ 对应于 $\boldsymbol{x}_{known}$，$\boldsymbol{P}_{unknown}$ 对应于 $\boldsymbol{x}_{unknown}$。接下来，利用得到的 $\boldsymbol{P}_{unknown}$ 和 $\boldsymbol{x}_{new}$ 的得分向量 $\boldsymbol{t}_{pca}$，再根据公式（4-28）即可获得未知部分 $\boldsymbol{x}_{unknown}$。其中，得分向量 $\boldsymbol{t}_{pca}$ 可以通过 $\boldsymbol{x}_{known}$ 和相应的 $\boldsymbol{P}_{known}$ 来估计，如式（4-29）所示。

$$\boldsymbol{x}_{unknown} = \boldsymbol{P}_{unknown}\boldsymbol{t}_{pca} \tag{4-28}$$

$$\boldsymbol{t}_{pca} = (\boldsymbol{P}_{known}^{T}\boldsymbol{P}_{known})^{-1}\boldsymbol{P}_{known}^{T}\boldsymbol{x}_{known} \tag{4-29}$$

零补足法利用历史数据中的平均轨迹对未知数据进行补充。而当前数据补足法则假定未来轨迹与平均轨迹之间的偏差保持不变，利用平均轨迹减去偏差补充未知数据。与前两种方法相比，基于 PCA 的预估法需要相对较多的已知数据。当预测时间较早时，该方法的预测结果可能不够理想。因此，在生产过程的早期运行阶段，可以使用零补足法或当前数据补足法来补充未知数据 $\boldsymbol{x}_{unknown}$。当测量数据累积到一定量时，可以采用基于 PCA 的预估法。本书主要采用基于 PCA 映射的预估方法。

4.3.3 模型更新与数据剔除

虽然相似间歇过程中的相似部分占主导地位，但过程间的差异往往也难以避免[21]。由于过程差异的存在，使得无论旧过程的历史数据量多少，都无法完全涵盖新过程的所有过程信息。此外，由于新过程建模数据的缺乏，已有的新过程数据集无法描述所有的过程特征。尽管通过数据迁移补充了一部分过程信息，但是要想达到同旧过程一样的预测效果，最终的手段还是要通过增加新过程的运行信息和历史数据来实现。因此，随着生产的进行，每个运行批次结束时获得的新过程数据具有非常重要的价值。不断将这些新获得的数据补充到新过程的建模数据集中，可以补充过程信息，提高模型的泛化能力，使得质量预测的结果越来越理想。本书在每个新批次结束时将新测得的数据 $\boldsymbol{x}_{\text{new}}$、$\boldsymbol{y}_{\text{new}}$ 直接添加到过程 B 的建模数据集中，如式（4-30）所示。

$$\boldsymbol{X}_{\text{b}}=\begin{bmatrix}\boldsymbol{X}_{\text{b, old}}\\ \boldsymbol{x}_{\text{new}}^{\text{T}}\end{bmatrix}\quad \boldsymbol{Y}_{\text{b}}=\begin{bmatrix}\boldsymbol{Y}_{\text{b, old}}\\ \boldsymbol{y}_{\text{new}}^{\text{T}}\end{bmatrix} \tag{4-30}$$

模型更新可以补充新过程的过程信息，不断提高预测精度，但并不能完全消除旧过程中差异信息对过程迁移模型精度的负面影响[30]。随着新过程的运行和数据样本的积累，建模数据库中的数据量将逐渐满足建模要求。此时，由于新旧过程间的差异，某些旧过程数据将成为提高迁移模型精度的阻碍，导致模型预测精度过早地趋于稳定。因此，如果在这时候逐步剔除旧过程数据集中具有较大差异的数据，则能够减少无用信息，进一步改善预测模型。

通常，在新过程刚开始时，不进行数据剔除。因为新过程的样本数量明显不足，不符合建模要求。在此阶段剔除旧数据，可能会减少有用的数据信息，降低模型的泛化能力。因此，有必要事先确定何时进行旧数据剔除[1]。一般认为，当建模数据的样本数目超过过程变量数目的两倍时，样本数量可能满足最低的建模要求。所以，可以在更新 $2J$ 个批次的新过程数据后，开始判断是否执行旧数据剔除，其中 J 表示过程变量的数目。

本节假设预测误差服从正态分布。通过对预测误差 δ_n（n 为批次顺序）进行显著性检验，来判断误差是否收敛，进而可知建模数据信息是否充足，并决定是否剔除旧过程数据。本书把开始进行数据剔除的批次称为剔除点。数据剔除的原则是优先删除相似程度较低的旧过程数据。而旧过程数据 $\boldsymbol{x}_{\text{a}}$ 与新过程数据矩阵 $\boldsymbol{X}_{\text{b}}$ 之间的相似性用 $s(\boldsymbol{x}_{\text{a}})$ 表示。通常，能够采用 $\boldsymbol{x}_{\text{a}}$ 和 $\boldsymbol{X}_{\text{b}}$ 平均轨迹之间的欧式距离作为相似性 $s(\boldsymbol{x}_{\text{a}})$。然而，由于 $\boldsymbol{x}_{\text{a}}$ 和 $\boldsymbol{X}_{\text{b}}$ 的长度不一致，并不能直接计算两者之间的欧式距离。如 4.2.3 节所述，该问题经常发生在过程迁移问题中。值得注意的是，JYKPLS 算法从输入矩阵 $\boldsymbol{X}_{\text{a}}$、$\boldsymbol{X}_{\text{b}}$ 中提取了相同数量的潜变量，主成分矩阵 $\boldsymbol{T}_{\text{a}}$ 和 $\boldsymbol{T}_{\text{b}}$ 的长度相同，可以计算潜变量空间中的欧式距离。因此，本书利用潜变量空间中的相似性来代替原始空间中的相似性。也就是说，使用 $\boldsymbol{t}_{\text{a, row}}$（主成分 $\boldsymbol{T}_{\text{a}}$ 中对应于 $\boldsymbol{x}_{\text{a}}$ 的行向量）和 $\boldsymbol{T}_{\text{b}}$ 之间的欧式距离来表示 $\boldsymbol{x}_{\text{a}}$ 与矩阵 $\boldsymbol{X}_{\text{b}}$ 间的相似程度。旧数据剔除的具体方法与步骤如下。

步骤 1：在每个批次结束时，则获得最新的输出数据 y_{new}，并计算最新批次

的预测误差 δ_n，其中 $\delta_n = |y_{\text{new}} - \hat{y}_{\text{new}}|$。

步骤 2：当新过程的样本数据积累到一定程度时，比如积累了 2J 个批次时，获取除最新批次外所有的预测误差 $\boldsymbol{\delta}_{n.1} = [\delta_1, \cdots, \delta_{n.1}]$。由于样本 $\boldsymbol{\delta}_{n.1}$ 服从正态分布，可以求出显著性 $\alpha=0.05$ 时的置信区间 $(\bar{\delta} - \sigma z_{\alpha/2}/\sqrt{n-1},\ \bar{\delta} + \sigma z_{\alpha/2}/\sqrt{n-1})$。

步骤 3：如果连续 h 个批次的预测误差 δ_n 落在置信区间内，则说明样本总数即将满足建模要求，可以开始旧数据剔除，即进入步骤 4。当 δ_n 落在置信区间外，说明数据仍不充足，无须进行旧数据剔除，不进入步骤 4。参数 h 可根据实际生产过程的运行周期确定。

步骤 4：剔除旧过程数据集中与新过程相似程度最小的几组数据。旧过程数据与新过程的相似性 $s(\boldsymbol{x}_\text{a})$ 可由式（4-31）求得，公式如下：

$$s(\boldsymbol{x}_\text{a}) = \frac{1}{1 + \| \boldsymbol{t}_{\text{a, row}} - \bar{\boldsymbol{T}}_\text{b} \|} \tag{4-31}$$

式中，$\|\ \|$ 为欧氏距离；$\bar{\boldsymbol{T}}_\text{b}$ 为由得分矩阵 $\boldsymbol{T}_\text{b}$ 每一列平均值组成的行向量，$s(\boldsymbol{x}_\text{a})$ 的取值范围为 0~1。

4.3.4 在线质量预测

前文已经详细介绍了 JYKPLS 算法的基本原理，以及数据预估、模型更新和数据剔除等方法。根据这些方法，本节将给出所提出在线质量预测方法的框架和基本流程，如图 4-4 所示。在离线建模时，利用 JYKPLS 方法对过程 A 与过程 B 的历史数据集 $\boldsymbol{X}_\text{a}(I_\text{a} \times K_\text{a}J_\text{a})$，$\boldsymbol{Y}_\text{a}(I_\text{a} \times J_y)$ 和 $\boldsymbol{X}_\text{b}(I_\text{b} \times K_\text{b}J_\text{b})$，$\boldsymbol{Y}_\text{b}(I_\text{b} \times J_y)$ 进行回归分析，即可获得过程迁移模型的回归系数 $\boldsymbol{B}$。

$$\boldsymbol{B} = \boldsymbol{U}_\text{b}\ (\boldsymbol{T}_\text{b}^\text{T}\boldsymbol{K}_\text{b}\boldsymbol{U}_\text{b})^{-1}\boldsymbol{T}_\text{J}^\text{T}\boldsymbol{Y}_\text{J} \tag{4-32}$$

对于测量的输入变量 $\boldsymbol{x}_{\text{new}}$，因为非线性映射函数未知，需要先变换为核向量 $\boldsymbol{k}_{\text{new}}$，以及再进行中心化处理后，才能进行预测。借助于回归系数 $\boldsymbol{B}$ 和 $\boldsymbol{k}_{\text{new}}$，可以很方便地得到过程 B 产品质量的预测值。不同的预测值能够起到不同的效果。通过对当前质量进行实时在线预测，能够熟悉产品质量的实时变化轨迹，监测整个过程的运行状况。通过对终点质量进行预估，能够提前预知最终的产品能否合格，并且指导控制器对生产过程进行调整。由于过程 B 的数据量较少，这里采用留一验证法确定潜变量个数，通过分析保留不同数目的潜变量时对建模性能的影响来决定合适的潜变量个数。

在线质量预测的基本步骤如下。

步骤 1：将 A、B 过程的三维输入数据矩阵按照批次方向展开成二维矩阵，分别为 $\boldsymbol{X}_\text{a}$、$\boldsymbol{X}_\text{b}$；

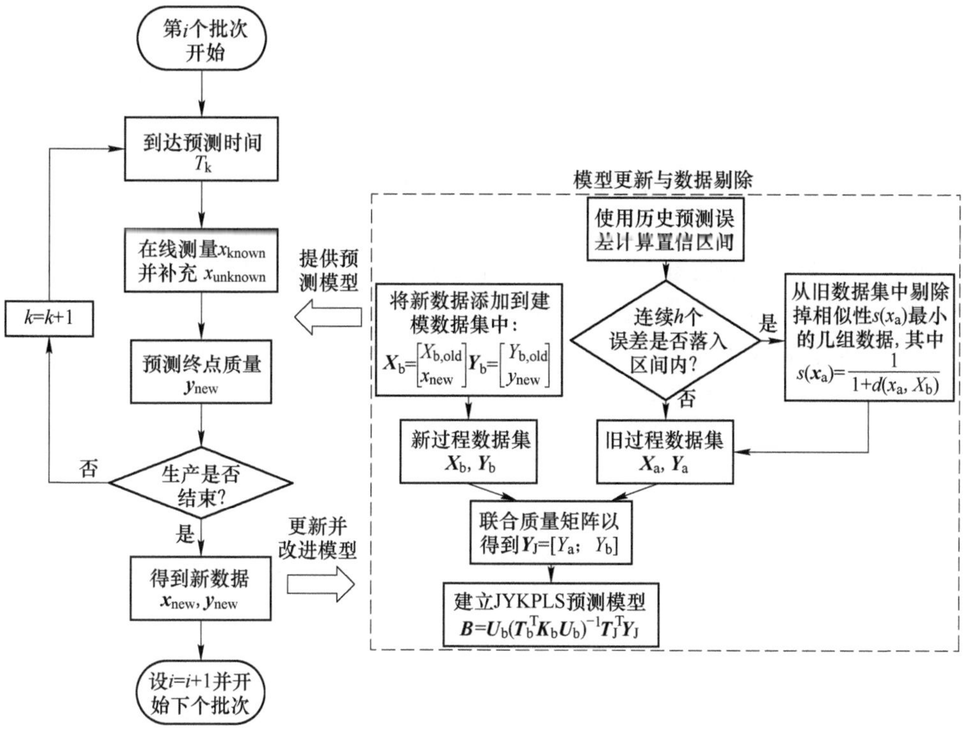

图 4-4　基于 JYKPLS 模型的间歇过程质量预测框架

步骤 2：对 $\boldsymbol{X}_a$、$\boldsymbol{X}_b$ 的各列进行零均值和单位方差处理；同理，对输出数据矩阵 $\boldsymbol{Y}_a$、$\boldsymbol{Y}_b$ 也进行标准化处理，并联合输出数据矩阵得到 $\boldsymbol{Y}_J=[\boldsymbol{Y}_a;\ \boldsymbol{Y}_b]$；

步骤 3：利用高斯核函数将输入数据矩阵 $\boldsymbol{X}_a$、$\boldsymbol{X}_b$ 映射到高维特征空间，计算 $\boldsymbol{X}_a$、$\boldsymbol{X}_b$ 的核矩阵 $\boldsymbol{K}_a$、$\boldsymbol{K}_b$，并利用式（4-8）对核矩阵进行中心化处理；

步骤 4：利用输入核矩阵 $\boldsymbol{K}_a$、$\boldsymbol{K}_b$ 和联合输出矩阵 $\boldsymbol{Y}_J$ 建立 JYKPLS 模型；

步骤 5：在线测量输入数据 $\boldsymbol{x}_{new}$ 的已知部分，并补充其未知部分，再根据高斯核函数求得 $\boldsymbol{x}_{new}$ 的核矩阵 $\boldsymbol{k}_{new}$，并进行中心化处理；

$$\hat{y}_b=\boldsymbol{k}_{new}\boldsymbol{U}_b(\boldsymbol{T}_b^T\boldsymbol{K}_b\boldsymbol{U}_b)^{-1}\boldsymbol{T}_J^T\boldsymbol{Y}_J+\boldsymbol{e} \tag{4-33}$$

式中，$\boldsymbol{T}_J=[\boldsymbol{T}_a;\ \boldsymbol{T}_b]$ 为 A、B 过程得分矩阵的联合；$\boldsymbol{e}$ 为预测误差。

步骤 6：根据式（4-33）计算 JYKPLS 模型的预测值 $\hat{\boldsymbol{y}}_{new}$；

步骤 7：当前批次结束时，根据式（4-30）更新 B 过程建模数据集；

步骤 8：根据 4.3.3 节的旧数据剔除方法更新 A 过程建模数据集，并返回步骤 1。

4.4 实验验证

为了验证所提出方法的有效性，本节选择了青霉素发酵过程[37]对该方法进行仿真验证。青霉素是微生物的二次代谢产物，主要通过生物发酵的方式生产，高成本与高耗能是青霉素发酵过程的特性。因此，对青霉素生产过程进行质量预测与运行优化，对于保证青霉素质量和降低生产成本具有非常重要的意义。为了能够及时掌握产品的质量，加快实现青霉素发酵过程的实时优化，可将本书所介绍的方法运用于青霉素的质量预测中。

当前的青霉素工业生产过程中，补料分批的发酵方式占主导地位。青霉素发酵过程的流程示意图如图 4-5 所示。

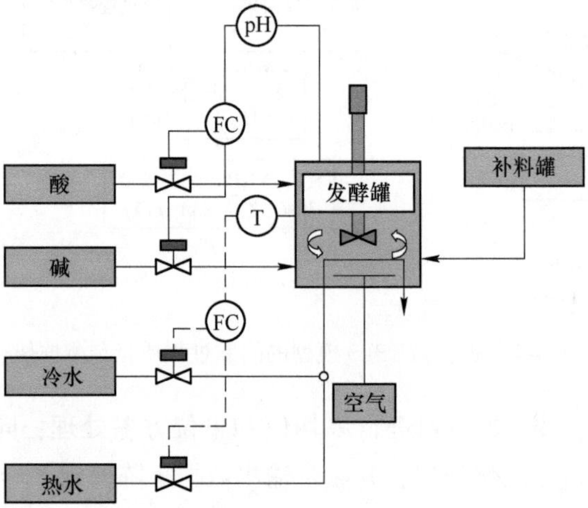

图 4-5　青霉素生产过程流程图

在 2002 年，美国 IIT 大学的教授 Ali Çinar 所带领的研究团队成功地开发了一种青霉素生产过程仿真软件 Pensim V2. 0。该软件不但使用方法简单，而且能够模拟各种过程变量在不同环境条件下的变化行为，为本书进行质量预测实验提供了一个强大的平台。

4. 4. 1　实验设计

青霉素生产过程是一种典型的间歇生产过程。通过对青霉素发酵过程的深入分析，可选取 6 个输入变量和 1 个质量指标进行青霉素质量预测实验。6 个输入变量包括通风率（L/h）、底物喂料温度（K）、搅拌功率（W）、培养基容积（L）、CO_2的浓度（mmol/L）、pH。选取的质量指标为青霉素浓度（g/L）。通过调整这 6 个输入变量的初始条件和设定点，可以改变操作条件，生成不同批次的过程 B（新过程）数据。过程 B 的建模数据集由这 6 个输入变量和青霉素浓度的观测值组成。本次实验为了模拟过程 A 和过程 B 之间的差异，只选择了 5 个变量（培养基体积除外）作为过程 A（旧过程）的输入变量，并且两个过程操作条件的给定范围也不同。同时，这 5 个共同的输入变量和操作条件变化范围的重叠部分也保证了这两个过程之间具有足够的相似性。过程 A 和 B 各自参数的变化范围见表 4-1 和表 4-2。与输入变量无关的参数设为默认值，并在表 4-1 和表 4-2 中用符号“default”标记。

表 4-1　过程 A 与过程 B 的初始条件

初始条件	过程 A	过程 B
底物浓度/$g \cdot L^{-1}$	15. 0（default）	15. 0（default）
溶解氧浓度/$mmol \cdot L^{-1}$	1. 16（default）	1. 16（default）
生物量浓度/$g \cdot L^{-1}$	0. 1（default）	0. 1（default）
青霉素浓度/$g \cdot L^{-1}$	0（default）	0（default）
培养基容积/L	100（default）	110~114
二氧化碳浓度/$mmol \cdot L^{-1}$	0. 52~0. 6	0. 61~0. 67
初始 pH 值	4. 4~5. 2	4. 0~4. 5
初始温度/K	298（default）	298（default）
产生的热量（1cal=4. 1868J）	0（default）	0（default）

表 4-2　过程 A 与过程 B 的参数设定点

设定条件	过程 A	过程 B
通风率/$L \cdot h^{-1}$	4. 8~6. 2	6~7. 2
搅拌功率/W	30~40	35~45
底物喂料速度/$L \cdot h^{-1}$	0. 042（default）	0. 042（default）
底物喂料温度/K	296~297. 2	296. 8~298
pH 值设定点	5. 0~5. 3	5. 2~5. 4
温度设定点/K	298（default）	298（default）

本书使用仿真软件 Pensim V2. 0 生成了 40 批次的 A 过程数据和 55 批次的 B 过程数据，各个批次的初始条件和设定点都在表 4-1 和表 4-2 的给定范围内随机选取。反应周期设为 400h，采样间隔设为 0. 5h。所有批次的终点青霉素浓度如图 4-6 所示。从图 4-6 中可以看出，由于变量选择和操作条件给定范围的不同，A、B 过程最终的青霉素浓度分布在不同的变化范围内。为了使实验更贴近实际，在所有的过程变量和质量指标中引入 2%的测量噪声。图 4-7 和图 4-8 为在一个完成的生产周期内，两个过程的过程变量以及青霉素浓度的典型变化轨迹，其中虚线表示 A 过程，实线表示 B 过程。

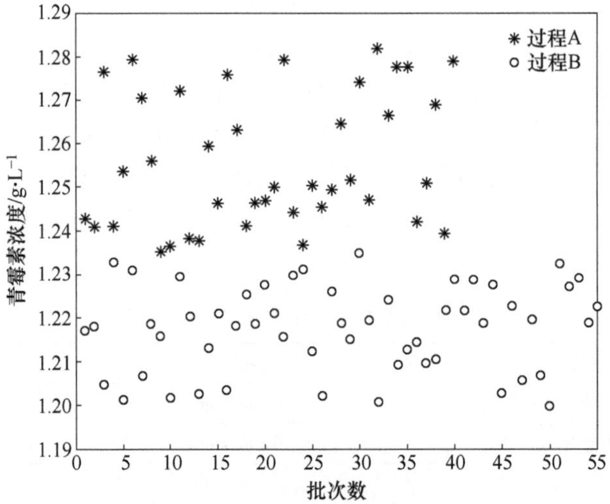

图 4-6　两个过程的青霉素最终浓度分布

扫一扫
查看彩图

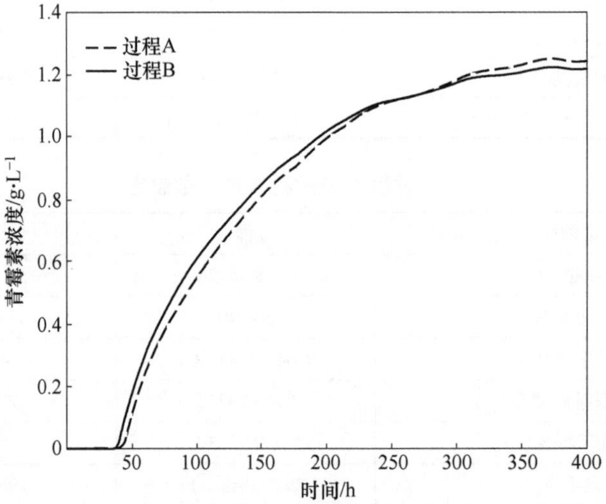

图 4-7　青霉素浓度变化轨迹

扫一扫
查看彩图

从 40 个批次的 A 过程数据中提取出上述的 5 个输入变量和终点质量，构成数据矩阵 $\boldsymbol{X}_a(40 \times 5 \times 800)$ 和 $\boldsymbol{Y}_a(40 \times 1)$，作为旧过程数据集。同样，可以得到矩阵 $\boldsymbol{X}_b(55 \times 6 \times 800)$ 和 $\boldsymbol{Y}_b$ (55×1) 作为新过程数据集。很明显，原始的数据矩阵 $\boldsymbol{X}_a$ 和 $\boldsymbol{X}_b$ 是三维矩阵。在建模开始之前，需要事先对这些三维数据进行数据展开和标准化处理。由于变量数目的不同，批次展开后的输入矩阵 $\boldsymbol{X}_a(40 \times 4000)$ 和 $\boldsymbol{X}_b$ (55×4800) 的长度并不一致。对于 JYKPLS 方法，只要输入变量数目相同，可以直接利用这些数据进行建模。本节利用这些数据，进行了两次终点质量预测实验，详细测试了所提出方法的终点质量预测能力。此外，为了进一步验证该方法在新过程早期运行阶段对当前质量的实时预测能力，在下文中使用 3 个批次新过程数据进行当前质量预测实验。

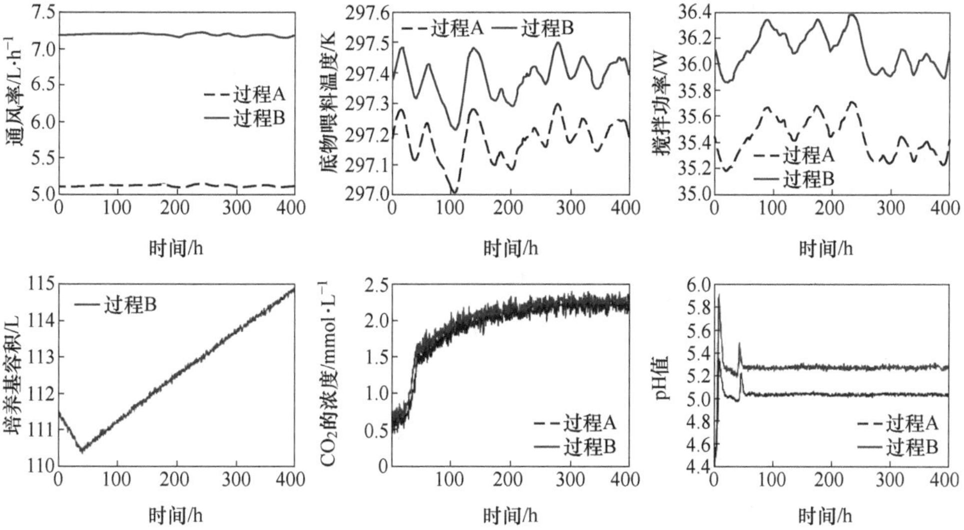

图 4-8　过程变量的变化轨迹

扫一扫
查看彩图

4.4.2　结果分析

4.4.2.1　终点质量预测实验

为了凸显数据不足时过程迁移模型的优势，本节将所提出的 JYKPLS 模型与传统的 KPLS 模型进行比较。先介绍实验 1，对所提出的完整质量预测框架进行验证。在实验 1 中，新过程数据集被划分为 3 个部分：训练数据集 $\{\boldsymbol{X}_{\rm b}(5\times 4800)、\boldsymbol{Y}_{\rm b}(5\times 1)\}$、更新数据集 $\{\boldsymbol{X}_{\rm update}(45\times 4800)、\boldsymbol{Y}_{\rm update}(45\times 1)\}$、测试数据集 $\{\boldsymbol{X}_{\rm test}(5\times 4800)、\boldsymbol{Y}_{\rm test}(5\times 1)\}$。利用训练数据集建立初始的终点质量预测模型，其中，JYKPLS 模型基于旧过程数据集 $\{\boldsymbol{X}_{\rm a}(40\times 4000)、\boldsymbol{Y}_{\rm a}(40\times 1)\}$ 和训练数据集，而 KPLS 模型仅基于新过程训练数据集。根据交叉验证法，可得到最佳的潜变量数目和核参数。选择终点浓度预测值的均方根误差（RMSE）作为衡量模型预测能力的评价指标。每当对测试数据集中所有测试样本进行一轮预测后，计算 5 个预测值的 RMSE。再将更新数据集中一个批次数据添加到训练数据集中，重新构建预测模型，并预测测试数据的最终浓度。当到达剔除点时，从旧过程数据集中删除相似度较小的旧数据。重复上述步骤，直到更新完所有数据。

实际的青霉素生产过程往往周期较长，每个批次一般是两周左右。因此，参

数 h 可以设为 3。在质量控制系统中，质量预测方法通常被用来监测终点质量的未来趋势，预测时间一般选择在生产运行的中期阶段。借助于预测结果，可以提前调整生产条件，以保证产品质量。因此，在本次实验中，选择每个批次第 200h 时青霉素最终浓度的预测结果作为评价两种方法有效性的参考值。也就是说，新数据 $\boldsymbol{x}_{\text{new}}$ 中前 400 个采样点为已知部分，未知的后 400 个采样点使用基于 PCA 的预估计法进行补齐。利用补齐后的 $\boldsymbol{x}_{\text{new}}$ 即可得到预测结果。这两种方法的 RMSE 和其置信区间如图 4-9 和图 4-10 所示。两幅图中也画出了该方法在不进行

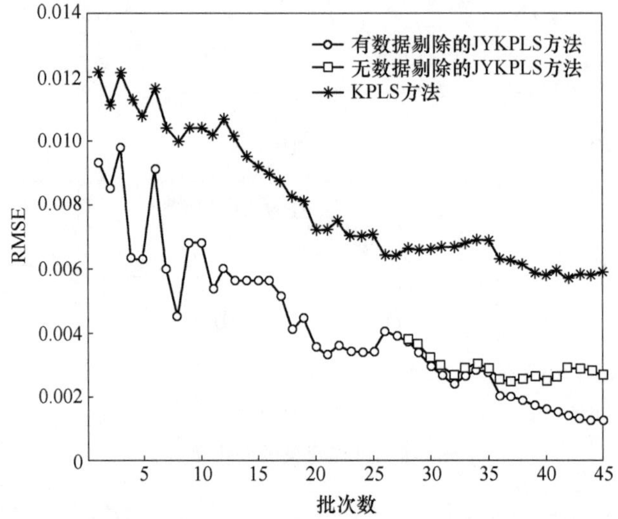

扫一扫
查看彩图

图 4-9　KPLS 方法以及有无旧数据剔除的 JYKPLS 方法的均方根误差

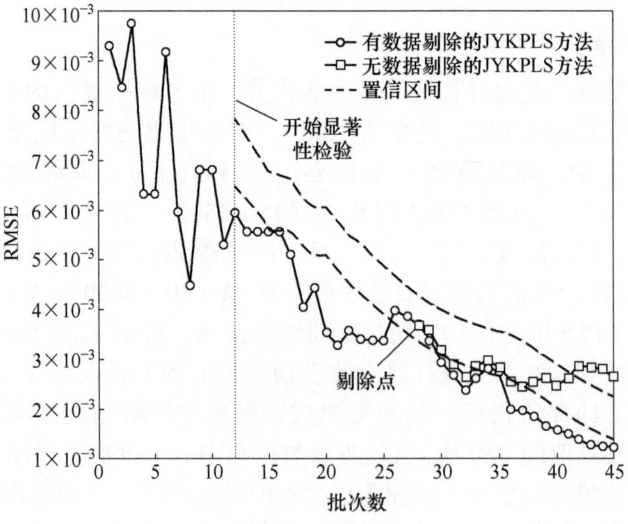

扫一扫
查看彩图

图 4-10　均方根误差的置信区间

实施旧数据剔除时的预测结果，以供比较。

在图 4-10 中，实验结果表明，在第 26~28 个生产批次结束时，均方根误差 $\delta_{26\sim28}$落入其置信区间内。因此，本次实验的第 28 个批次为剔除点。由图 4-9 可知，JYKPLS 质量预测模型的 RMSE 明显低于传统的 KPLS 模型。在前 28 个批次中，由于 JYKPLS 方法将相似过程（A 过程）的数据迁移应用到 B 过程建模中，模型的预测精度得到了提高，有效地加快了 B 过程预测模型的建立。在第 28 批次之后，由于采用了旧数据剔除，A 过程数据对预测模型的不利影响被逐渐消除，质量预测精度得到进一步提高。并且，RMSE 不再继续落入置信区间中。由此可见，相对于 KPLS 方法，本书提出的基于 JYKPLS 过程迁移模型的质量预测方法能够有效解决新生产过程因历史数据匮乏而无法建立准确模型的问题，加快新过程预测模型的建立速度，并且通过模型更新和剔除旧过程数据，能够不断地提高质量预测精度。

为了充分验证新数据不足的情况下，JYKPLS 模型在整个工况范围内的终点质量预测能力，实验 2 中选择了更多的 B 过程数据作为测试数据。原始的新过程数据集被分为两个部分，建模数据集 $\{\boldsymbol{X}_{\mathrm{b}}(12\times4800)$、$\boldsymbol{Y}_{\mathrm{b}}(12\times1)\}$ 和测试数据集 $\{\boldsymbol{X}_{\mathrm{test}}(43\times4800)$、$\boldsymbol{Y}_{\mathrm{test}}(43\times1)\}$。与实验 1 不同的是，建模数据集中的历史数据是固定的，即不进行模型更新和旧数据剔除。B 过程的建模数据量（12 批）远小于测试数据量（43 批）和旧过程数据量（40 批）。采用上述两种方法对测试数据的终点质量进行预测。选择所有预测值的均方根误差 RMSE 和最大绝对误差 MAE 作为评价预测能力的指标。同样选择每个批次 200h 时青霉素最终浓度的预测值作为参考值。实验 2 的终点质量预测结果如表 4-3 和图 4-11 所示。

表 4-3　青霉素浓度预测值的均方根误差和最大绝对误差

方法	RMSE	MAE
KPLS	0.0058194	0.012986
JYKPLS	0.0025052	0.0095293

从图 4-11 可以看出，测试数据集中的青霉素浓度在给定的操作条件范围内随机分布。在新过程建模数据量较少的情况下，JYKPLS 方法的大多数预测结果都优于 KPLS 方法。表 4-3 中，JYKPLS 模型的 RMSE 和 MAE 同样均小于 KPLS 模型。因此，尽管这 12 个批次的新过程数据并不能充分覆盖整个工况范围，但是在大量旧过程数据的帮助下，预测模型的精度得到了明显的提高。实验结果表明，JYKPLS 过程迁移模型优于 KPLS 模型，在新过程数据不足时能够具有更好的泛化能力。

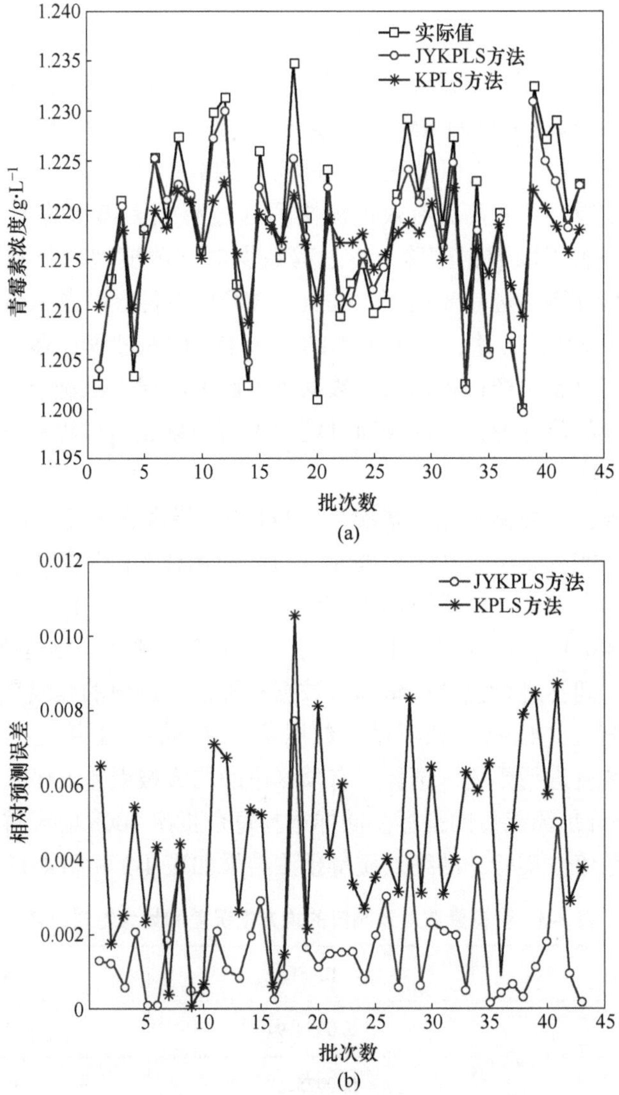

扫一扫
查看彩图

图 4-11　每个批次的青霉素最终浓度预测结果
(a) 预测值和实际浓度，(b) 青霉素浓度的相对预测误差

4.4.2.2　实时质量预测实验

本节的实验是一个针对当前产品质量的实时预测实验。用于验证 JYKPLS 模型对一些难以直接测量的过程变量的在线预测能力，例如反应器中的实时青霉素浓度。关键质量的实时预测是质量预测领域的重要组成部分，在过程监测中得到广泛应用[39]。具体步骤是利用旧过程数据集 $\boldsymbol{X}_a(40 \times 4000)$、$\boldsymbol{Y}_a(40 \times 100)$、训练数据集 $\boldsymbol{X}_b(5 \times 4800)$、$\boldsymbol{Y}_b(5 \times 100)$ 建立实时质量预测模型，每隔 4h 对 3 个测

试批次的当前青霉素浓度进行在线预测。需要注意的是，该实验中输出数据矩阵 $\boldsymbol{Y}_a$ 和 $\boldsymbol{Y}_b$ 的每一行由青霉素浓度的 100 个采样点组成，采样间隔为 4h。图 4-12 为这 3 个测试批次的完整实时预测结果。表 4-4 为两种方法实时预测结果的 RMSE。由图 4-12 和表 4-4 可知，JYKPLS 模型的浓度预测轨迹比普通 KPLS 模型更接近实际轨迹。因此，JYKPLS 预测模型能够有效地处理过程数据的非线性，在新过程数据不足的情况下也能够具有更好的实时预测能力。

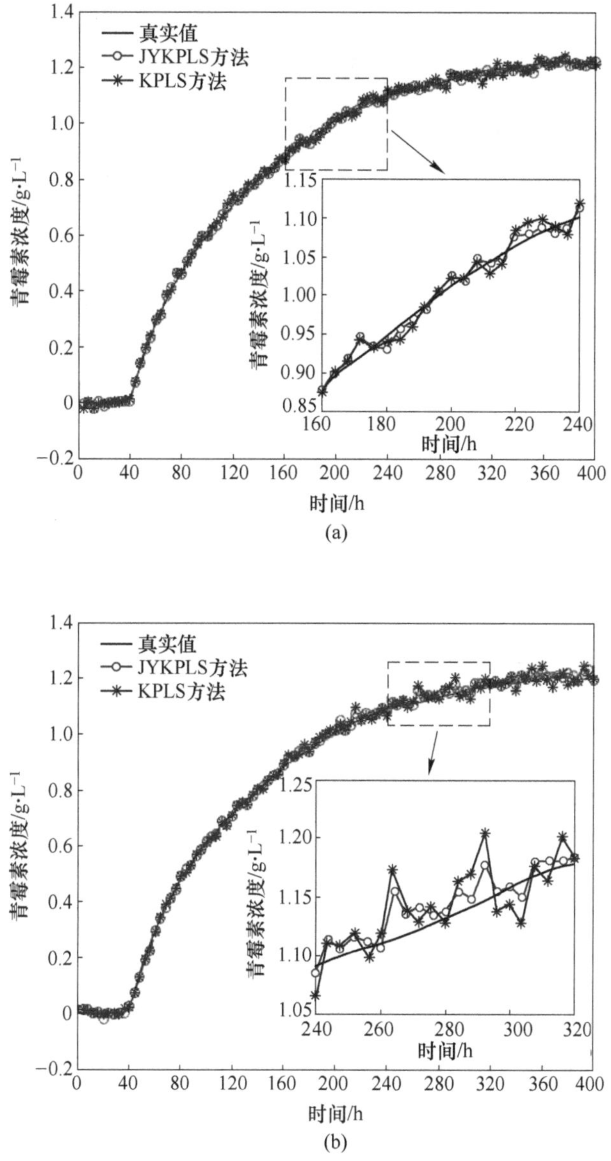

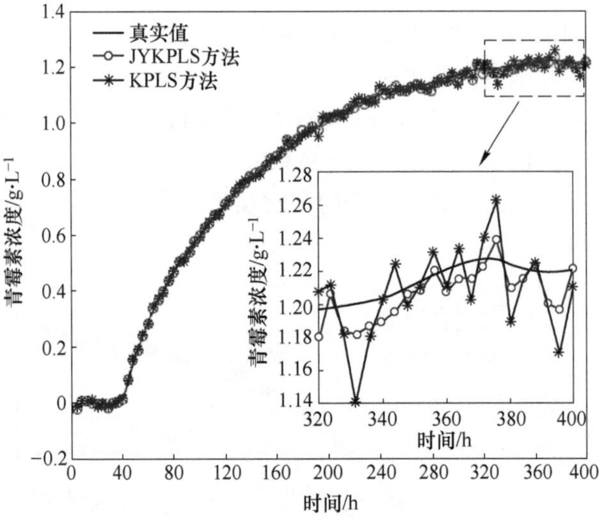

(c)

扫一扫
查看彩图

图 4-12　每 4h 青霉素浓度的在线质量预测结果

(a) 测试批次 1；(b) 测试批次 2；(c) 测试批次 3

表 4-4　两种方法的在线质量预测结果对比

预测方法	均方根误差（RSME）		
	测试批次 1	测试批次 2	测试批次 3
KPLS	0. 02035	0. 027989	0. 023782
JYKPLS	0. 015497	0. 019909	0. 017371

参考文献

[1] Xie X C, Sun W, Cheung K C. An advanced PLS approach for key performance indicator-related prediction and diagnosis in case of outliers [J]. IEEE Transactions on Industrial Electronics, 2016, 63 (4): 2587-2594.

[2] Aumi S, Corbett B, Clarke-Pringle T, et al. Data-driven model predictive quality control of batch processes [J]. AICHE Journal, 2013, 59 (8): 2852-2861.

[3] Luo L, Bao S, Gao Z. Quality prediction based on HOPLS-CP for batch processes [J]. Chemometrics and Intelligent Laboratory Systems, 2015, 143: 28-39.

[4] Yan Z, Chiu C, Yao Y, et al. Regularization-based statistical batch process modeling for final product quality prediction [J]. AICHE Journal, 2014, 60 (8): 2815-2827.

[5] Bidar B, Sadeghi J, Shahraki F, et al. Data-driven soft sensor approach for online quality prediction using state dependent parameter models [J]. Chemometrics and Intelligent Laboratory Systems, 2017, 162: 130-141.

[6] Liu Y, Wu Q, Chen J. Active selection of informative data for sequential quality enhancement of soft sensor models with latent variables [J]. Industrial & Engineering Chemistry Research, 2017, 56 (16): 4804-4817.

[7] Wang D. Robust data-driven modeling approach for real-time final product quality prediction in batch process operation [J]. IEEE Transactions on Industrial Informatics, 2011, 7 (2): 371-377.

[8] Costello S, Francois G, Bonvin D. A directional modifier-adaptation algorithm for real-time optimization [J]. Journal of Process Control, 2016, 39: 64-76.

[9] Hille R, Mandur J, Budman H M. Robust batch-to-batch optimization in the presence of model-plant mismatch and input uncertainty [J]. AICHE Journal, 2017, 63 (7): 2660-2670.

[10] 李文卿. 数据驱动的复杂工业过程统计过程监测 [D]. 杭州: 浙江大学, 2018.

[11] Wang D, Liu J, Srinivasan R. Data-driven soft sensor approach for quality prediction in a refining process [J]. IEEE Transactions on Industrial Informatics, 2010, 6 (1): 11-17.

[12] Luo J X, Shao H H. Developing soft sensors using hybrid soft computing methodology: a neurofuzzy system based on rough set theory and genetic algorithms [J]. Soft Computing, 2006, 10 (1): 54-60.

[13] Zhang S, Wang F, He D, et al. Online quality prediction for cobalt oxalate synthesis process using least squares support vector regression approach with dual updating [J]. Control Engineering Practice, 2013, 21 (10): 1267-1276.

[14] 刘强, 卓洁, 郎自强, 等. 数据驱动的工业过程运行监控与自优化研究展望 [J]. 自动化学报, 2018, 44 (11): 1944-1956.

[15] 侯忠生, 许建新. 数据驱动控制理论及方法的回顾和展望 [J]. 自动化学报, 2009, 35 (6): 650-667.

[16] Darnag R, Minaoui B, Fakir M. QSAR models for prediction study of HIV protease inhibitors

using support vector machines, neural networks and multiple linear regression [J]. Arabian Journal of Chemistry, 2017, 10 (S1): S600-S608.

[17] Golshan M, MacGregor J F, Mhaskar P. Latent variable model predictive control for trajectory tracking in batch processes: alternative modeling approaches [J]. Journal of Process Control, 2011, 21 (9): 1345-1358.

[18] Zhang Y, Fearn T. A linearization method for partial least squares regression prediction uncertainty [J]. Chemometrics and Intelligent Laboratory Systems, 2015, 140: 133-140.

[19] Lu J, Yao K, Gao F. Process similarity and developing new process models through migration [J]. AICHE Journal, 2009, 55 (9): 2318-2328.

[20] 褚菲，程相，代伟，等. 基于过程迁移的间歇过程终点质量预报方法 [J]. 化工学报，2018，69 (6): 2567-2575.

[21] Munoz S G, MacGregor J F, Kourti T. Product transfer between sites using Joint-YPLS [J]. Chemometrics and Intelligent Laboratory Systems, 2005, 79 (1/2): 101-114.

[22] MacGregor J F, Yu H, Muñoz S G, et al. Data-based latent variable methods for process analysis, monitoring and control [J]. Computers & Chemical Engineering, 2005, 29 (6): 1217-1223.

[23] 张曦. 基于统计理论的工业过程综合性能监控、诊断及质量预测方法研究 [D]. 上海：上海交通大学，2008.

[24] 崔久莉. 基于偏最小二乘算法的间歇过程在线监控与质量预测 [D]. 北京：北京工业大学，2013.

[25] 张姮. TE 过程故障诊断方法比较研究 [D]. 沈阳：沈阳理工大学，2014.

[26] Yi J, Huang D, He H, et al. A novel framework for fault diagnosis using kernel partial least squares based on an optimal preference matrix [J]. IEEE Transactions on Industrial Electronics, 2017, 64 (5): 4315-4324.

[27] Wang L. Enhanced fault detection for nonlinear processes using modified kernel partial least squares and the statistical local approach [J]. Canadian Journal of Chemical Engineering, 2018, 96 (5): 1116-1126.

[28] Lu J, Gao F. Process modeling based on process similarity [J]. Industrial & Engineering Chemistry Research, 2008, 47 (6): 1967-1974.

[29] 程方. 基于迁移思想的过程建模 [D]. 沈阳：东北大学，2013.

[30] Chu F, Cheng X, Jia R, et al. Final quality prediction method for new batch processes based on improved JYKPLS process transfer model [J]. Chemometrics and Intelligent Laboratory Systems, 2018, 183: 1-10.

[31] Jin H, Chen X, Yang J, et al. Adaptive soft sensor modeling framework based on just-in-time learning and kernel partial least squares regression for nonlinear multiphase batch processes [J]. Computers & Chemical Engineering, 2014, 71: 77-93.

[32] Zhu J, Gao F. Similar batch process monitoring with orthogonal subspace alignment [J]. IEEE Transactions on Industrial Electronics, 2018, 65 (10): 8173-8183.

[33] Godoy J L, González A H, Normey-Rico J E. Constrained latent variable model predictive control for trajectory tracking and economic optimization in batch processes [J]. Journal of Process Control, 2016, 45: 1-11.

[34] 赵春晖. 多时段间歇过程统计建模、在线监测及质量预报 [D]. 沈阳: 东北大学, 2009.

[35] 赵春晖, 王福利, 姚远, 等. 基于时段的间歇过程统计建模、在线监测及质量预报 [J]. 自动化学报, 2010, 36 (3): 366-374.

[36] Nomikos P, Macgregor J F. Multivariate spc charts for monitoring batch processes [J]. Technometrics, 1995, 37 (1): 41-59.

[37] Wang R, Edgar T F, Baldea M, et al. A geometric method for batch data visualization, process monitoring and fault detection [J]. Journal of Process Control, 2018, 67: 197-205.

[38] 王锡昌, 王普, 高学金, 等. 一种新的基于 MKPLS 的间歇过程质量预测方法 [J]. 仪器仪表学报, 2015, 36 (5): 1155-1162.

[39] Liu Y, Yang C, Gao Z, et al. Ensemble deep kernel learning with application to quality prediction in industrial polymerization processes [J]. Chemometrics and Intelligent Laboratory Systems, 2018, 174: 15-21.

[40] Jia R, Mao Z, Wang F, et al. Sequential and orthogonalized partial least-squares model based real-time final quality control strategy for batch processes [J]. Industrial & Engineering Chemistry Research, 2016, 55 (19): 5654-5669.

5　基于多尺度核 JYMKPLS 迁移模型的产品质量预测方法

5.1　引　　言

虽然 JYKPLS 方法可以描述过程数据的非线性关系[1]，但是针对具有多尺度非线性特性的间歇过程，JYKPLS 方法的应用效果并不理想，存在局部拟合精度不高，模型参数匹配困难等问题[2-6]，特别是当通过迁移学习利用相似旧过程的数据进行建模时，由于相似过程之间必然存在差异，使得包含两个相似过程的建模数据集在多尺度方面的问题更加严重，严重影响产品质量预测精度的进一步提高。

本章针对过程数据不足，且具有强非线性和多尺度特性的新间歇过程，结合迁移学习方法与多尺度核学习方法的优势，提出了一种基于多尺度核 JYMKPLS 迁移模型的间歇过程产品质量在线预测方法。该方法首先通过迁移学习利用相似源域的旧过程数据提高新间歇过程建模效率和质量预测的精度。然后，针对间歇过程数据的非线性和多尺度特性问题，引入了多尺度核函数以更好地拟合数据变化的趋势，从而提高模型的预测精度。此外，提出模型在线更新和数据剔除，通过在线持续改善迁移模型对新间歇过程的匹配程度，以消除相似过程间的差异性给迁移学习带来的不利影响，从而不断地提升预测精度[14]。最后，通过仿真验证了所提方法的有效性，结果表明，与传统的数据驱动建模方法相比，本书所提方法能够有效提高建模效率和预测精度。

5.2　多尺度核学习方法

核学习方法以非线性特征提取的方式，能够将自变量通过非线性的方式映射到高维空间，并在其中利用线性运算进行特征提取[2-7]。核函数有很多种类型，每一种核函数都有不同特性的映射效果，针对具体的样本空间来选择不同类型的核函数一般能够获得较为满意的非线性映射。然而，由于噪声的存在以及工业过程日趋复杂多变，使得过程样本数据分布更加不规则、不平坦。在这种情况下，单一核函数的方法具有很大的局限性，过程的所有数据样本难以用一个特定的核函数对整体进行有效的映射[8]。

近年来有学者提出了多核学习的方法，多尺度核方法作为其中的一种[2]，通过设置不同的核参数大小来构造多个尺度大小的核函数，能够对过程不同的局部特征分别进行高效的映射。这种方法具有非常多的尺度选择性，因此具有很强的灵活性。高斯核函数作为常用核函数的一种，不仅能够多尺度化，而且具有普遍的无限逼近能力，具体形式如下所示：

$$K_{i,j} = \exp\left(-\frac{\| X(i) - X(j) \|}{2\sigma^2}\right) \tag{5-1}$$

式中，σ 为核函数的尺度参数，本书将其多尺度化后如下所示：

$$\exp\left(-\frac{\| X(i) - X(j) \|^2}{2\sigma_1^2}\right),\ \exp\left(-\frac{\| X(i) - X(j) \|^2}{2\sigma_2^2}\right),\ \cdots,$$

$$\exp\left(-\frac{\| X(i) - X(j) \|^2}{2\sigma_n^2}\right) \tag{5-2}$$

式中，$\sigma_1 < \sigma_2 < \cdots < \sigma_n$，当 σ 较小时，对变化剧烈的数据样本具有更好的映射效果；当 σ 较大时，对变化平缓的数据样本具有更好的映射效果。将多个尺度采用直接加权的形式，从而构造出新的多尺度核函数：

$$K_{i,j} = \sum_{i=1}^{k} \exp\left(-\frac{\| X(i) - X(j) \|^2}{2\sigma_i^2}\right) \tag{5-3}$$

式中，k 为所选核函数的尺度的数量，各个尺度核函数的宽度参数用 $\sigma_i(i = 1, 2, \cdots, k)$ 来表示。基于高斯径向基核函数的多尺度核的学习方法主要是通过调整各个尺度核函数中的核参数，更好地拟合不均匀数据的变化特征，以达到最优解。

5.3 JYMKPLS 方法

近年来，迁移学习方法因其可以利用相似源域的知识来帮助完成目标域的学习任务而越来越受到重视[9-11]。考虑到新过程刚投入运行，过程数据不足以建立较为精准的数据驱动模型，而旧过程已经投入运行了很久，拥有充足的过程数据但尚未被利用，造成了数据资源的闲置与浪费。因此，如果能够通过迁移学习的方法将实际工业过程中可用的相似过程的数据进行整合和利用，依靠这些闲置的数据信息来促进新过程的快速高效建模，不仅能够提高产品质量的预测精度，而且还能提高企业和社会的经济效益。在本章中，假定有两个相似间歇过程：新过程 B 和旧过程 A，$\boldsymbol{X}_{\mathrm{A}}$，$\boldsymbol{X}_{\mathrm{B}} \in \mathbf{R}^{I\times J\times K}$ 和 $\boldsymbol{Y}_{\mathrm{A}}$，$\boldsymbol{Y}_{\mathrm{B}} \in \mathbf{R}^{I\times J}$ 分别为两个过程的输入变量矩阵和质量指标输出矩阵，J 是过程变量数，K 是采样时间，I 是生产的批次数量。

JYPLS 方法属于线性建模范畴，难以对非线性系统固有的特性进行准确高效的描述。为此，文献［1］中提出了一种新的 JYKPLS 算法，通过在 JYPLS 算法中引入核学习方法建立新过程的迁移学习模型，能够较好地描述新旧间歇过程的非线性特性，提高模型的预测精度。该方法虽然可以在一定程度上解决非线性问题，但是考虑到工业过程中存在数据分布不均匀的特性，单个尺度的核函数往往难以准确拟合所有样本数据的变化趋势。为此，本章将多尺度核函数技术应用到 JYPLS 算法，提出了一种新的基于多尺度核的 JYMKPLS 算法，通过改变核函数的尺度大小能够更好地拟合数据变化剧烈和变化平缓的趋势，可以更好地解决复杂的非线性分析问题，从而进一步提高质量预测的精度，JYMKPLS 的模型结构如图 5-1 所示。

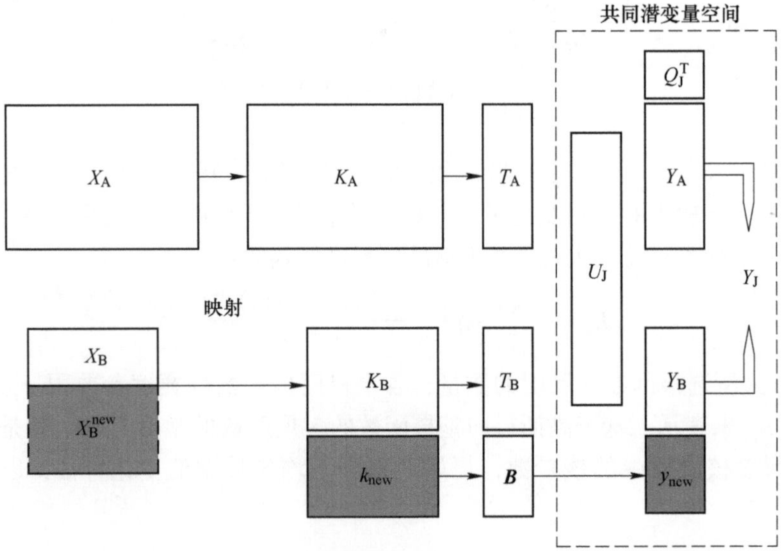

图 5-1　JYMKPLS 模型结构

JYMKPLS 方法通过非线性映射把间歇过程中的多个输入变量从原始低维空间映射到一个高维空间，在高维空间中构建联合输出偏最小二乘回归并采用多尺度核学习方法保证不同样本数据都有与之对应的合适尺度的核函数。若观测样本数用 N 表示，输入变量的数量用 m 表示，则可设变量 $\boldsymbol{X} \in \mathbf{R}^{N \times m}$，$\boldsymbol{Y} \in \mathbf{R}^{N}$，则输入变量的 $\{x_i\}_{i=1}^{m}$ 的非线性映射形式如下：

$$\boldsymbol{\Phi}: x_i \in \mathbf{R}^N \rightarrow \boldsymbol{\Phi}(x_i) \in H \tag{5-4}$$

用原始空间中定义的核函数来替代内积运算，则可构成如下形式的核矩阵：

$$\boldsymbol{K} = \sum_{l=1}^{m} \boldsymbol{\Phi}(x_l) \boldsymbol{\Phi}(x_l)^{\mathrm{T}} \tag{5-5}$$

本章选用了高斯核进行多尺度化，并采用下式进行核矩阵元素的计算：

$$K(i,\ j) = \sum_{l=1}^{m} \exp\left[-\frac{\| x(i) - x(j) \|^2}{2\sigma_l^2}\right] \tag{5-6}$$

其中，多个尺度高斯核函数的宽度参数分别用 $\sigma_l(l = 1,\ 2,\ \cdots,\ m)$ 表示。在此算法中，由于只计算原始低维空间的核函数就可以得到高维空间的核函数矩阵 $\boldsymbol{K}_A$ 和 $\boldsymbol{K}_B$，因此没有必要知道非线性映射函数的显示表达式 $\boldsymbol{\Phi}(\cdot)$。在执行 JYMKPLS 算法之前，通常需要对这两个核矩阵进行中心化处理，公式如下：

$$\boldsymbol{K} \leftarrow \left(\boldsymbol{I} - \frac{1}{\boldsymbol{I}}\boldsymbol{1}_I\boldsymbol{1}_I^{\mathrm{T}}\right)\boldsymbol{K}\left(\boldsymbol{I} - \frac{1}{\boldsymbol{I}}\boldsymbol{1}_I\boldsymbol{1}_I^{\mathrm{T}}\right) \tag{5-7}$$

式中，$\boldsymbol{1}_{\mathrm{I}}$为 $I\times I$ 维的矩阵，其元素都为 1；$\boldsymbol{I}$ 为 $I\times I$ 维度的单位矩阵。

如果从原始空间到高维空间的映射 $\boldsymbol{\Phi}$：$x_i \in \mathbf{R}^N \rightarrow \boldsymbol{\Phi}(x_i) \in H$ 已知，凭借样本映射 $\boldsymbol{\Phi}_{\mathrm{A}}$，$\boldsymbol{\Phi}_{\mathrm{B}}$ 和输出样本 $\boldsymbol{Y}_{\mathrm{A}}$，$\boldsymbol{Y}_{\mathrm{B}}$ 则可以在高维空间中直接使用 JYPLS 建模，那么就可以利用拉格朗日方法分析准则函数得到如下公式：

$$\begin{bmatrix} \boldsymbol{\Phi}_{\mathrm{A}}^{\mathrm{T}}\boldsymbol{Y}_{\mathrm{A}}\boldsymbol{Y}_{\mathrm{A}}^{\mathrm{T}}\boldsymbol{\Phi}_{\mathrm{A}} & \boldsymbol{\Phi}_{\mathrm{A}}^{\mathrm{T}}\boldsymbol{Y}_{\mathrm{A}}\boldsymbol{Y}_{\mathrm{B}}^{\mathrm{T}}\boldsymbol{\Phi}_{\mathrm{B}} \\ \boldsymbol{\Phi}_{\mathrm{B}}^{\mathrm{T}}\boldsymbol{Y}_{\mathrm{B}}\boldsymbol{Y}_{\mathrm{A}}^{\mathrm{T}}\boldsymbol{\Phi}_{\mathrm{A}} & \boldsymbol{\Phi}_{\mathrm{B}}^{\mathrm{T}}\boldsymbol{Y}_{\mathrm{B}}\boldsymbol{Y}_{\mathrm{B}}^{\mathrm{T}}\boldsymbol{\Phi}_{\mathrm{B}} \end{bmatrix}\boldsymbol{w}_{\mathrm{J}} = \lambda\ \boldsymbol{w}_{\mathrm{J}} \tag{5-8}$$

但是 $\boldsymbol{\Phi}_{\mathrm{A}}$，$\boldsymbol{\Phi}_{\mathrm{B}}$ 通常都是未知的，$\boldsymbol{w}_{\mathrm{J}}$ 则不能通过式（5-8）直接计算得到，不过可以利用核函数来巧妙地避开该映射，将式（5-8）转化成式（5-9）。

$$\begin{bmatrix} \boldsymbol{K}_{\mathrm{A}}\boldsymbol{Y}_{\mathrm{A}}\boldsymbol{Y}_{\mathrm{A}}^{\mathrm{T}} & \boldsymbol{K}_{\mathrm{A}}\boldsymbol{Y}_{\mathrm{A}}\boldsymbol{Y}_{\mathrm{B}}^{\mathrm{T}} \\ \boldsymbol{K}_{\mathrm{B}}\boldsymbol{Y}_{\mathrm{B}}\boldsymbol{Y}_{\mathrm{A}}^{\mathrm{T}} & \boldsymbol{K}_{\mathrm{B}}\boldsymbol{Y}_{\mathrm{B}}\boldsymbol{Y}_{\mathrm{B}}^{\mathrm{T}} \end{bmatrix}\boldsymbol{t}_{\mathrm{J}} = \lambda\boldsymbol{t}_{\mathrm{J}} \tag{5-9}$$

式中，$\boldsymbol{K}_{\mathrm{A}}$ 和 $\boldsymbol{K}_{\mathrm{B}}$ 分别为 A、B 两个过程的核矩阵，且 $\boldsymbol{K}_{\mathrm{A}} = \boldsymbol{\Phi}_{\mathrm{A}}\boldsymbol{\Phi}_{\mathrm{A}}^{\mathrm{T}}$，$\boldsymbol{K}_{\mathrm{B}} = \boldsymbol{\Phi}_{\mathrm{B}}\boldsymbol{\Phi}_{\mathrm{B}}^{\mathrm{T}}$；$\boldsymbol{t}_{\mathrm{A}}$，$\boldsymbol{t}_{\mathrm{B}}$ 为批次过程 A，B 的主成分，$\boldsymbol{t}_{\mathrm{A}} = \boldsymbol{\Phi}_{\mathrm{A}}\boldsymbol{\omega}_{\mathrm{A}}$，$\boldsymbol{t}_{\mathrm{B}} = \boldsymbol{\Phi}_{\mathrm{B}}\boldsymbol{\omega}_{\mathrm{B}}$；$\boldsymbol{t}_{\mathrm{J}} = [\boldsymbol{t}_{\mathrm{A}};\ \boldsymbol{t}_{\mathrm{B}}]$ 为关联主成分。在获得第一主成分后，为了后续的计算，核矩阵 $\boldsymbol{K}_{\mathrm{A}}$，$\boldsymbol{K}_{\mathrm{B}}$ 和输出矩阵 $\boldsymbol{Y}_{\mathrm{A}}$，$\boldsymbol{Y}_{\mathrm{B}}$ 需要进行缩减来计算下一个分量，通常采用迭代算法 NIPALS 来估计 KPLS 模型[12]或 JYPLS 模型[13]的参数，本章给出了以下 JYMKPLS 的 NIPALS 算法步骤。

令 $i = 1$，$\boldsymbol{K}_{\mathrm{A}1} = \boldsymbol{K}_{\mathrm{A}}$，$\boldsymbol{K}_{\mathrm{B}1} = \boldsymbol{K}_{\mathrm{B}}$，$\boldsymbol{Y}_{\mathrm{J}1} = \boldsymbol{Y}_{\mathrm{J}}$，$i$ 代表提取的潜变量的序号。

步骤 1：任意选择 $\boldsymbol{Y}_{\mathrm{J}i}$ 矩阵中的某一列当作初始状态值，即 $\boldsymbol{u}_{\mathrm{J}i} = \begin{bmatrix} \boldsymbol{u}_{\mathrm{A}i} \\ \boldsymbol{u}_{\mathrm{B}i} \end{bmatrix}$。

步骤 2：分别计算 $\boldsymbol{\Phi}_{\mathrm{A}i}$，$\boldsymbol{\Phi}_{\mathrm{B}i}$ 的得分向量 $\boldsymbol{t}_{\mathrm{A}i}$，$\boldsymbol{t}_{\mathrm{B}i}$。

$$\begin{aligned} \boldsymbol{t}_{\mathrm{A}i} &= \boldsymbol{K}_{\mathrm{A}i}u_{\mathrm{A}i}/(u_{\mathrm{A}i}^{\mathrm{T}}u_{\mathrm{A}i}) \\ \boldsymbol{t}_{\mathrm{B}i} &= \boldsymbol{K}_{\mathrm{B}i}u_{\mathrm{B}i}/(u_{\mathrm{B}i}^{\mathrm{T}}u_{\mathrm{B}i}) \end{aligned} \tag{5-10}$$

步骤 3：通过回归分析得到联合输出变量的负载矩阵 $q_{\mathrm{J}i}$。

$$q_{\mathrm{J}i} = \boldsymbol{Y}_{\mathrm{J}i}^{\mathrm{T}}t_{\mathrm{J}i}/(t_{\mathrm{J}i}^{\mathrm{T}}t_{\mathrm{J}i}) \tag{5-11}$$

其中，$t_{\mathrm{J}i} = \begin{bmatrix} t_{\mathrm{A}i} \\ t_{\mathrm{B}i} \end{bmatrix}$，标准化后负载矩阵如式（5-12）所示。

$$q_{Ji} = q_{Ji} / \| q_{Ji} \|, \quad q_{Ji}^{T} q_{Ji} = 1 \tag{5-12}$$

步骤 4：计算 $\boldsymbol{Y}_{Ai}$，$\boldsymbol{Y}_{Bi}$ 的得分向量 $u_{Ai} = \boldsymbol{Y}_{Ai} q_{Ji}$，$u_{Bi} = \boldsymbol{Y}_{Bi} q_{Ji}$。

步骤 5：对 u_{Ai} 和 u_{Bi} 进行收敛性判断，若步骤 4 中的得分向量都具有收敛性，再根据下式进行核矩阵和输出矩阵的缩减，否则返回到步骤 2。

$$\begin{aligned} \boldsymbol{K}_{Ai+1} &= [\boldsymbol{I} - t_{Ai} t_{Ai}^{T} / (t_{Ai}^{T} t_{Ai})] \boldsymbol{K}_{Ai} [\boldsymbol{I} - t_{Ai} t_{Ai}^{T} / (t_{Ai}^{T} t_{Ai})] \\ \boldsymbol{K}_{Bi+1} &= [\boldsymbol{I} - t_{Bi} t_{Bi}^{T} / (t_{Bi}^{T} t_{Bi})] \boldsymbol{K}_{Bi} [I - t_{Bi} t_{Bi}^{T} / (t_{Bi}^{T} t_{Bi})] \\ \boldsymbol{Y}_{Ji+1} &= \boldsymbol{Y}_{Ji} - t_{Ji} t_{Ji}^{T} \boldsymbol{Y}_{Ji} / (t_{Ji}^{T} t_{Ji}) \end{aligned} \tag{5-13}$$

步骤 6：然后令 $i=i+1$，重复步骤 2 到步骤 6 提取主成分直到 A 的主成分全部提取结束，主成分数量可以由交叉验证确定。

5.4 基于 JYMKPLS 迁移模型的产品质量预测方法

本章节提出了一种基于 JYMKPLS 迁移学习策略的间歇过程质量预测方法，并对其展开了详细介绍，包括离线建模、模型在线更新和数据剔除、在线预测框架、仿真实验等。

5.4.1 离线建模

给定某个间歇生产过程，假设它有 J 个过程变量，在一个批次内有 K 个采样时间点，共收集 I 个批次数，就构成了典型的间歇过程三维数据 $\boldsymbol{X}(I \times J \times K)$。在进行过程传递模型的建立之前，本书采取图 5-2 所示的方法按批次方向将输入

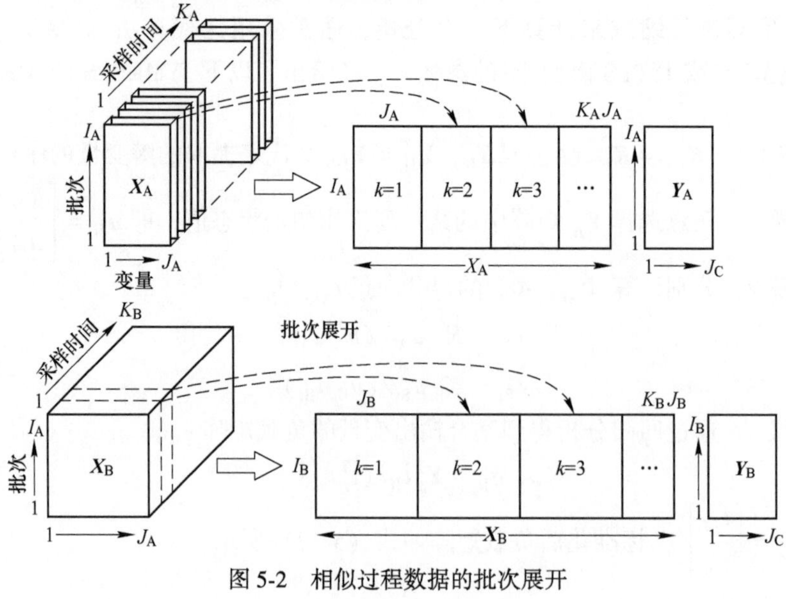

图 5-2　相似过程数据的批次展开

矩阵 $\boldsymbol{X}_{\mathrm{A}}$，$\boldsymbol{X}_{\mathrm{B}} \in \mathbf{R}^{I\times J\times K}$ 展开成 $\boldsymbol{X}_{\mathrm{A}}$，$\boldsymbol{X}_{\mathrm{B}} \in \mathbf{R}^{I\times KJ}$ 形式，对应的输出变量矩阵为 $\boldsymbol{Y}_{\mathrm{A}}$，$\boldsymbol{Y}_{\mathrm{B}} \in \mathbf{R}^{I\times J}$。

将 JYPLS 过程迁移模型与多尺度核方法相结合，不仅能够解决新间歇过程因没有充足的过程建模数据而影响建模效率的问题，而且同时考虑到数据具有多尺度特性的问题，通过改变核的尺度的大小来更好地拟合数据变化剧烈和变化平缓的趋势，能够充分地反映数据样本的分布特性，可以进一步提高质量预测的精度。

JYMKPLS 离线建模步骤如下。

步骤 1：数据展开。采用批次展开的方式将新间歇过程 B 和与其相似的旧间歇过程 A 的矩阵 $\boldsymbol{X}_{\mathrm{A}}$，$\boldsymbol{X}_{\mathrm{B}} \in \mathbf{R}^{I\times J\times K}$ 依次展开成 $\boldsymbol{X}_{\mathrm{A}}$，$\boldsymbol{X}_{\mathrm{B}} \in \mathbf{R}^{I\times KJ}$。

步骤 2：数据预处理。将两个过程的输入矩阵 $\boldsymbol{X}_{\mathrm{A}}$，$\boldsymbol{X}_{\mathrm{B}}$ 的每一列数据分别按照零均值和单位方差进行归一化；同样，对输出矩阵 $\boldsymbol{Y}_{\mathrm{A}}$，$\boldsymbol{Y}_{\mathrm{B}}$ 也进行标准化处理，将其联合得到 $\boldsymbol{Y}_{\mathrm{J}} = [\boldsymbol{Y}_{\mathrm{A}};\ \boldsymbol{Y}_{\mathrm{B}}]$。

步骤 3：计算核矩阵。通过式（5-4）进行非线性映射，利用式（5-6）的多个尺度的核函数在高维空间中分别计算并得到核函数矩阵 $\boldsymbol{K}_{\mathrm{A}}$ 和 $\boldsymbol{K}_{\mathrm{B}}$。

步骤 4：通过式（5-7）中心化核矩阵 $\boldsymbol{K}_{\mathrm{A}}$ 和 $\boldsymbol{K}_{\mathrm{B}}$。

步骤 5：使用输入核矩阵 $\boldsymbol{K}_{\mathrm{A}}$ 和 $\boldsymbol{K}_{\mathrm{B}}$ 以及联合输出矩阵 $\boldsymbol{Y}_{\mathrm{J}}$ 运行 JYMKPLS 算法。

步骤 6：计算 JYMKPLS 模型的回归系数。

$$\boldsymbol{B} = \boldsymbol{U}_{\mathrm{B}}\,(\boldsymbol{T}_{\mathrm{B}}^{\mathrm{T}}\boldsymbol{K}_{\mathrm{B}}\boldsymbol{U}_{\mathbf{B}})^{-1}\boldsymbol{T}_{\mathrm{J}}^{\mathrm{T}}\boldsymbol{Y}_{\mathrm{J}} \tag{5-14}$$

式中，$\boldsymbol{T}_{\mathrm{J}} = [\boldsymbol{T}_{\mathrm{A}};\ \boldsymbol{T}_{\mathrm{B}}]$ 为旧间歇过程 A 和新间歇过程 B 过程潜变量的联合矩阵，是建立质量预测模型最为关键的变量。

步骤 7：将预测样本代入 JYMKPLS 模型，得到回归方程为：

$$\begin{aligned} \boldsymbol{y}_{\mathrm{new}} &= \boldsymbol{k}_{\mathrm{new}}\boldsymbol{U}_{\mathrm{B}}(\boldsymbol{T}_{B}^{\mathrm{T}}\boldsymbol{K}_{\mathrm{B}}\boldsymbol{U}_{\mathrm{B}})^{-1}\boldsymbol{T}_{\mathrm{J}}^{\mathrm{T}}\boldsymbol{Y}_{\mathrm{J}} + \boldsymbol{e} \\ \boldsymbol{k}_{\mathrm{new}} &= k(\boldsymbol{x}_{\mathrm{new}},\ \boldsymbol{x}_{j}) \end{aligned} \tag{5-15}$$

式中，$\boldsymbol{x}_{\mathrm{new}}$ 为新过程 B 的新采样数据；$\boldsymbol{x}_j$ 为第 j 批次的输入训练数据；$\boldsymbol{k}_{\mathrm{new}}$ 为新的批次数据对应的核向量；$\boldsymbol{e}$ 为预测误差；$\boldsymbol{y}_{\mathrm{new}}$ 为新采样数据的预测结果。

5.4.2 模型更新与数据剔除

由于新过程建模数据的稀缺性，现有的新过程数据集也无法描述整个新过程的特征。因此，在每个批次结束时，需要不断地利用新获得的数据 $\boldsymbol{x}_{\mathrm{new}}$ 和 $\boldsymbol{y}_{\mathrm{new}}$ 补充到新过程的建模数据集 $\boldsymbol{X}_{\mathrm{B}}$ 和 $\boldsymbol{Y}_{\mathrm{B}}$，进一步增加建模信息，从而有效提高预测模型的准确性。通过这两个增广矩阵可以离线更新预测模型，模型更新方法如下式所示：

$$\begin{aligned} \boldsymbol{X}_{\mathrm{B}} &= [\boldsymbol{X}_{\mathrm{B,\,old}};\ \boldsymbol{x}_{\mathrm{new}}] \\ Y_{\mathrm{B}} &= [\boldsymbol{Y}_{\mathrm{B,\,old}};\ \boldsymbol{y}_{\mathrm{new}}] \end{aligned} \tag{5-16}$$

在生产过程前期，由于新过程数据不足，旧过程的数据有助于新过程模型的建立，但是由于相似过程之间必然存在差异，旧过程的数据不可能包含新过程的所有过程信息，随着新过程数据的补充和积累，建模数据集中旧过程的数据反而会影响模型精度的进一步提高。因此，需要在适当的时刻对旧过程数据进行逐步剔除，本书检测了连续 m 个批次的最终质量偏差，通过设置稳定性阈值 $\varepsilon_{\text{stable}}$ 来判断误差是否收敛至稳定阶段从而决定是否进行数据剔除（$\varepsilon_{\text{stable}}$ 的值是趋近于 0 的预设常数）。数据剔除的原则是对旧过程数据集中偏差较大的数据优先处理，具体方法和步骤如下。

步骤 1：如果第 j 批次结束，可以得到第 j 批次产品质量的真实值 $\boldsymbol{y}_{\text{new}}$，并通过公式 $\beta_j = |\boldsymbol{y}_{\text{new}} - \hat{\boldsymbol{y}}_{\text{new}}|$ 计算该批次的预测偏差 β_j，并计算 $\Delta_j = \beta_j - \beta_{j-1}$；

步骤 2：收集所有最新批次的最终质量的预测偏差，判断连续采样批次中 Δ_j 偏差小于阈值 $\varepsilon_{\text{stable}}$ 的批次数是否大于等于 n 个，如果是，则转到步骤 3 进行数据选择和剔除，否则返回到步骤 1；

步骤 3：计算新旧过程数据之间的相似度，从旧过程数据集中选取与新过程数据偏差最大的旧数据进行剔除，计算相似度的公式如下所示：

$$
\begin{aligned}
d(\boldsymbol{x}_{\text{A}j},\ \boldsymbol{X}_{\text{B}}) &= \| \boldsymbol{x}_{\text{A}j} - \overline{\boldsymbol{X}}_{\text{B}} \|_2 \\
S(\boldsymbol{x}_{\text{A}j}) &= \frac{1}{1 + d(\boldsymbol{x}_{\text{A}j},\ \boldsymbol{X}_{\text{B}})}
\end{aligned}
\tag{5-17}
$$

式中，$\| \boldsymbol{x}_{\text{A}j} - \overline{\boldsymbol{x}}_{\text{B}} \|_2$ 为欧几里得度量；$\overline{\boldsymbol{X}}_{\text{B}}$ 为新过程数据的平均值；$d(\boldsymbol{x}_{\text{A}j},\ \boldsymbol{X}_{\text{B}})$ 为过程数据之间的欧氏距离，相似度用 $S(\boldsymbol{x}_{\text{A}j})$ 表示，其范围是 0~1。

5.4.3　在线预测

本节提供了产品质量在线预测方法的完整框架，包括基于 JYMKPLS 模型的离线建立，模型更新和数据剔除，该方法的流程图如图 5-3 所示。

得到离线质量模型之后，该模型可用于下一批次产品的质量预测。在新的批次运行时，由于该批次过程没有完全结束，只能得到操作周期开始到当前时刻的不完整的输入数据 $\boldsymbol{x}_{\text{former}}$。为了预测当前时刻下最终的产品质量，可以通过预估计的方法对当前时刻之后的数据部分 $\boldsymbol{x}_{\text{after}}$ 进行填补，构成与预测值 $\hat{\boldsymbol{y}}_{\text{new}}$ 相对应的输入数据 $\boldsymbol{x}_{\text{new}} = [\boldsymbol{x}_{\text{former}};\ \boldsymbol{x}_{\text{after}}]$。然后，通过核函数获得核向量 $\boldsymbol{k}_{\text{new}}$，将完整的输入数据 $\boldsymbol{x}_{\text{new}}$ 和 $\boldsymbol{k}_{\text{new}}$ 代入预测模型即可得到预测值 $\hat{\boldsymbol{y}}_{\text{new}}$。

$$
\begin{aligned}
\boldsymbol{k}_{\text{new}} &= k(\boldsymbol{x}_{\text{new}},\ \boldsymbol{x}_j) \\
\hat{\boldsymbol{y}}_{\text{new}} &= \boldsymbol{k}_{\text{new}} \boldsymbol{U}_{\text{B}} (\boldsymbol{T}_{\text{B}}^{\text{T}} \boldsymbol{K}_{\text{B}} \boldsymbol{U}_{\text{B}})^{-1} \boldsymbol{T}_{\text{J}}^{\text{T}} \boldsymbol{Y}_{\text{J}} + \boldsymbol{e}
\end{aligned}
\tag{5-18}
$$

式中，$\boldsymbol{x}_j$ 为第 j 批次的输入训练数据；$\boldsymbol{k}_{\text{new}}$ 为过程新产生的新批次的输入数据所对应的核向量；$\boldsymbol{e}$ 为预测误差；$\hat{\boldsymbol{y}}_{\text{new}}$ 为新过程新采集到的数据所对应的预测输出值。

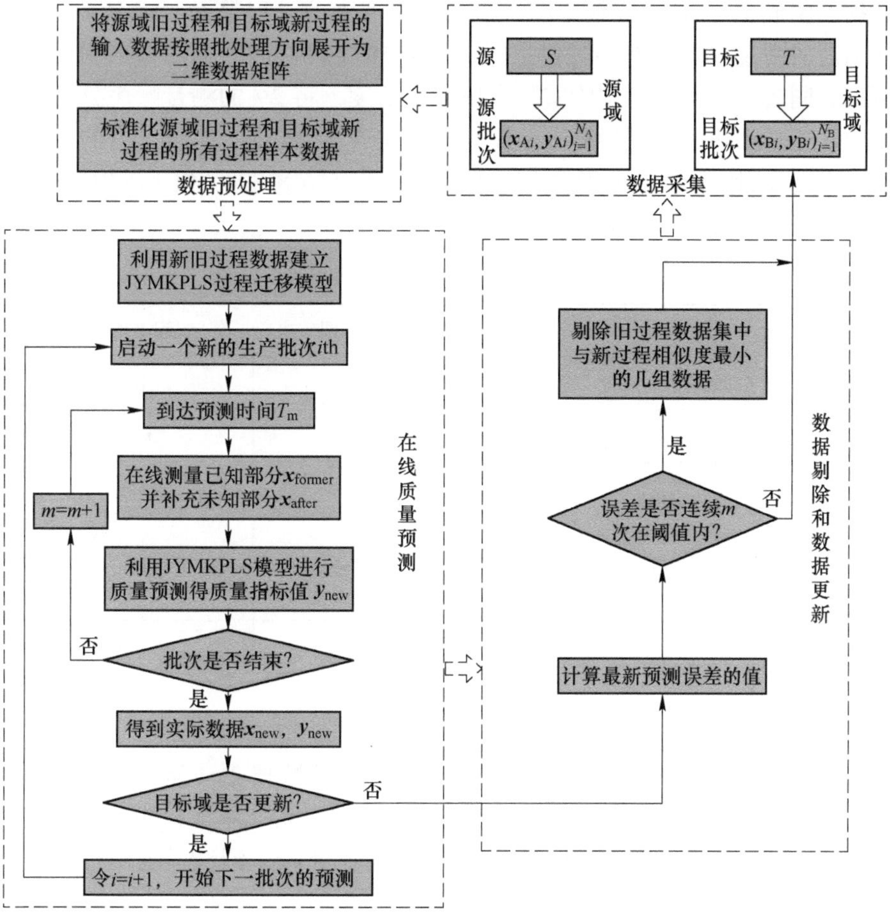

图 5-3 基于 JYMKPLS 过程迁移模型的批次过程质量预测及更新流程

5.5 实验验证

5.5.1 实验设计

青霉素生产过程是一种典型的间歇工业过程，其主要通过微生物发酵的途径进行生产，过程本身具有非线性的特性。而青霉素的终点浓度是衡量生产效益的最重要的指标，因此，对其进行质量预测十分重要。本章通过 Pensim V2.0 仿真软件按照设定生成的数据来验证本章算法，过程反应周期和采样间隔分别设定为 400h 和 0.5h。然后，选取了通风率（L/h）等 6 个输入变量和青霉素浓度(g/L)这 1 个输出变量建立预测模型对青霉素浓度进行质量预测。本章采用仿真软件按照表 5-1 设置的工作条件分别生成 40 个批次的数据作为旧过程 A 已有的大量过程数据，生成 55 个批次的数据作为新过程 B 产生的过程数据，其中 5 个作为刚投入运行的新过程 B 已有的过程数据，剩余 50 个批次的数据用作数据更新和数据测试。同时，为了增加实验实际应用的可信度，将 2%的测量噪声分别加到过程的输入变量和输出质量指标上。提取旧过程 A 中 40 个批次数据中的 6 个输入变量和最终质量，形成旧过程数据集矩阵 $\boldsymbol{X}_{\mathrm{A}}(40 \times 6 \times 800)$ 和 $\boldsymbol{Y}_{\mathrm{A}}(40 \times 1)$，同样，可以得到新过程数据集矩阵 $\boldsymbol{X}_{\mathrm{B}}(55 \times 6 \times 800)$ 和 $\boldsymbol{Y}_{\mathrm{B}}(55 \times 1)$。

表 5-1　过程 A 和 B 的工作条件

输入变量	过程 A 的数值范围	过程 B 的数值范围
培养量/L	105~109	108~113
二氧化碳浓度/mmol · L^{-1}	0. 52~0. 56	0. 62~0. 65
pH 值	4. 3~5. 2	4. 1~4. 6
通风率/L · h^{-1}	5~6	6~7
搅拌功率/W	32~41	35~44
喂料温度/K	295. 8~297. 3	296. 3~298. 2
pH 值设定点	5. 0~5. 2	5. 1~5. 3

为了更清晰地表明新过程 B 由于数据稀缺导致数据驱动建模精度低下的问题，更好地突出多尺度核学习方法在质量预测中的优势，本节只用到新过程 B 的数据，将 MKPLS 模型与传统的 KPLS 模型进行了比较，测试了这两种方法的预测效果。

5. 5. 2　结果分析

首先为了充分地验证两个模型在整个工况范围内的最终质量预测能力，保持建模数据集不变，并且不进行模型的在线更新和旧数据的剔除，实验将新过程 B 中的 50 个批次的数据分为 5 个批次的建模数据集和 45 个批次的测试数据集，构建最终质量预测模型。利用两种方法对测试数据集的最终质量进行了预测，评价指标为预测值的均方根误差 RMSE 和平均相对预测误差 MPRE。由图 5-4 和表 5-2 可得实验结果如下，新过程在刚投入生产的前期阶段，拥有很少的建模数据，在不进行模型更新的前提下基于这两种数据驱动建模方法的预测精度都不理想，但是 MKPLS 建模方法的预测效果要略优于 KPLS 建模方法的预测效果，这表明即使在少量数据的情况下，相比于单尺度核方法，多尺度核方法能够较好地抓取数据特征，具有更高的精度。

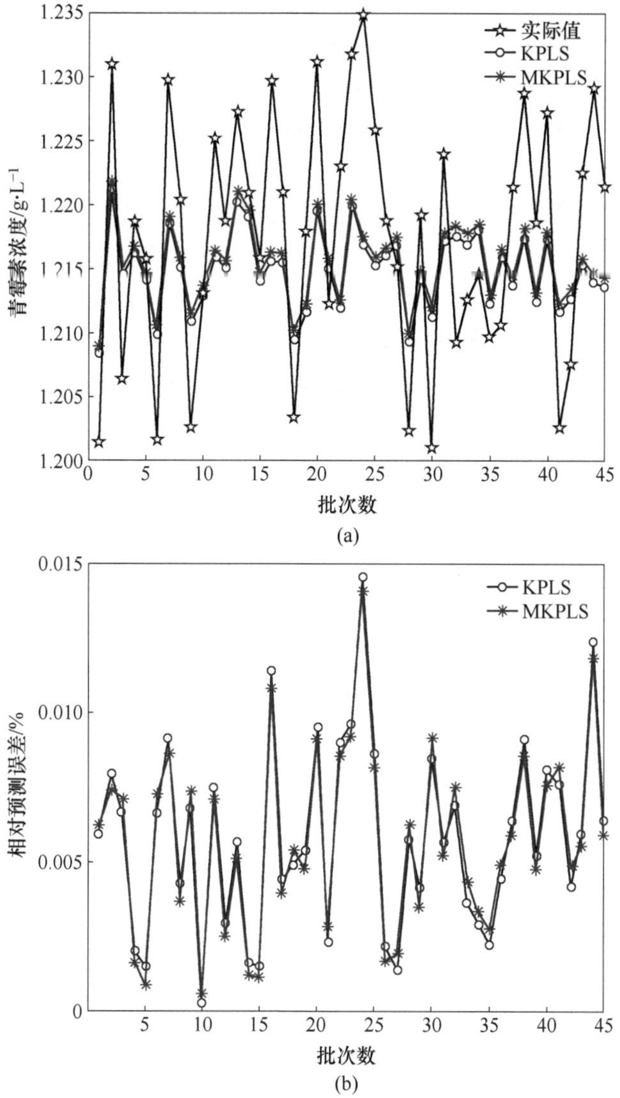

扫一扫
查看彩图

图 5-4 每批青霉素最终浓度预测结果

(a) 浓度的预测输出值和实际值；(b) 浓度的相对预测误差

表 5-2 两种预测方法的评价指标对比

方法	RMSE	MPRE
KPLS	0.0081	0.0058
MKPLS	0.0079	0.0057

考虑模型更新的情况，本实验将新过程 B 的 55 个批次的数据分为 5 个批次

的建模数据集，45 个批次的更新数据集，5 个批次的测试数据集三个部分，测试数据集中 5 个批次最终浓度预测值的 RMSE 是量化预测性能的评价指标。利用建模数据集构建初始的最终质量预测模型，每次对测试数据集中的所有测试样本进行预测后，计算预测结果的 RMSE，然后向训练数据集中添加一批更新数据集以重建质量预测模型，再次对测试集的最终浓度进行预测，直到更新数据集中的所有数据都放入建模数据集中。两种方法测试数据集的 RMSE 如图 5-5 所示，随着新批次数据的不断产生，建模数据不断增多，两种预测方法的精度随着模型更新都在不断提高，在第 25 批次之后，达到了较为稳定的精度。对比两种预测方法的均方根误差，可以看出在进行该生产过程的质量预测时，基于 MKPLS 的建模方法的预测效果明显优于基于 KPLS 的建模方法，而且随着建模数据越来越多，基于 MKPLS 的建模方法的预测效果的优势会更加明显。

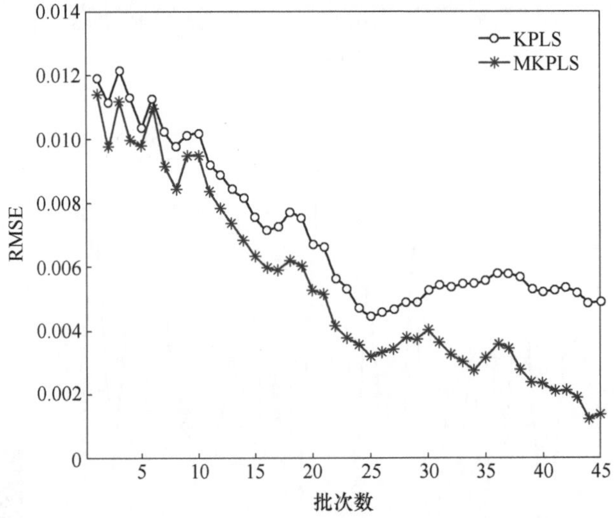

扫一扫
查看彩图

图 5-5　带有模型更新的 KPLS 模型和 MKPLS 模型的 RMSE

考虑到新过程 B 初期建模数据少导致建模精度很低甚至无法建模的情况，为了突出过程迁移在最终质量预测中的优势，更为了突出多尺度核方法在解决批次过程训练样本中普遍存在的数据分布不均匀的多尺度特性问题上的优势，本节将 JYMKPLS 模型，JYKPLS 模型以及传统的 KPLS 模型的预测效果进行了比较。

首先，为了充分验证在新过程数据不足的情况下，JYMKPLS 模型在整个工况范围内的最终质量预测能力，保持建模数据集不变，并且暂且不进行模型的在线更新和旧数据的剔除。该实验中，用到旧过程 A 的所有数据和新过程 B 的 50 个批次的数据，将新过程 B 其中的 50 个批次的数据分为 5 个批次的建模数据集和 45 个批次的测试数据集，用以构建最终质量预测模型。其中，传统的 KPLS 建模方法只利用新过程 B 的 5 个批次数据进行建模，而 JYKPLS 和 JYMKPLS 过程迁移建模方法则利用相似旧过程 A 的 40 个批次的过程数据和新过程 B 的 5 个批次的过程数据进行建模。利用三种方法对测试数据集的最终质量进行了预测，评价指标为预测值的均方根误差 RMSE 和平均相对预测误差 MPRE。实验的结果如图 5-6 和表 5-3 所示，在新过程运行初期，拥有很少的建模数据的情况下，JYKPLS 和 JYMKPLS 过程迁移建模方法的整体预测效果要明显优于 KPLS 建模方

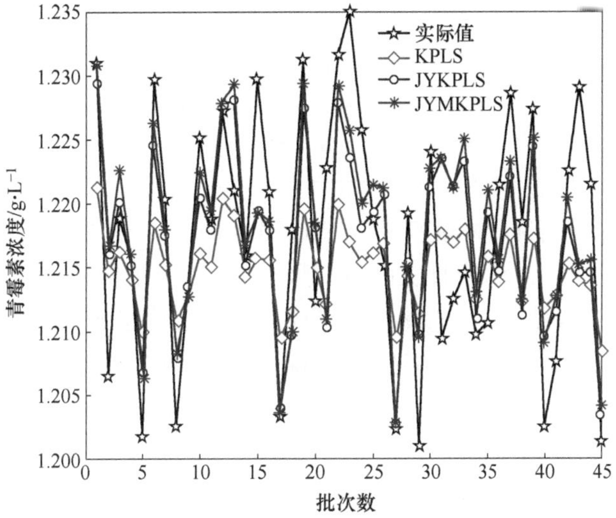

(a)

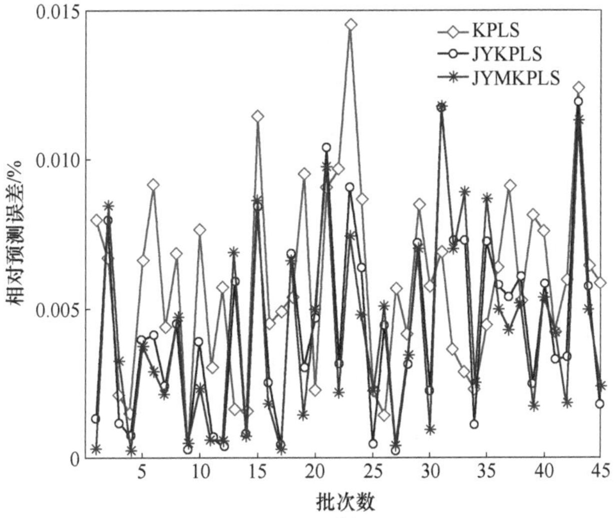

(b)

扫一扫
查看彩图

图 5-6　每批青霉素最终浓度预测结果

（a）预测输出值和实际值；（b）浓度的相对预测误差

法的预测效果。同时，基于 JYMKPLS 的建模方法的预测精度要略优于基于 JYKPLS 的建模方法的预测精度。

表 5-3　三种预测方法的评价指标对比

方　法	RMSE	MPRE
KPLS	0.0081	0.0058
JYKPLS	0.0065	0.0044
JYMKPLS	0.0063	0.0042

考虑模型更新情况，本实验用到新过程 B 的 55 个批次的数据，将其分为 5 个批次的建模数据集、45 个批次的更新数据集、5 个批次的测试数据集三部分。然后根据 KPLS、JYKPLS、JYMKPLS 三种建模方法构建初始的最终质量预测模型。其中，传统的 KPLS 建模方法只利用新过程 B 的 5 个批次数据进行建模，而 JYKPLS 和 JYMKPLS 过程迁移建模方法则利用相似旧过程 A 的 40 个批次的过程数据和新过程 B 的 5 个批次数据进行建模。测试数据集中 5 个批次最终浓度预测值的 RMSE 是量化预测性能的评价指标，每次对测试数据集中的所有测试样本进行预测后，计算预测结果的 RMSE，并向训练数据集中添加一批更新数据集用以重建预测模型，再次预测它们的最终浓度，直到更新数据集中的所有数据都放入建模数据集中。如图 5-7（a）和表 5-4 所示，随着新批次数据的不断产生，建模数据不断增多，三种预测方法的精度随着模型更新都在不断提高，在第 25 批次之后，达到了较为稳定的精度。对比三种预测方法的均方根误差，可以看出在对新过程 B 的前期进行质量预测时，相较于 KPLS 方法，引入相似旧过程 A 的过程数据进行迁移建模的 JYKPLS 方法和 JYMKPLS 方法能够明显地降低预测误差。同时，由于引入了多个尺度的核函数来更好地拟合数据的变化特征，使得 JYMKPLS 方法相较于 JYKPLS 方法在降低预测误差方面更加明显。此外，由于在第 25 批次之后，JYKPLS 方法和 JYMKPLS 方法都已达到了较为稳定的精度，精度受到旧过程数据的影响，此时须考虑数据剔除情况，如图 5-7（b）所示，通过上文所提的剔除判定方法，在误差稳定几个批次之后进行数据剔除，可以看出在第 30 个批次以后，二者的预测误差都进一步降低。总体上，随着模型更新和数据剔除的进行，基于 JYMKPLS 建模方法的预测精度不断提高，而且预测精度明显优于另外两种建模方法[14]。

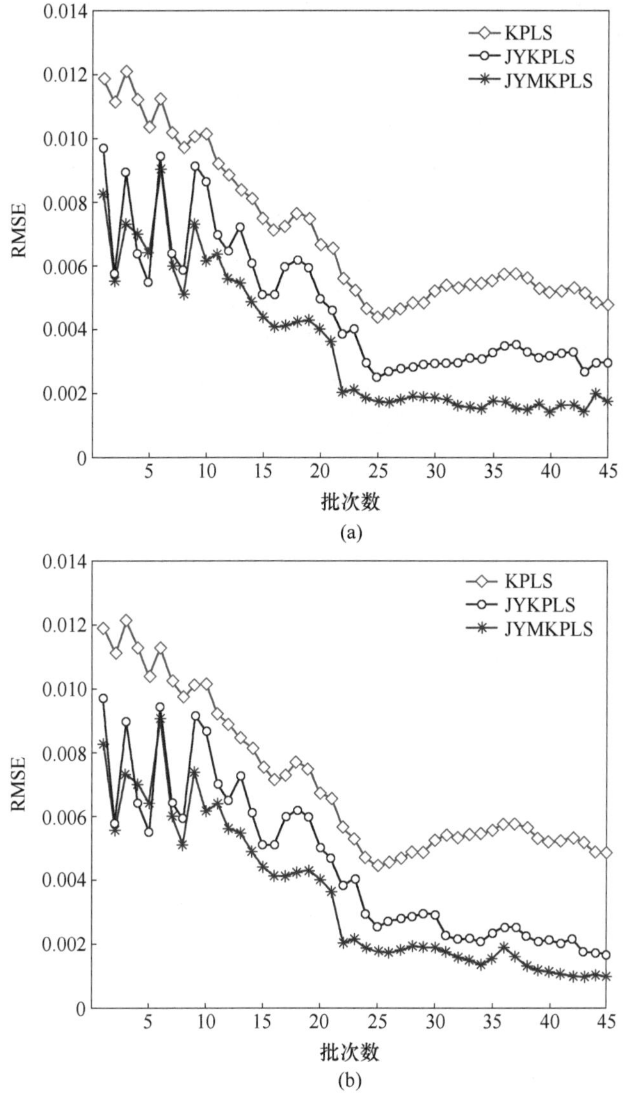

扫一扫
查看彩图

图 5-7　带有模型更新的三种模型的 RMSE

(a) 无数据剔除；(b) 有数据剔除

表 5-4　三种建模方法的平均均方根误差对比

方法	平均 RMSE
KPLS	0.0070
JYKPLS	0.0048
JYMKPLS	0.0036

针对间歇过程数据大都具有强非线性和多尺度特性的问题，为了对数据不足的新间歇过程建立更加精准的产品质量预测模型，提出了一种基于多尺度核 JYMKPLS 迁移学习模型的产品质量在线预测方法。该方法综合了迁移学习建模和多尺度核学习方法的优点，既能在减少数据资源浪费的同时，迁移相似旧过程充足的过程数据到新过程中以辅助和加速新过程的建模，又兼顾了间歇过程训练样本中普遍存在的多尺度特性，提升了模型泛化性。此外，提出模型在线更新和数据剔除，在每个生产周期结束时，通过在线持续改善迁移模型对新间歇过程的匹配程度，以消除相似过程间的差异性给迁移学习带来的不利影响，进而不断地提高产品质量的预测精度。本章通过仿真将该方法应用于青霉素生产过程，结果显示，与传统的 KPLS 方法和基于过程迁移的 JYKPLS 方法相比，该方法在加快新过程建模速度的同时，具有更高的预测精度和良好的泛化性能，能够进一步提高新批次产品质量的预测精度。

参考文献

[1] Chu F, Cheng X, Jia R, et al. Final quality prediction method for new batch processes based on improved JYKPLS process transfer model [J]. Chemometrics and Intelligent Laboratory Systems, 2018, 183: 1-10.

[2] 汪洪桥，孙富春，蔡艳宁，等．多核学习方法［J］．自动化学报，2010，36（8）：1037-1050.

[3] Zhou S S, Liu H W, Ye F. Variant of Gaussian kernel and parameter setting method for nonlinear SVM [J]. Neurocomputing, 2009, 72 (13-15): 2931-2937.

[4] Bao J, Chen Y, Yu L, et al. A multi-scale kernel learning method and its application in image classification [J]. Neurocomputing, 2017, 257: 16-23.

[5] Liu R, Wang F, Yang B, et al. Multiscale kernel based residual convolutional neural network for motor fault diagnosis under nonstationary conditions [J]. IEEE Transactions on Industrial Informatics, 2019, 16 (6): 3797-3806.

[6] Sun G, Rong X, Zhang A, et al. Multi-scale mahalanobis kernel-based support vector machine for classification of high-resolution remote sensing images [J]. Cognitive Computation, 2021, 13 (4): 787-794.

[7] 贾润达，毛志忠，王福利．基于 KPLS 模型的间歇过程产品质量控制［J］．化工学报，2013，64（4）：1332-1339.

[8] Iosifidis A, Tefas A, Pitas I. Minimum class variance extreme learning machine for human action recognition [J]. IEEE Transactions on Circuits & Systems for Video Technology, 2013, 23 (11): 1968-1979.

[9] Zhu J, Gao F. Similar batch process monitoring with orthogonal subspace alignment [J]. IEEE Transactions on Industrial Electronics, 2018, 65 (10): 8173-8183.

[10] Weiss K, Khoshgoftaar T M, Wang D D. A survey of transfer learning [J]. Journal of Big Data, 2016, 3 (1): 1-40.

[11] Tsung F, Zhang K, Cheng L, et al. Statistical transfer learning: a review and some extensions to statistical process control [J]. Quality Engineering, 2018, 30 (1): 115-128.

[12] 贾润达，毛志忠，王福利．基于 KPLS 模型的间歇过程产品质量控制［J］．化工学报，2013（4）：205-212.

[13] Salvador G M, Macgregor J F, Kourti T. Product transfer between sites using Joint-Y PLS [J]. Chemometrics & Intelligent Laboratory Systems, 2005, 79 (1/2): 101-114.

[14] 褚菲，彭闯，贾润达，等．基于多尺度核 JYMKPLS 迁移模型的间歇过程产品质量的在线预测方法［J］．化工学报．2021，72（4）：2178-2189.

6　基于多源域适应 JYPLS 迁移模型的产品质量预测方法

6.1　引　言

由于间歇过程的内部机理过于复杂，所以研究人员一般会采用基于统计学的数据驱动建模方法，常用的方法有 PCA（主元分析）[1]，PLS（偏最小二乘法）[2]，PCR（主元回归）[3]，但是建立数据模型通常需要大量的高质量数据才能建立可靠的数据模型，对于一些新投产的间歇过程而言，恰好缺乏运行数据，如果直接投产获取运行数据，又会消耗大量的资源，增加运行成本。为此迁移学习的方法被应用到间歇过程数据建模中，为了利用相似过程辅助建模，Salvador García 等人[4]提出 JYPLS（Joint-Y Partial Least Squares）的建模方法，JYPLS 方法通过联合过程质量指标矩阵联合两个独立的 PLS 过程，而对输入数据的维数不设限制，应用此方法可以使得源域的选择范围更广。本书第 4 章已经介绍了 JYPLS 的使用方法，但是在实际的生产过程中，来源于不同生产过程的数据难免会存在边缘概率分布差异较大的情况，导致 JYPLS 的迁移效果下降甚至是负迁移，为了平衡源域和目标域的边缘概率分布差异，Jia 等人[5]提出了一种域适应 JYPLS 方法（DAJYPLS，Domain Adaption Joint-Y Partial Least Squares），将域适应的方法引入 JYPLS 中，降低模型跨域迁移过程中的信息损失，提高建模精度。然而，当研究者为目标域寻找迁移所需的源域时，往往可以得到多个与目标域相似的数据源，单个源域迁移数据利用率低，而且目标域仅采用单个源域进行域适应，会使得建立的目标域数据模型倾向于源域模型，尤其是在目标域数据过少时这种现象更明显。为了提高数据利用率，防止模型偏移，可以采用多个源域辅助目标域进行迁移学习的方法[6]。

本章针对间歇过程数据不足，单源域迁移存在模型偏移，跨域信息损失导致建模效果不佳、负迁移等问题，结合域适应学习和多源域学习方法的优势，提出一种基于多源域适应 JYPLS（MDAJYPLS，Muti-Domain Adaption Joint-Y Partial Least Squares）迁移的间歇过程质量预测方法。此方法通过迁移学习使用相似旧过程的数据辅助新过程建模，提高建模效率和模型预测精度。同时引入多源域适应的方法，采用多个相似源域辅助目标域建模，处理本章中多个源域进行域适应的情况，多个源域参与建模可以有效提高数据利用率，域适应方法可以平衡源域和目标域之间的概率分布差异，避免负迁移，使得源域知识在目标域更好地泛化[14]。最后，将该方法应用于青霉素的发酵仿真实验，证明此方法可以有效提高模型预测精度。

6.2　域适应学习方法

在迁移学习中，如果源域和目标域数据概率分布差异较大，那么在应用迁移学习时，会造成模型偏移甚至是负迁移的状况。在实际的工业生产中，采样自不同的生产过程的数据难以避免地存在边缘概率分布不一致的情况，而域适应学习正是针对源域和目标域数据边缘概率分布不同的情况，通过缩小源域和目标域之间的差异，使得迁移过程顺利进行。

假设有两个相似的生产过程，其中一个已经运行了很长一段时间，采集了大量的数据，这个过程命名为 S，其积累的数据集为源域 $\boldsymbol{D}_{\mathrm{S}}$，$\boldsymbol{D}_{\mathrm{S}}=\{\boldsymbol{X}_{\mathrm{S}}, P(\boldsymbol{X}_{\mathrm{S}})\}$，其中，$\boldsymbol{X}_{\mathrm{S}}$ 为 $\boldsymbol{D}_{\mathrm{S}}$ 的输入数据，$P(\boldsymbol{X}_{\mathrm{S}})$ 为源域数据的边缘概率分布，另一个过程是意图建立模型的新过程 T，由于生产过程刚开始，只积累了少量的数据，称为目标域 $\boldsymbol{D}_{\mathrm{T}}$，$\boldsymbol{D}_{\mathrm{T}}=\{\boldsymbol{X}_{\mathrm{T}}, P(\boldsymbol{X}_{\mathrm{T}})\}$，其中，$\boldsymbol{X}_{\mathrm{T}}$ 为 $\boldsymbol{D}_{\mathrm{T}}$ 的输入数据，$P(\boldsymbol{X}_{\mathrm{T}})$ 为目标域数据的边缘分布概率，此处源域和目标域的边缘概率分布不同，即 $P(\boldsymbol{X}_{\mathrm{S}}) \neq P(\boldsymbol{X}_{\mathrm{T}})$。此时，如果直接在源域数据中提取相关知识迁移至目标域中，则会造成大量的信息损失，迁移模型的精度无法满足要求。

本章针对的主要是同类别数据的域适应学习，即源域和目标域的特征标识相同，学习任务一致，但是样本数据的边缘分布不同，所以此处不涉及源域和目标域数据结构不同的状况，域适应方法示意图如图 6-1 所示。因此，基于域间分布差异的方法更适合本文的迁移学习算法，解决此问题需要考虑两方面问题：（1）选择恰当的空间进行域适应；（2）选择恰当的域间度量准则缩小域间差异。

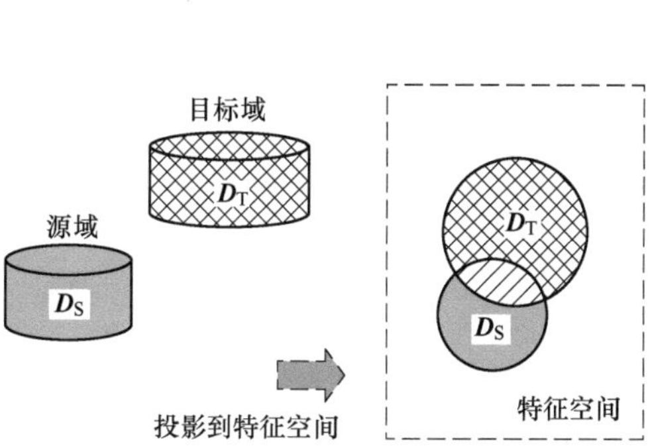

图 6-1　域适应示意图

6.3　多源域适应 JYPLS 迁移模型

6.3.1　多源域适应学习

单源域适应仅适用于单个源域与目标域的域适应过程，当存在多个源域时，就需要使用多源域适应的方法。多源域适应方法最大的特点是参与域适应的源域不止一个，多个源域与目标域进行域适应一般有两种方法。(1) 将多个源域数据合并成一个数据集，再与目标域进行域适应。但是这种方法要求多个源域具有相同的概率分布且变量维数相同，否则概率分布不同会导致迁移过程信息损失，变量维数不同会使得多个源域合并后提取信息错乱，甚至是源域数据无法合并。(2) 每个源域都与目标域进行域适应建立模型，最后将多个模型加权组合[7]或者利用集成学习的方法结合多个模型[6]。

假设有 m 个源域 $\boldsymbol{D}_{S_1}$，$\boldsymbol{D}_{S_2}$，…，$\boldsymbol{D}_{S_m}$，一个目标域 $\boldsymbol{D}_T$。由于 $\boldsymbol{D}_{S_1}$，$\boldsymbol{D}_{S_2}$，…，$\boldsymbol{D}_{S_m}$ 来自同类的生产过程具有相同的边缘概率分布，而且各源域的输入变量维数相同，由此可定义源域 $\boldsymbol{D}_{S_1}=\{\boldsymbol{X}_{S_1},\ P(\boldsymbol{X}_S)\}$，其中，$\boldsymbol{X}_{S_1}$ 为 $\boldsymbol{D}_{S_1}$ 的输入数据，$P(\boldsymbol{X}_S)$ 为源域对应的边缘概率。同理可得 $\boldsymbol{D}_{S_2}=\{\boldsymbol{X}_{S_2},\ P(\boldsymbol{X}_S)\}$，…，$\boldsymbol{D}_{S_m}=\{\boldsymbol{X}_{S_m},\ P(\boldsymbol{X}_S)\}$。目标域 $\boldsymbol{D}_T=\{\boldsymbol{X}_T,\ \boldsymbol{P}(\boldsymbol{X}_T)\}$，其中 $\boldsymbol{X}_T$ 为 $\boldsymbol{D}_T$ 的输入数据，$P(\boldsymbol{X}_T)$ 为目标域对应的边缘概率，源域和目标域的边缘概率不同，即 $P(\boldsymbol{X}_S)\neq P(\boldsymbol{X}_T)$。将 m 个源域合并为一个数据集 $\boldsymbol{D}_S=\{\boldsymbol{X}_S,\ P(\boldsymbol{X}_S)\}$，其中，$\boldsymbol{X}_S=\{\boldsymbol{X}_{S_1},\ \boldsymbol{X}_{S_2},\ \cdots,\ \boldsymbol{X}_{S_m}\}$。将源域 $\boldsymbol{D}_S$ 与目标域 $\boldsymbol{D}_T$ 进行域适应，如图 6-2 所示。由于采用了多个源域进行域适应迁移，从源域 $\boldsymbol{D}_S$ 中提取的信息变得更加丰富，从而提升了模型的数据利用率，避免单源域适应建模偏向于源域模型导致的负迁移，使得域适应模型精度进一步提高[8]。

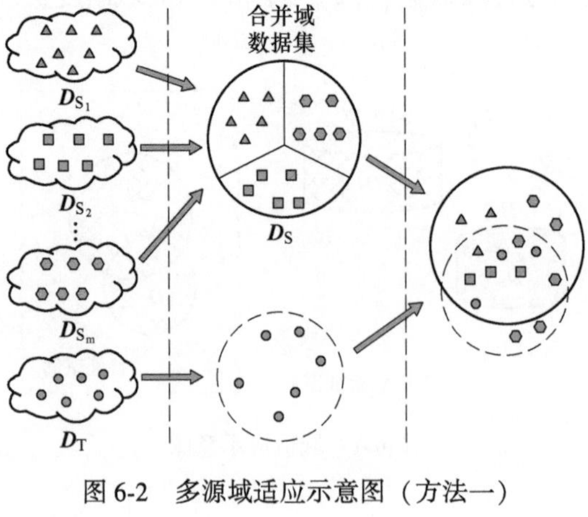

图 6-2　多源域适应示意图（方法一）

假设有 m 个源域 $\boldsymbol{D}_{S_1}$，$\boldsymbol{D}_{S_2}$，…，$\boldsymbol{D}_{S_m}$，一个目标域 $\boldsymbol{D}_T$。由于 $\boldsymbol{D}_{S_1}$，$\boldsymbol{D}_{S_2}$，…，$\boldsymbol{D}_{S_m}$ 来自不同的生产过程，且具有不同的边缘概率分布，各源域的输入变量维数不一定相同，由此可定义源域 $\boldsymbol{D}_{S_1}=\{\boldsymbol{X}_{S_1},\ P(\boldsymbol{X}_{S_1})\}$，其中 $\boldsymbol{X}_{S_1}$ 为 $\boldsymbol{D}_{S_1}$ 的输入数据，$P(\boldsymbol{X}_{S_1})$ 为源域对应的边缘概率。同理可得 $\boldsymbol{D}_{S_2}=\{\boldsymbol{X}_{S_2},\ P(\boldsymbol{X}_{S_2})\}$，…，$\boldsymbol{D}_{S_m}=\{\boldsymbol{X}_{S_m},\ P(\boldsymbol{X}_{S_m})\}$。目标域 $\boldsymbol{D}_T=\{\boldsymbol{X}_T,\ P(\boldsymbol{X}_T)\}$，其中 $\boldsymbol{X}_T$ 为 $\boldsymbol{D}_T$ 的输入数据，$P(\boldsymbol{X}_T)$ 为目标域对应的边缘概率，源域和目标域的边缘概率不同。将 m 个源域分别训练基本数据模型，并对每个模型赋予权重，将多个模型按照特定方式组合（可以采用集成学习的方法），最后将目标域数据输入组合模型，修正模型参数，得到最终多源域模型，如图 6-3 所示，图中 f_1，f_2，…，f_m 为各源域训练的基本模型，w_1，w_2，…，w_m 为各个基本模型对应的权值系数。

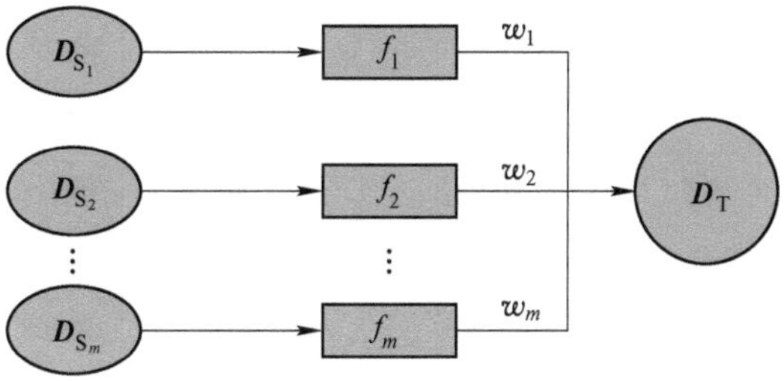

图 6-3　多源域适应示意图（方法二）

6.3.2　多源域适应 JYPLS 迁移模型

假设选取 m 个源域和一个目标域，在对源域和目标域数据进行批次展开和归一化处理后，利用源域数据对目标域进行数据建模。建立模型的目标是在潜变量空间中提取源域的主元向量 $\boldsymbol{t}_J$，使得 $\boldsymbol{t}_J$ 能够包含更多源域输入变量 $\boldsymbol{X}_S$ 和 $\boldsymbol{X}_T$ 的信息，同时可以解释输出变量 Y_J，MDAJYPLS 模型的目标函数为式（6-1）。

$$\begin{aligned}&\max_{w}\ \ \operatorname{cov}(\boldsymbol{t}_J,\ \boldsymbol{Y}_J)-\mu_i\sum_{i}^{m}\left|\operatorname{var}(\boldsymbol{t}_{S_i})-\operatorname{var}(\boldsymbol{t}_T)\right|\\&\text{s.t.}\ \ \|\boldsymbol{w}\|=1\end{aligned}\tag{6-1}$$

式中，m 为源域总数；$\boldsymbol{t}_J^T=[\boldsymbol{t}_{S_1}^T,\ \boldsymbol{t}_{S_2}^T,\ \cdots,\ \boldsymbol{t}_{S_m}^T,\ \boldsymbol{t}_T^T]$，$\boldsymbol{Y}_J^T=[\boldsymbol{Y}_{S_1}^T,\ \boldsymbol{Y}_{S_2}^T,\ \cdots,\ \boldsymbol{Y}_{S_m}^T,\ \boldsymbol{Y}_T^T]$，$\boldsymbol{w}$ 为 $\boldsymbol{t}_J$ 的权值向量，$\boldsymbol{w}^T=[\boldsymbol{w}_{S_1}^T,\ \boldsymbol{w}_{S_2}^T,\ \cdots,\ \boldsymbol{w}_{S_m}^T,\ \boldsymbol{w}_T^T]$；cov(·) 为协方差；var（·）为方差；$\mu_i$ 为域适应参数项，用于调节源域和目标域之间域适应过程。

在定义了多源域适应目标函数之后，根据 4.2.3 节中对 JYPLS 算法的定义，运用式（4-9）~式（4-13），可将目标函数式（6-1）转化为式（6-2）。

$$\begin{aligned}&\max\ \boldsymbol{w}^T\boldsymbol{Z}_J\boldsymbol{w}\\&\text{s.t.}\ \ \|w\|=1\end{aligned}\tag{6-2}$$

其中 $\boldsymbol{Z}_J$ 的含义为

$$\boldsymbol{Z}_J = \boldsymbol{Z}_l \cup \cdots \cup \boldsymbol{Z}_i \cup \cdots \cup \boldsymbol{Z}_m \tag{6-3}$$

式中，∪ 为矩阵间的合并，在多源域建模中源域的组合方式会影响迁移模型的精度，其中 $\boldsymbol{Z}_i$ 的函数表达式为式（6-4）。

$$\boldsymbol{Z}_i = \begin{bmatrix} \boldsymbol{X}_S^T \boldsymbol{Y}_S \boldsymbol{Y}_S^T X_S & \boldsymbol{X}_S^T \boldsymbol{Y}_S \boldsymbol{Y}_T^T \boldsymbol{X}_T \\ \boldsymbol{X}_T^T \boldsymbol{Y}_T \boldsymbol{Y}_S^T \boldsymbol{X}_S & \boldsymbol{X}_T^T \boldsymbol{Y}_T \boldsymbol{Y}_T^T \boldsymbol{X}_T \end{bmatrix} - \mu_i \mathrm{sgn}(\Delta v) \begin{bmatrix} \dfrac{\boldsymbol{X}_{S_i}^T \boldsymbol{X}_{S_i}}{I_{S_i} - 1} & 0 \\ 0 & \dfrac{\boldsymbol{X}_T^T \boldsymbol{X}_T}{I_T - 1} \end{bmatrix} \tag{6-4}$$

式中，I_{S_i}、I_T 分别为输入矩阵 $\boldsymbol{X}_{S_i}$ 和 $\boldsymbol{X}_T$ 的行数，函数 $\mathrm{sgn}(\Delta v)$ 的表达式为式（6-5）。

$$\mathrm{sgn}(\Delta v) = \begin{cases} +1 & \mathrm{var}(\boldsymbol{t}_{S_i}) - \mathrm{var}(\boldsymbol{t}_{T_i}) \geqslant 0 \\ -1 & \mathrm{var}(\boldsymbol{t}_{S_i}) - \mathrm{var}(\boldsymbol{t}_{T_i}) < 0 \end{cases} \tag{6-5}$$

在对权值向量 $\boldsymbol{w}$ 进行标准化处理后，使用拉格朗日乘数 λ 约束目标函数，寻优式（6-2）可转化为式（6-6）：

$$\max \boldsymbol{w}^T \boldsymbol{Z}_J \boldsymbol{w} - \lambda(\boldsymbol{w}^T \boldsymbol{w} - 1) \tag{6-6}$$

对式（6-6）求偏导，并令 $\boldsymbol{w}$ 等于0，可得到下式：

$$\boldsymbol{Z}_J \boldsymbol{w} = \lambda \boldsymbol{w} \tag{6-7}$$

式（6-7）的等号两边同乘以 $\boldsymbol{w}^T$，可求得 $\boldsymbol{w}^T \boldsymbol{Z}_J \boldsymbol{w} = \lambda$，此时，$\lambda$ 为联合矩阵 Z_J 的最大特征值，$\boldsymbol{w}$ 为对应的特征向量。求解式（6-7），可得到特征向量 $\boldsymbol{w}$。在求得 $\boldsymbol{w}$ 之后，MDAJYPLS 模型的其他参数可以通过以下算法求得。

求取 $\boldsymbol{X}_S$ 和 $\boldsymbol{X}_T$ 的主元向量 $\boldsymbol{t}_S$，$\boldsymbol{t}_S$：

$$\boldsymbol{t}_S = \boldsymbol{X}_S \boldsymbol{w}_S (\boldsymbol{w}_S^T \boldsymbol{w}_S)^{-1} \tag{6-8}$$

$$\boldsymbol{t}_T = \boldsymbol{X}_T \boldsymbol{w}_T (\boldsymbol{w}_T^T \boldsymbol{w}_T)^{-1} \tag{6-9}$$

求取主元向量 $\boldsymbol{t}_S$，$\boldsymbol{t}_T$ 的负载矩阵 $\boldsymbol{q}_J$：

$$\boldsymbol{q}_J = \begin{bmatrix} \boldsymbol{Y}_S \\ \boldsymbol{Y}_T \end{bmatrix}^T \begin{bmatrix} \boldsymbol{t}_S \\ \boldsymbol{t}_T \end{bmatrix} \left(\begin{bmatrix} \boldsymbol{t}_S \\ \boldsymbol{t}_T \end{bmatrix}^T \begin{bmatrix} \boldsymbol{t}_S \\ \boldsymbol{t}_T \end{bmatrix} \right)^{-1} \tag{6-10}$$

求取输出矩阵的载荷向量：

$$\boldsymbol{P}_S = \boldsymbol{X}_S^T \boldsymbol{t}_S (\boldsymbol{t}_S \boldsymbol{t}_S^T)^{-1} \tag{6-11}$$

$$\boldsymbol{P}_T = \boldsymbol{X}_T^T \boldsymbol{t}_T (\boldsymbol{t}_T \boldsymbol{t}_T^T)^{-1} \tag{6-12}$$

剔除输入输出矩阵中已被提取信息，使用主元向量对 $\boldsymbol{X}_S$、$\boldsymbol{X}_T$ 和 Y_S、Y_T 进行缩减，为计算下一组潜变量做准备：

$$\boldsymbol{X}_S = \boldsymbol{X}_S - \boldsymbol{t}_S \boldsymbol{P}_S^T \tag{6-13}$$

$$\boldsymbol{X}_T = \boldsymbol{X}_T - \boldsymbol{t}_T \boldsymbol{P}_T^T \tag{6-14}$$

$$\boldsymbol{Y}_{\mathrm{S}} = \boldsymbol{Y}_{\mathrm{S}} - \boldsymbol{t}_{\mathrm{S}}\boldsymbol{q}_{J}^{\mathrm{T}} \tag{6-15}$$

$$\boldsymbol{Y}_{\mathrm{T}} = \boldsymbol{Y}_{\mathrm{T}} - \boldsymbol{t}_{\mathrm{T}}\boldsymbol{q}_{J}^{\mathrm{T}} \tag{6-16}$$

在计算出全部潜变量后，源域和目标域对应的权值矩阵 $\boldsymbol{w}_{\mathrm{T}}$，$\boldsymbol{w}_{\mathrm{S}}$ 可由下式求得：

$$\boldsymbol{w}_{\mathrm{T}} = \boldsymbol{w}_{\mathrm{T}}(\boldsymbol{P}_{\mathrm{T}}^{\mathrm{T}}\boldsymbol{w}_{\mathrm{T}})^{-1} \tag{6-17}$$

$$\boldsymbol{w}_{\mathrm{S}} = \boldsymbol{w}_{\mathrm{S}}(\boldsymbol{P}_{\mathrm{S}}^{\mathrm{T}}\boldsymbol{w}_{\mathrm{S}})^{-1} \tag{6-18}$$

6.4 基于多源域适应 JYPLS 迁移模型的质量预测方法

本章节提出了一种基于非线性 JYPLS 的多源域适应的间歇过程质量预测方法，下面将从离线质量预测模型建立、多源域适应处理、域适应参数选取等方面介绍该方法。

6.4.1 域间相似度判断

由于模型采用多个源域联合建模的方式，源域之间要保持维数一致，在多个源域投影到潜变量空间时，由于每个源域的输入变量和输出变量不尽相同，所以在潜变量空间中可以理解为每一个源域对应一个分布平面。域适应的目标[9]是使得每一个源域和目标域在特征空间中尽可能地靠近，从而使得源域到目标域的迁移可以顺利进行。

为了保证迁移学习的正常进行，要求用于迁移建模的源域和目标域具有较高的相似度，同时多源域适应建模要求多个源域之间也必须拥有较高的相似度，为此必须判断模型采用的源域与目标域的相似度以及源域之间的相似度，传统方法使用最大均方误差（MMD）评估源域和目标域的相似程度[10,11]，此处给出 MMD 的计算方法[10]，见式（6-19）。

$$L = \left\| \frac{1}{n_{\mathrm{s}}}\sum_{i=1}^{n_{\mathrm{s}}}\varphi(\boldsymbol{X}_{\mathrm{S}_i}) - \frac{1}{n_{\mathrm{T}}}\sum_{j=1}^{n_{\mathrm{T}}}\varphi(\boldsymbol{X}_{\mathrm{T}_j}) \right\|_{\mathrm{HK}}^{2} \tag{6-19}$$

式中，$\boldsymbol{X}_{\mathrm{S}}$、$\boldsymbol{X}_{\mathrm{T}}$ 分别为源域和目标域输入向量；$\varphi(\cdot)$ 为再生希尔伯特空间算法。将源域和目标域的输入向量 $\boldsymbol{X}_{\mathrm{S}}$，$\boldsymbol{X}_{\mathrm{T}}$ 投影到高维希尔伯特空间，计算二者差的范数 L，L 的值越小，源域和目标域的相似度越高。

6.4.2 离线质量预测模型

多源域 DAJYPLS 质量预测模型建模步骤如下。

步骤 1：间歇过程数据展开。将多个源域和目标域数据按批次方向展开对应为对应的二维数据矩阵 $\boldsymbol{X}_{\mathrm{S}_1}$，$\boldsymbol{X}_{\mathrm{S}_2}$，…，$\boldsymbol{X}_{\mathrm{S}_m}$，$\boldsymbol{X}_{\mathrm{T}}$。

步骤 2：归一化。将 $\boldsymbol{X}_{S_1}$，$\boldsymbol{X}_{S_2}$，…，$\boldsymbol{X}_{S_m}$，$\boldsymbol{X}_{T}$；$\boldsymbol{Y}_{S_1}$，$\boldsymbol{Y}_{S_2}$，…，Y_{S_m} 进行归一化处理，令 $X_S^T = [X_{S_1}^T, X_{S_2}^T, \cdots \boldsymbol{X}_{S_m}^T]$，$\boldsymbol{Y}_S^T = [\boldsymbol{Y}_{S_1}^T, \boldsymbol{Y}_{S_2}^T, \cdots, \boldsymbol{Y}_{S_m}^T]$。

步骤 3：求解寻优公式（6-7），此处使用 SVD 方法求解权值向量 $\boldsymbol{w}$ 。

步骤 4：标准化权值向量 $\boldsymbol{w}$（$\boldsymbol{w} = \boldsymbol{w} / \| \boldsymbol{w} \|$），求得 $\boldsymbol{w}_S$ 和 $\boldsymbol{w}_T$。

步骤 5：按照式（6-8）~式(6-9）求得 $\boldsymbol{X}_S$、$\boldsymbol{X}_T$ 的主成分向量 $\boldsymbol{t}_S$，$\boldsymbol{t}_T$。

步骤 6：按照式（6-10）计算 $\boldsymbol{X}_S$、$\boldsymbol{X}_T$ 的载荷矩阵 q_J。

步骤 7：按照式（6-11）~式(6-12）计算 $\boldsymbol{Y}_S$、$\boldsymbol{Y}_T$ 的载荷向量 $\boldsymbol{P}_S$，$\boldsymbol{P}_T$。

步骤 8：利用式（6-13）~式(6-16）对 $\boldsymbol{X}_S$、$\boldsymbol{X}_T$ 和 $\boldsymbol{Y}_S$、$\boldsymbol{Y}_T$ 进行缩减。

步骤 9：在遍历潜变量之前，返回至步骤 3，继续计算下一组潜变量的对应参数，在计算出所有的潜变量后，按照式（6-17）和式（6-18）求得权值矩阵 $\boldsymbol{W}_T$，$\boldsymbol{W}_S$。为了防止过拟合，迁移模型使用遍历的方法计算潜变量个数，此处要求潜变量个数大于等于 1，同时不大于目标域输出矩阵 $\boldsymbol{Y}_T$ 的维数，为了防止交叉验证陷入局部最优的情况出现，建模时要遍历符合条件的所有可能的潜变量个数。

在遍历所有潜变量后，所有模型参数也计算完成，多源域 DAJYPLS 模型预测值 $\boldsymbol{y}$ 的求解方法为式（6-20），式中 $\boldsymbol{Q}_J$ 为 $\boldsymbol{q}_J$ 的联合矩阵，$\boldsymbol{E}$ 为模型预测误差。

$$\boldsymbol{y} = \boldsymbol{X}_T \boldsymbol{W}_T \boldsymbol{Q}_J^T + \boldsymbol{E} \tag{6-20}$$

6.4.3 域适应参数选取

在文献［5］中设置了一个参数候选集 Ω，并设计了一种从候选集 Ω 挑选出最佳 μ 参数的算法，具体的计算方法如图 6-4 所示。

图 6-4 中参数 A 代表模型潜变量的个数。域适应参数 μ 通过调节域适应过程，来缩小潜变量空间中源域和目标域的分布差异，因此选取合适的 μ 参数能够提高多源域 DAJYPLS 模型的精度，在 $\mu = 0$ 的情况下，就不再包含域适应过程，DAJYPLS 模型就变成了 JYPLS 模型。在此算法中通过随机赋值的方式选取域适应参数 μ ，域适应参数 μ 为一维参数矩阵，矩阵中参数的个数和模型潜变量个数相等，同时，由于在式（6-5）中，$\mathrm{sgn}(\Delta v)$ 为 $\boldsymbol{w}$ 的函数，但算法中不能求取其显式表达式，由于其值可能出现正负两种情况，为了保证寻优函数的特性不改变，在选取惩罚参数 μ 时也要求候选集 Ω 中包含正负值两种可选项。

下面给出候选集 Ω 的设置要求。

（1）候选集 Ω 中数值范围要足够大，同时包含正负值且正数和负数的数量尽量相等，数值间隔过小会浪费计算能力，过大会遗失最佳参数，且每个数据间隔最好保持一致，不允许有重复的数值出现。

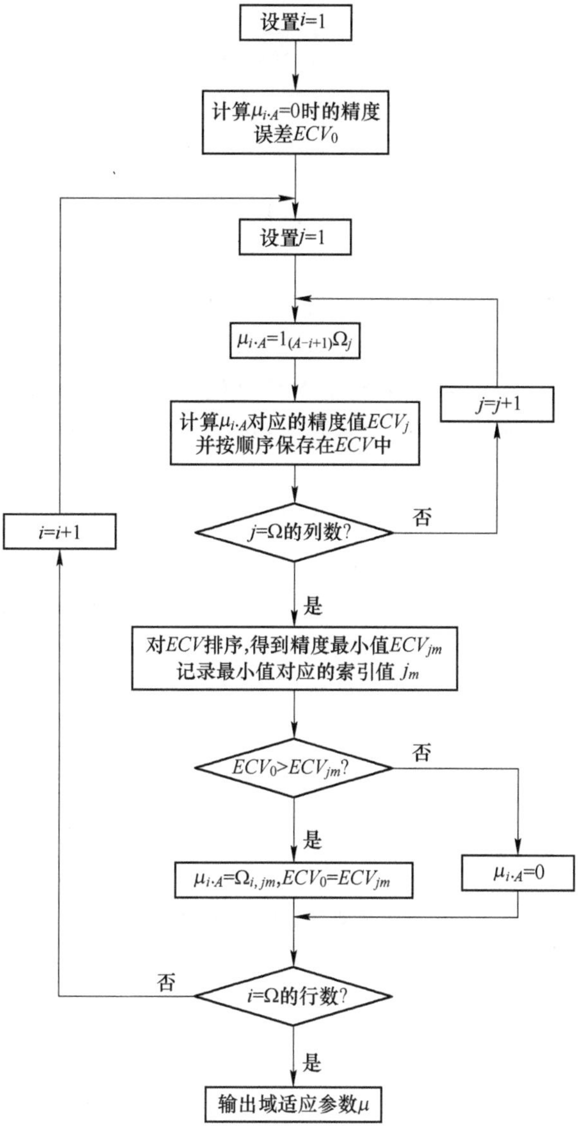

图 6-4　域适应参数选取方法示意图

（2）候选集 Ω 为二维矩阵，矩阵的行数等于潜变量个数，矩阵的列数根据计算机性能设定，但矩阵中不可以出现空值的情况，在计算性能允许的条件下，尽可能增大候选集的数据量。

此算法中使用的候选集 Ω 设置的数值区间为［−500，500］，数值间隔为 1，共 1000 组数据，为了充分利用候选集 Ω，所以在选取惩罚参数 μ 时，要求遍历候选集 Ω 中的每一个数据。

6.5 实验验证

6.5.1 实验设计

青霉素生产是一种典型的应用间歇过程的工业过程，所以本章通过青霉素的发酵仿真实验来验证 MDAJYPLS 方法。在青霉素的生产过程中，青霉菌的发酵过程主要受 4 个环境变量的影响[12]：(1) 喂料速度；(2) 氧气和二氧化碳浓度比；(3) 温度；(4) pH 值。因此，为了模拟真实的青霉素工业生产环境，在进行仿真实验时选择 6 个输入变量控制发酵过程，1 个输出变量作为质量评价指标，分别为通风率、搅拌速率、培养基体积、二氧化碳浓度、pH 值和底物温度，输出变量为青霉素的浓度。

本章中的所有实验数据全部来源于仿真软件 Pensim V2.0，在进行仿真实验时，设置每一批次的生产时长为 400h，每一次采用间隔为 30min，所以得到的每一个批次中都包含 800×7 个数据。本章实验共使用了源域 a（30 批次）、源域 b（30 批次）、目标域 T（5 批次），预测批次（50 批次）共 115 批次的数据。若要迁移间歇过程数据，那么两个间歇过程的数据必须具有一定的相似度，为了保证迁移过程顺利进行，必须合理设置青霉素生产环境参数，保证两个生产过程之间具备较高的相似度，具体的实验参数设置见表 6-1，数据分布图如图 6-5 所示。仿真软件 Pensim V2.0 中还可以对其他环境变量进行设置，此处为了保证实验的公正性，其他参数一律使用软件的默认值。

表 6-1　青霉素仿真实验参数设置

输入变量	源域 a	源域 b	目标域
培养基容积/L	106~109	107~109	108~113
二氧化碳浓度/mmol · L^{-1}	0.52~0.56	0.52~0.55	0.62~0.65
pH 值	4.3~5.2	4.4~5.3	4.1~4.6
底物喂料速度/L · h^{-1}	5~6	5.1~6.1	6~7
搅拌功率/W	32~41	33~40	—
底物喂料温度/K	295.8~297.3	295.9~297.3	296.3~298.0
pH 值设定点	5.0~5.2	5.0~5.2	5.1~5.3

由表 6-1 可见源域 a 和源域 b 选用 6 个输入变量，而目标域只选取了 5 个输入变量，这样设置的原因主要有：

(1) 本章所用的 JYPLS 算法对输入模型的数据维数不设限制，只要求源域和目标域的输出变量维数保持一致。为了验证这一特性，特意设置了源域和目标域数据维数不一致。

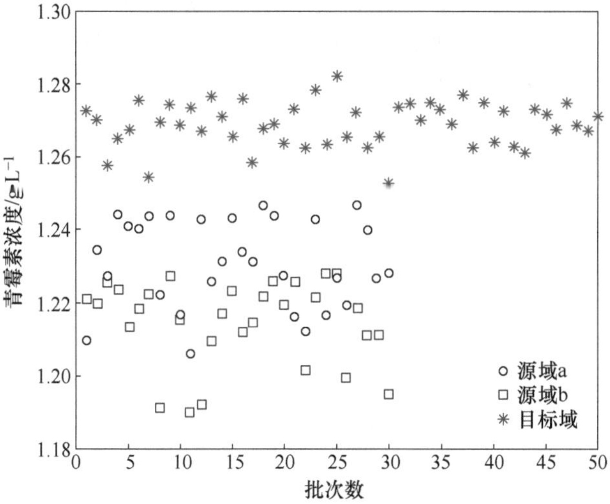

图 6-5　实验数据分布显示图

扫一扫
查看彩图

（2）在此实验中不但设置源域和目标域的实验参数不同，同时设置源域和目标域具有不同的输入变量，更可以体现源域和目标域来自不同的生产过程的特点。

实验中目标域缺少的输入变量可以任选其一，并不存在独特性，当然涉及实际应用时，不存在这个问题，这里只是模拟两个过程之间可能存在的差异。在实际的工业生产过程中不可避免地会出现一定的噪声干扰，为了模拟出真实的生产环境，本章实验在预测模型的输出结果上加入 0.05%的高斯白噪声，用来模拟离线采样噪声。

本章中所有实验全部使用 Matlab R2020b 软件按 6.3 节的建模方法建立质量预测模型，实验结果采用均方根误差（RMSE）比较模型预测精度[13]，RMSE 值越小，模型的预测精度越高，此处给出 RMSE 的计算公式，见式（6-21）。

$$\mathrm{RMSE} = \sqrt{\frac{1}{n_{\mathrm{T}}}\sum_{i=1}^{n_{\mathrm{T}}} \| \boldsymbol{y}_i - \boldsymbol{y}_i \|^2} \tag{6-21}$$

式中，$\boldsymbol{y}_i$ 为青霉素浓度真实值；$\boldsymbol{y}_i$ 为青霉素浓度预测值；n_{T} 为批次数。

6.5.2　结果分析

由于本章所提方法是在 JYPLS 模型和 DAJYPLS 模型基础上进行的改进，所以本次实验同时进行了 JYPLS 模型和 DAJYPLS 模型的建立和结果预测，其中，

JYPLS 算法和 DAJYPLS 算法只使用源域 a 建立模型，MDAJYPLS 算法使用了源域 a 和源域 b 两个源域，三个模型共用一个目标域 T。然后将预测批次的 50 批次数据输入模型，得到模型预测值的相对误差，如图 6-6 所示。由于 MDAJYPLS 模型使用的源域与其他两个模型不同，而模型的最佳潜变量个数与源域和目标域包含的批次数相关，在此实验中通过遍历的方式求得 JYPLS 模型、DAJYPLS 模型和 MDAJYPLS 模型的最佳潜变量个数分别为 3、3、4。

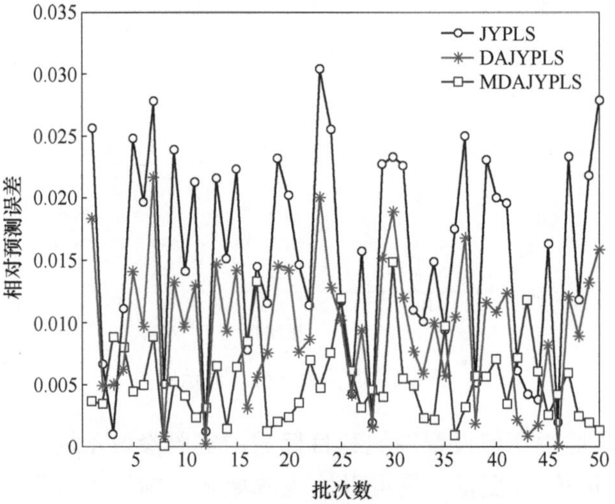

图 6-6　模型相对预测误差对比图

扫一扫
查看彩图

根据图 6-6 的曲线可知，MDAJYPLS 模型的预测精度比 JYPLS 模型和 DAPLS 模型更高，将三个模型的预测结果按照式（6-21）求取均方根误差（RMSE），将 JYPLS 模型、DAJYPLS 模型和 MDAJYPLS 模型的 RMSE 值列到表 6-2 中。

表 6-2　模型预测值 RMSE 对比

方　法	RMSE
JYPLS	1.55×10^{-2}
DAJYPLS	0.90×10^{-2}
MDAJYPLS	0.63×10^{-2}

由表 6-2 可见，MDAJYPLS 模型预测值 RMSE 最小，DJYPLS 模型次之，JYPLS 模型最大，MDAJYPLS 模型预测精度比 DJYPLS 模型提高了 30%。为了更加直观展示 MDAJYPLS 模型在预测能力上的提升，下面给出 MDAJYPLS 模型和 DAJYPLS 模型的预测值以及青霉素浓度的真实值之间的对比图，如图 6-7 所示。由图 6-7 可见，MDAJYPLS 模型曲线的变化趋势更接近青霉素的浓度真实值曲线，至此可确定，相比于 DAJYPLS 模型和 JYPLS 模型，MDAJYPLS 模型的预测精度更高。

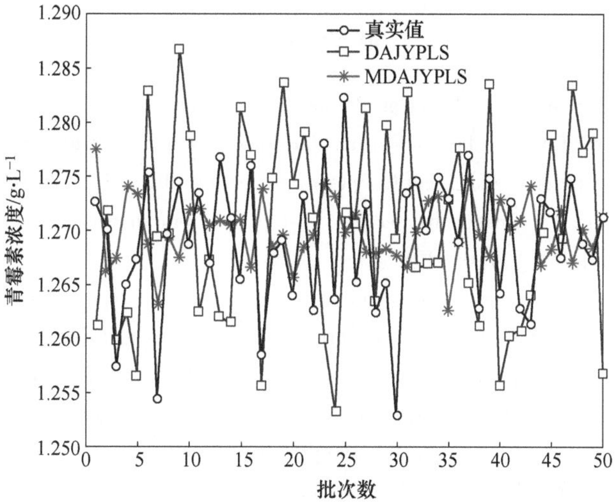

图 6-7 真实值与预测值对比图

扫一扫
查看彩图

参 考 文 献

[1] Rehman A, Khan A, Ali A M, et al. Performance analysis of PCA, sparse PCA, kernel PCA and incremental PCA algorithms for heart failure prediction [C]. 2020 International Conference on Electrical, Communication, and Computer Engineering (ICECCE), 2020: 1-5.

[2] Wold H. Nonlinear estimation by iterative least squares procedures [J]. Reasearch Papers in Statistics, 1966, 151 (1): 97-106.

[3] Ahuja K, Pani A K. Software sensor development for product concentration monitoring in fed-batch fermentation process using dynamic principal component regression [C]. 2018 International Conference on Soft-computing and Network Security (ICSNS), IEEE, 2018: 1-6.

[4] Salvador G M, Macgregor J F, Theodora K. Product transfer between sites using Joint-Y PLS [J]. Chemometrics and Intelligent Laboratory Systems, 2005, 79 (1): 101-114.

[5] Jia R, Zhang S, You F. Transfer learning for end-product quality prediction of batch processes using domain-adaption joint-Y PLS [J]. Computers & Chemical Engineering, 2020, 140: 106943.

[6] He Q Q, Pang P C I, Si Y W. Multi-source transfer learning with ensemble for financial time series forecasting [C]//2020 IEEE/WIC/ACM International Joint Conference on Web Intelligence and Intelligent Agent Technology (WI-IAT). IEEE, 2020: 227-233.

[7] Yuan Z, Bao D, Chen Z, et al. Integrated transfer learning algorithm using multi-sourcetradaboost for unbalanced samples classification [C]//2017 International Conference on Computing Intelligence and Information System (CIIS). IEEE, 2017: 188-195.

[8] 季鼎承. 多源迁移方法研究 [D]. 无锡: 江南大学, 2019.

[9] 刘建伟, 孙正康, 罗雄麟. 域自适应学习研究进展 [J]. 自动化学报, 2014, 41 (8): 1576-1600.

[10] Zhang W, Wu D. Discriminative joint probability maximum mean discrepancy (DJP-MMD) for domain adaptation [C]. 2020 International Joint Conference on Neural Networks (IJCNN), IEEE, 2020: 1-8.

[11] Li Z, Wang X, Yang R. Fault diagnosis of bearings under different working conditions based on MMD-GAN [C]. 2021 33rd Chinese Control and Decision Conference (CCDC), IEEE, 2021: 2906-2911.

[12] 李云龙, 唐文俊, 白成海, 等. 青霉素生产工艺优化及代谢分析提高产量 [J]. 中国抗生素杂志, 2019, 44 (6): 679-686.

[13] Idiou N, Benatia F, Brahimi B. Bias and RMSE of archimedean copula using moment and l-moments methods [C]. 2020 2nd International Conference on Mathematics and Information Technology (ICMIT). IEEE, 2020: 55-58.

[14] 王润, 褚菲, 马小平, 等. 基于多源域适应 JYPLS 迁移的间歇过程质量预测 [J]. 控制工程, 2021, DOI: 10. 14107/j. cnki. kzgc. 20210967.

第 3 部分

迁移学习驱动的
间歇过程优化控制方法

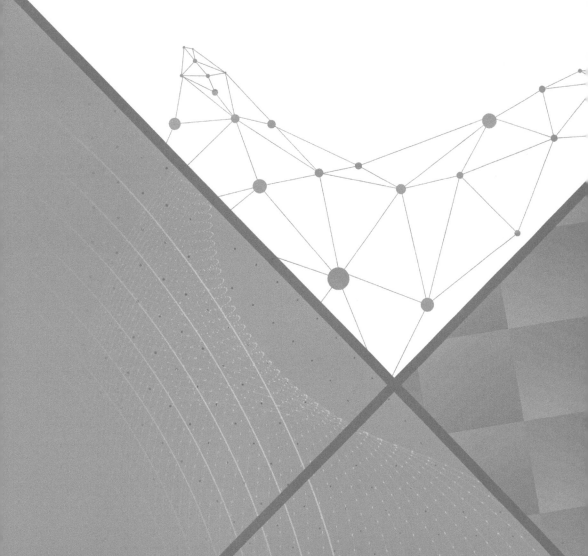

7 迁移学习驱动的间歇过程批次间运行优化控制

7.1 引 言

作为流程工业的一大分支，具有“多重时变”特性的间歇过程是加工具有高附加值、小规模、多操作阶段特性的产品时所采用的主要生产方式[1]。在市场竞争日益激烈且追求产品多样性的现代社会，间歇过程已经被广泛应用于食品、半导体、生物等行业[2-4]，也被众多国内外专家视为未来发展的关键方向之一[5]。

不同于连续过程追求稳态工况点以实现连续生产，间歇过程由于生产条件和环境波动较大，因而在单个批次的生产过程中不存在稳态操作点[6]。而单个批次的产品质量仅在当前批次结束后才可获取，所以间歇过程的优化往往是以最大化终点产品质量为目的，在严格的过程约束条件限制下通过优化被控变量的参数或轨迹改进产品质量[7]。此外，由于间歇过程的生产过程普遍存在时变性、非线性、模型不确定性等因素，从而导致间歇过程的优化与控制问题相较于连续过程更加复杂，也赋予其更加显著的实际意义[8]。

间歇过程的运行优化往往是通过求解包含相应产品指标的优化目标函数及关键过程约束在内的优化问题，实现对间歇过程控制变量轨迹的更新[7]。根据实施优化的时机不同，批次过程的优化往往可以分为批次间优化、批次内优化和批次间-批次内集成优化[9,10]。

批次内优化是指通过在单个批次内优化被控变量，进而实现提升产品质量的优化方法，此类方法往往更适合于应对变化频率较高的非重复性扰动[11]。由于沿批次方向不存在时序上的动态性，因此批次间优化旨在利用间歇过程的重复操作性，基于前一批次生产过程中获得的信息在当前批次结束时调整下一批次的控制策略，从而提升下一批次的终点产品质量[12]。通常批次间优化方法可以分为3类[13]：(1) 基于完善过程模型的优化[14]，即结合过程基础知识，根据上一批次数据对过程模型进行调整并进行数值优化，在模型预测结果足够精确时认为优化进程结束；(2) 基于模型梯度的进化优化[15]，基于估计当前批次数据的梯度信息实现对下一批次操作变量轨迹的更新，进而实现优化效果；(3) 免模型优化[16]，此类方法无须建立过程模型即可开展优化。此外，为解决由于过程扰动、强非线性造成的梯度估计难问题，包含信赖域等在内的众多免梯度优化方法也得到重视和发展[17]。

作为影响优化效果的主要因素之一，模型失配由于直接关系到产品质量和经济竞争力，因而受到众多学者关注[18]。模型失配是指由于过程不确定性的存在，导致模型和实际过程存在不可避免的偏差，进而导致优化的结果受到影响。这是因为过程的优化往往通过求解基于模型的优化问题来实现，但受制于生产工艺、建模成本、测量噪声等多方因素的影响，导致难以建立完全适配于实际过程的模型，进而造成模型失配[19]。求解受模型失配影响的优化问题，所求得的最优解往往在实际运行环境下失去最优性，甚至不具备可行性，从而造成优化代价上升及优化效率降低。

此外，在实际生产过程中，存在着刚投入生产的间歇过程，新间歇过程由于运行时间非常短，导致积累的数据无法构建优化模型。然而在现实的工业过程中，存在着大量运行时间长的旧间歇过程，这些旧间歇过程中蕴含了丰富的数据，将旧间歇过程的数据迁移至新过程可以有效地辅助新过程的运行优化。

为了解决新间歇过程中数据不足的问题，通过过程迁移将旧间歇过程信息迁移至新过程中，提取两者共有的信息以辅助构建新过程模型。然而，由于过程迁移模型提取了两个过程的信息，使得迁移模型与实际对象之间存在着差异，而这些差异导致了 NCO（Necessary Conditions of Optimality）的不匹配，使得最终的优化结果偏离最优值。为了解决 NCO 不匹配问题，本章将修正自适应的补偿优化方法应用到过程迁移中，通过获取在线测量信息以补偿对象和模型之间的差异，同时为了保证优化模型的有效性，T2 统计量被添加到优化模型中将输入变量限制在正常范围之内。此外为了更好地适应迁移过程中新数据的变化，过程迁移被划分为 3 个阶段：（1）过程迁移开始阶段；（2）过程迁移旧数据剔除阶段；（3）过程迁移完成阶段。最后将所提的方法用在了草酸钴结晶过程的仿真中，验证了方法的有效性。

7.2　优化问题描述

在间歇过程优化中，解决动态优化问题的关键是能够确定随时间变化的输入变量。然而，在实践中动态优化问题经常被转换成静态优化问题去描述过程输入变量和最终质量 $y_p \in R^N$ 之间的关系[20]，其中下标“p”表示与对象相关的质量变量。因此，该间歇过程静态优化问题可以表述成以下形式：

$$\begin{aligned} \min_{\mathrm{u}} \quad & \boldsymbol{\Phi}_p(\boldsymbol{x}) := \phi(\boldsymbol{x},\ \boldsymbol{y}_p) \\ \text{s.t.} \quad & \boldsymbol{G}_p(\boldsymbol{x}) := g(\boldsymbol{x},\ \boldsymbol{y}_p) \leqslant 0 \end{aligned} \tag{7-1}$$

式中，$\boldsymbol{\phi}(\ )$ 为对象的性能指标；$\boldsymbol{G}(\ )$ 为对输入变量和质量变量的约束。根据输入变量和质量之间的映射关系，通过 JYPLS（Joint-Y Partial Least Squares）模型可以获得如下的近似形式：

$$\hat{\boldsymbol{y}}(\widetilde{\boldsymbol{x}},\ \hat{\boldsymbol{B}}) = \boldsymbol{\sigma}_y \circ (\hat{\boldsymbol{B}}^T\widetilde{\boldsymbol{x}}) + \boldsymbol{\mu}_y \tag{7-2}$$

式中，$\boldsymbol{\mu}_y$ 和 $\boldsymbol{\sigma}_y$ 为质量变量的均值和标准差；$\hat{\boldsymbol{y}}$ 为产品质量的预测值；$\circ$ 为 Hadamard 积。

数据驱动模型通常不会遇到典型的对象-模型不匹配的问题，这是因为过程数据来源于对象本身，这样能够很好地匹配模型性能。然而，在过程迁移中尽管相似间歇过程拥有相同的物理原理或者化学原理，但是相似间歇过程之间总是存在着一些差异，这其中就包括环境差异、工艺水平差异以及操作过程中的不确定性，我们将这些差异称为“对象间不匹配”。这些差异导致对象和模型不匹配更加严重，进而导致求解优化的 NCO 的不匹配[21]。因此，对迁移过程进行运行优化是非常有必要的。

对象和 JYPLS 模型之间的不匹配，导致它们的 NCO 之间存在差异。对于优化问题（7-1），其一阶 NCO 表示为：

$$\boldsymbol{G}_p(\boldsymbol{x}^*) \leqslant 0 \tag{7-3}$$

$$\frac{\partial \boldsymbol{\Phi}_p}{\partial \boldsymbol{x}}(\boldsymbol{x}^*) + (\boldsymbol{v}_p^*)^T \frac{\partial \boldsymbol{G}_p}{\partial \boldsymbol{x}}(\boldsymbol{x}^*) = 0 \tag{7-4}$$

$$\boldsymbol{v}_p^* \geqslant 0 \tag{7-5}$$

$$(\boldsymbol{v}_p^*)^T \boldsymbol{G}_p(\boldsymbol{x}^*) = 0 \tag{7-6}$$

式中，上标“ * ”为最优性，$\boldsymbol{v}_p$ 为与对象约束相关联的拉格朗日乘子。对于传统的模型适应策略，假设 k 趋向无穷时 $\boldsymbol{y}_p(\boldsymbol{x}^*_{(\infty)}) = \hat{\boldsymbol{y}}_p(\tilde{\boldsymbol{x}}^*_{(\infty)},\ \hat{B})$，其中 $\boldsymbol{x}^*_{(\infty)}$ 是最终标准化的最优解。式（7-4）中的梯度可以进一步分解为：

$$\frac{\partial \boldsymbol{\Phi}_p}{\partial \boldsymbol{x}}(\boldsymbol{x}_{(\infty)}) = \frac{\partial \phi}{\partial \boldsymbol{x}}(\boldsymbol{x}_{(\infty)},\ \boldsymbol{y}_p) + \frac{\partial \phi}{\partial \boldsymbol{y}_p}(\boldsymbol{x}_{(\infty)},\ \boldsymbol{y}_p)\ \frac{\partial \boldsymbol{y}_p}{\partial \boldsymbol{x}}(\boldsymbol{x}_{(\infty)}) \tag{7-7}$$

对于单一对象的间歇过程，数据驱动模型的梯度仅由 B 决定。尽管数据驱动模型也会受到对象模型不匹配的影响，这是因为数据驱动模型和实际梯度总是存在微小差异。而且单一过程数据来源于对象本身，以至于这些差异可以忽略。然而，在过程转移中这些差异变得更为严重。迁移旧过程数据可以解决新过程数据不足的问题，但是 JYPLS 的梯度被新过程和旧过程的数据一起拟合，使得模型梯度和实际梯度之间的差异扩大，导致相似间歇过程 NCO 不匹配问题更加严重[22]。

7.3 修正自适应优化方法

为了保证间歇过程运行优化的有效性，需要使用一种修正策略来匹配 JYPLS 模型与实际对象的 NCO[23]。一些学者已经证明，采用修正自适应策略的批次间优化方法可以有效解决上述问题[24]。因此，对 JYPLS 模型的预测输出添加线性修正：

$$\boldsymbol{y}_m(\boldsymbol{x}, B_k) := \hat{\boldsymbol{y}}(\boldsymbol{x}, B_k) + e_k + l_k \cdot [\sigma_x \circ (\boldsymbol{x} - \boldsymbol{x}_k)] \tag{7-8}$$

$$e_k = \boldsymbol{y}_p(\boldsymbol{x}_k) - \hat{\boldsymbol{y}}(\boldsymbol{x}_k, B_k) \tag{7-9}$$

$$l_k = \frac{\partial \boldsymbol{y}_p}{\partial \boldsymbol{x}}(\boldsymbol{x}_k) - \frac{\partial \hat{\boldsymbol{y}}}{\partial \boldsymbol{x}}(\boldsymbol{x}_k, B_k) \tag{7-10}$$

式中，$e_k \in \mathbf{R}^M$ 和 $l_k \in \mathbf{R}^{M\times N}$ 为模型修正器；σ_x 为输入变量的标准差。

根据式（7-8），优化问题转化为：

$$\begin{aligned} &\min_{\boldsymbol{x}} \Phi_m(\boldsymbol{x}) := \phi(\boldsymbol{x}, \boldsymbol{y}_m(\boldsymbol{x}, B_k)) \\ &\text{s. t.} \ \ \boldsymbol{G}_m(\boldsymbol{x}) := g(\boldsymbol{x}, \boldsymbol{y}_m(\boldsymbol{x}, B_k)) \leqslant 0 \end{aligned} \tag{7-11}$$

MA 策略通过修正过程和模型之间的差异来确定新的操作变量，下一个次优操作点 $\boldsymbol{x}_{k+1}$ 可以通过求解式（7-11）获得。

7.4 基于 JYPLS 迁移模型的间歇过程批次间运行优化控制

7.4.1 优化过程失配原因描述

为了更好解决 NCO 不匹配问题，本节分析了不同阶段下导致 NCO 失配的主要原因，以确保在新间歇过程的整个优化生命周期内获得最佳的补偿性能。

在过程迁移刚一开始的初始阶段，新间歇过程的数据非常稀少，用于捕获新间歇过程行为的过程迁移模型很大程度上依赖于旧间歇过程的过程信息。因此，当前过程迁移模型的失配主要原因是新间歇过程建模数据的匮乏。

在第二阶段，随着批次运行中新间歇过程数据的积累，隐藏在新旧工艺数据中的差异越来越明显，相似间歇过程之间的固有差异成为实际对象和过程迁移模型不匹配问题的主要原因。

在第三阶段，随着旧间歇过程数据的剔除，新间歇过程的单潜变量工艺模型逐渐取代了过程迁移模型，而此时过程和模型失配的主要原因转换成了建模数据的噪声以及模型假设性等因素对模型的不利影响。

7.4.2 自适应控制策略

针对上一节分析的各阶段模型失配的主要原因，提出了一种基于 JYPLS 模型的自适应控制策略方法，该策略主要包含三个方面。

在自适应控制策略的第一阶段，由于运行时间短、数据量小，基于 LV-PTM (Latent Variable Process Transfer Model) 的新批次工艺的运行在很大程度上依赖于旧工艺的数据信息，这也是导致新批次工艺与基于 LV-PTM 的优化问题 NCO 不匹配的主要因素。因此，本研究采用模型更新方法，简单地用新的可用工艺数据扩充新批次工艺的建模数据集。具体来说，如果获得了优化步骤中的第 k 个新批次数据，只需将该批次的最优解 $\boldsymbol{x}_{\mathrm{b},k}$ 和优化结果 $\boldsymbol{y}_{\mathrm{b},k}$ 等新的可用数据添加到新批次的输入/输出矩阵中，重新建立过程迁移模型，即可更新建模数据集和参数。

$$\boldsymbol{X}_{\mathrm{b},(k)}=\begin{bmatrix}\boldsymbol{X}_{\mathrm{b},k-1}\\ \boldsymbol{x}_{\mathrm{b},k}\end{bmatrix},\quad \boldsymbol{Y}_{\mathrm{b},(k)}=\begin{bmatrix}\boldsymbol{Y}_{\mathrm{b},k-1}\\ \boldsymbol{y}_{\mathrm{b},k}\end{bmatrix} \tag{7-12}$$

$$\left.\begin{matrix}[\boldsymbol{X}_{\mathrm{b},(k)},\ \boldsymbol{Y}_{\mathrm{b},(k)}]\\ [\boldsymbol{X}_{\mathrm{a}},\ \boldsymbol{Y}_{\mathrm{a}}]\end{matrix}\right\}\rightarrow B_{\mathrm{J},(k)} \tag{7-13}$$

式中，下标 b 为新间歇过程数据；下标 a 为相似的旧间歇过程数据。

模型更新可以显著提高迁移模型[25]的精度和优化效率。而在自适应控制策略的第二阶段中，随着新间歇过程的不断运行和数据的积累，产品质量会缓慢提高甚至下降。其主要原因是工厂模型不匹配已从缺乏新工艺数据转变为相似批处理过程之间的差异。由于存在较大偏差的旧数据，基于过程迁移模型的优化问题的最终结果往往是非最优的。为此，本章提出了一种基于数据剔除策略的最优控制策略。一方面，建模数据集和参数通过模型更新步骤进行更新。另一方面，当新工艺数据积累到一定数量时，根据与新工艺数据的相似性，将偏差较大的旧数据剔除。此外，另一个重要的任务是确定数据删除的时间；如果太早，旧流程的有用信息就会丢失，影响模型的稳定性，如果太晚，最终的优化结果就会受到影响。因此，本研究通过检测 H 个连续批次的最终质量之间的偏差，并设置稳定性阈值来判断优化过程是否已进入非最优稳定阶段，进而判断是否需要进行数据剔除操作。本章节研究的非最优状态的开始测试时间由经验确定。具体方法和步骤如下。

步骤 1：当完成第 i 个批次的运行优化时，根据得到的最新的最终质量与上批的最终质量计算偏差。

步骤 2：收集最新 H 个批次的最终质量偏差，确定连续抽样的批次中是否有 m 个或更多批次的偏差小于稳定阈值。如果有，转到步骤 3 进行数据剔除，否则返回步骤 1。

步骤 3：计算新旧工艺数据的相似度。将偏差度最大的旧工艺数据从旧工艺数据集中剔除。上述数据的相似度计算如下：

$$d(\boldsymbol{x}_{\mathrm{old},i},\ \boldsymbol{X}_{\mathrm{new}}) = \| \boldsymbol{t}_{\mathrm{old},i} - \bar{\boldsymbol{T}}_{\mathrm{new}} \|_2 \tag{7-14}$$

$$\cos(\theta_i) = \frac{\boldsymbol{t}_{\mathrm{old},i}^{\mathrm{T}}\ \bar{\boldsymbol{T}}^{\mathrm{new}}}{\| \boldsymbol{t}_{\mathrm{old},i} \|_2\ \| \bar{\boldsymbol{T}}_{\mathrm{new}} \|_2} \tag{7-15}$$

$$S(\boldsymbol{x}_{\mathrm{old},i}) = \lambda \sqrt{\mathrm{e}^{-d^2(\boldsymbol{x}_{\mathrm{old},i},\ \boldsymbol{X}_{\mathrm{new}})}} + (1-\lambda)\max(\cos(\theta_i),\ 0) \tag{7-16}$$

式中，$d(\boldsymbol{x}_{\mathrm{old},i},\ \boldsymbol{X}_{\mathrm{new}})$ 为欧氏距离；$t_{\mathrm{old},i}$ 为旧数据的得分向量；$\bar{T}_{\mathrm{new}}$ 为新数据得分矩阵的均值；S 为相似度，取值为 0~1。

除了上述数据填充和数据删除两个方面，自适应控制策略在整个三阶段优化过程都采用了 MA 方法来补偿模型失配对优化产生的影响，自适应控制策略整体框架如图 7-1 所示。

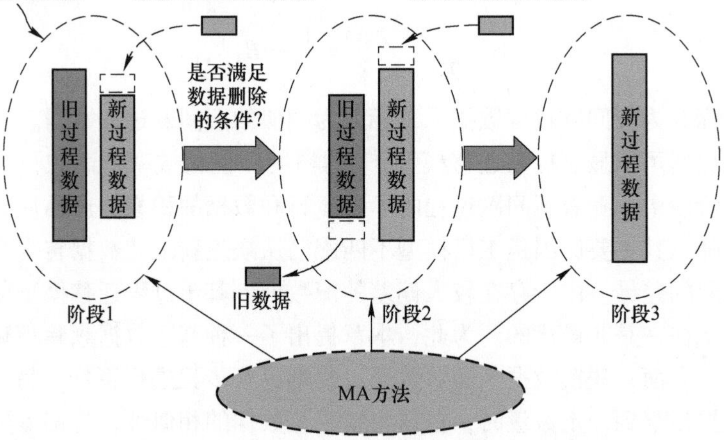

图 7-1　三阶段自适应控制策略

7.4.3　迁移模型的有效性

为防止操作变量超出过程有效操作区域，在优化性能中引入适当的约束条件。在潜变量技术中，考虑了一个与识别数据集相关的有效性指标。该指标可以约束求解优化问题时最优解的范围，防止模型外推。Flore Cerrillo 等人利用 Hotelling T2 统计加权代价函数有效地防止了模型的外推[26]。同样，本研究使用 Hotelling T2 统计量来约束最优解的有效范围，并将其作为式（7-11）的硬约束。然而，基于过程迁移模型的新批次过程开始时，新间歇过程的数据稀缺，T2 统计不能完全定义一个有效的运行范围，这可能会阻碍优化问题找到合适的解。然而，旧批次过程丰富数据定义了完整的有效操作范围。如前文所述，新旧批次工艺有相似之处，驱动工艺的物理和化学原理是一致的。由于工艺设备和控制策略的相似性，使得新旧工艺的有效操作范围相似。因此，有可能将旧工艺信息迁移到新工艺，拓宽新工艺的有效范围。新的控制限度计算如下：

$$c_{\text{pf}} = w_1 c_{\text{new}} + w_2 c_{\text{old}} \tag{7-17}$$

式中，w_1、w_2 分别为新过程和旧过程控制限的权重并且随着新过程数据和旧过程数据的比例进行更新；c_{new}、c_{old} 为新过程和旧过程数据的 99%置信限，新的优化问题可以转化为：

$$\begin{aligned} \min_{\hat{u}} \boldsymbol{\Phi}_m(\widetilde{\boldsymbol{x}}) &:= \phi(\widetilde{\boldsymbol{x}}, \boldsymbol{y}_m(\widetilde{\boldsymbol{x}}_{(k)}, \hat{\boldsymbol{B}}_{(k)}))\ \text{s.t.} \\ \boldsymbol{G}_m(\widetilde{\boldsymbol{x}}) &:= \boldsymbol{g}(\widetilde{\boldsymbol{x}}, \boldsymbol{y}_m(\widetilde{\boldsymbol{x}}_{(k)}, \hat{\boldsymbol{B}}_{(k)})) \leqslant 0 \\ T^2(\widetilde{\boldsymbol{x}}) &\leqslant c_{\text{pf}} \end{aligned} \tag{7-18}$$

7.5 实验验证

7.5.1 草酸钴合成过程介绍与实验设计

在湿法冶金工业中，草酸钴结晶过程是典型的间歇过程，经多次的反应、洗涤、压滤和干燥得到草酸钴成品。其中最重要的是草酸铵和氯化钴的反应过程，这个过程的好坏直接决定了草酸钴的粒度分布。草酸钴是通过氯化钴和草酸铵的液相反应来合成，其反应式如下所示：

$$CoCl_2 + (NH_4)_2C_2O_4 \longrightarrow CoC_2O_4 \downarrow + 2NH_4Cl \tag{7-19}$$

草酸钴结晶工艺流程如图 7-2 所示。草酸钴结晶过程中主要包含草酸铵溶解器以及结晶器两个重要部分。草酸铵结晶过程在结晶器中进行并且不断地搅拌。为了保持结晶器内温度的稳定，采用加热套和 PI 控制器对其温度进行控制。

具体的操作程序如下。

(1) 草酸的配制：将一定量的固体草酸与一定的纯水放入草酸溶解釜中，蒸汽加热至溶解完全，进行压滤，得到较为纯净的草酸。

(2) 合成草酸铵：将草酸溶液加入草酸铵合成釜中，向里通入氨气或加入液氨，加热至一定的温度。

(3) 合成草酸钴：先将定量的氯化钴液放入草酸钴合成釜中，加热到一定温度，然后以一定速率通入草酸铵溶液，持续一定时间，停止通料，开釜将悬浊液通入压滤机中压滤。

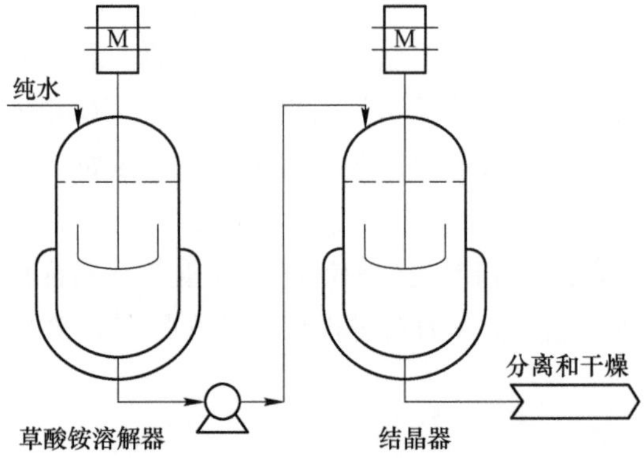

图 7-2　草酸钴结晶工艺流程图

(4) 压滤、洗涤、干燥一次后再经三次洗涤、三次压滤、干燥得到成品草酸钴[27]。

草酸钴结晶过程的时间模型如下面的常微分方程所示。

$$\frac{\mathrm{d}V}{\mathrm{d}t} = F_{\mathrm{B}} \tag{7-20}$$

$$\frac{\mathrm{d}\mu_0}{\mathrm{d}t} = B - \frac{F_{\mathrm{B}}\mu_0}{V} \tag{7-21}$$

$$\frac{\mathrm{d}\mu_j}{\mathrm{d}t} = jG\mu_{j-1} - \frac{F_{\mathrm{B}}\mu_j}{V} \quad j = 1,\ 2 \tag{7-22}$$

$$\frac{\mathrm{d}C}{\mathrm{d}t} = \frac{F_{\mathrm{B}}C_{\mathrm{BI}}V_0}{(V_0 + F_{\mathrm{B}}t)^2} - 3\rho_{\mathrm{c}}k_{\mathrm{v}}G\mu_2 - \frac{F_{\mathrm{B}}C}{V} \tag{7-23}$$

式中，V 为悬浮液体积；μ_j 为 j 时刻的草酸钴结晶尺寸；C 为溶液浓度；B 和 G 分别为结晶成核速率和生长速率；V_0 为氯化钴的初始体积；ρ_{c} 为晶体密度；k_{v} 为体积形状因子；F_{B}为草酸铵进料速率；μ_0 为初始时刻的草酸钴结晶尺寸。并给出了合成过程相应的模型参数。

$$C_{\mathrm{s}} = 0.0001\,(T - 273)^2 + 0.001(T - 273) + 0.1 \tag{7-24}$$

$$B = 6.31 \times 10^{31}\exp(-1.3621 \times 10^4/T)\Delta C^{2.775} \tag{7-25}$$

$$G = 2.80 \times 10^{14}\exp(-1.584 \times 10^4/T)\Delta C \tag{7-26}$$

这里的目标函数是最大化式（7-27）中定义的平均结晶尺寸，从而可以得到优化式（7-28）。

$$Ln = \frac{\mu_1(t_{\mathrm{f}})}{\mu_0(t_{\mathrm{f}})} \tag{7-27}$$

$$
\begin{aligned}
&\max_{F(t)} \quad Ln \\
&\text{s. t.} \quad \int_0^{t_f} F(t) C_2 \mathrm{d}t \geqslant C_{2,\min} \\
&F_L \leqslant F(t) \leqslant F_U
\end{aligned}
\tag{7-28}
$$

式中，F_L、F_U 为草酸铵进料速率的下限和上限；$C_{2,\min}$ 为结晶中添加的草酸铵的最少量。

7.5.2 结果分析

7.5.2.1 数据准备

在仿真研究中，采用机理模型模拟了新过程工艺和旧过程工艺。为了使间歇过程之间相似，所有过程参数的设置见表 7-1。由于这两个过程都是草酸钴结晶过程，使得驱动它们运行的化学机理是完全相同的，同时，为了模拟相似过程之间的差异，选取了最易出现差异的环境差异和工艺差异两个方面。环境差异主要反映了相似过程的外部因素差异，包括不同的区域、不同的生产环境以及不同的初始条件，在模拟过程中，选择了草酸铵浓度、氯化钴浓度、氯化钴初始体积。工艺差异反映了相似间歇过程内部因素的差异对机理模型内在的一些参数产生了影响。例如，不同的生产设备、工艺水平的高低等。表 7-1 中选择了相关参数进行设置。优化的操作变量是间歇过程中草酸铵的供给速率，它被离散为 11 个区间。为了开发 JYPLS 模型的训练数据，一个伪随机二进制信号（PRBS）与 ±0.0005m^3/s 的附加激励和 0.5%的白噪声添加到最终的平均结晶尺寸的测量。采用 5 个批次新过程数据对新工艺进行建模。为了确定旧间歇过程迁移的数据量，将旧间歇过程迁移的数量逐一添加，如图 7-3 所示，随着迁移数量的增加预测误差逐渐降低，当达到第 40 个批次时效果较好，所以旧间歇过程的数据量设置为 40 个批次。

表 7-1 新过程和旧过程的参数设置

过程差异	仿真参数	旧过程	新过程
环境差异	氯化钴浓/$mol \cdot m^{-3}$	$(1089.6\sim1111.6)\times10^3$	$(1092.6\sim1114.6)\times10^3$
	草酸铵浓度/$mol \cdot m^{-3}$	$(1676.6\sim1710.4)\times10^3$	$(1666.7\sim1700.3)\times10^3$
	氯化钴初始体积/m^3	1.39~1.42	1.40~1.44
工艺差异	生长速率系数 $k_g/s^{-1} \cdot \mu m^{-3}$	2.70×10^{14}	2.83×10^{14}
	生长速率温度指数 K_b/K	1.584×10^4	1.573×10^4
	成核速率系数 $k_n/s^{-1} \cdot \mu m^{-3}$	6.21×10^{31}	6.21×10^{31}
	成核速率温度指数 K_a/K	1.3621×10^4	1.352×10^4

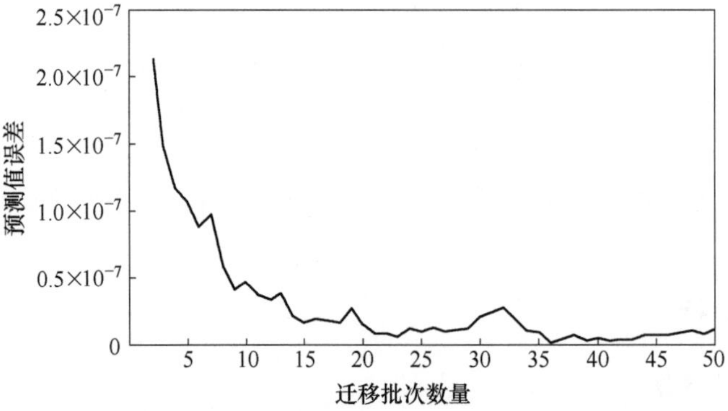

图 7-3　迁移批次的误差变化

7.5.2.2　基于 JYPLS 的预测分析

预测在优化方法中起着非常重要的作用，提高预测方法的准确率可以进一步提高运行优化性能。将 JYPLS 和 PLS 进行比较。在潜变量模型中，潜变量的个数决定了 PLS 模型的性能。交叉检验方法被用来选择 PLS 模型中潜变量的个数，采用均方根误差（RMSE）作为衡量性能。带有 c 个潜变量的模型均方根误差表示为：

$$\mathrm{RMSE}_c = \sqrt{\frac{1}{n}\sum_{i=1}^{n} \| y_i - \hat{y}_i \|^2} \tag{7-29}$$

式中，n 为训练集中的样本数；$\hat{y}_i$ 为第 i 个采样的 y_i 的预测值。

图 7-4 为实际草酸钴结晶尺寸和不同方法预测值的比较。测试集中的所有 40 个批次都在图 7-4 中显示。相应的相对误差随样本数量变化显示在图 7-5 中。相

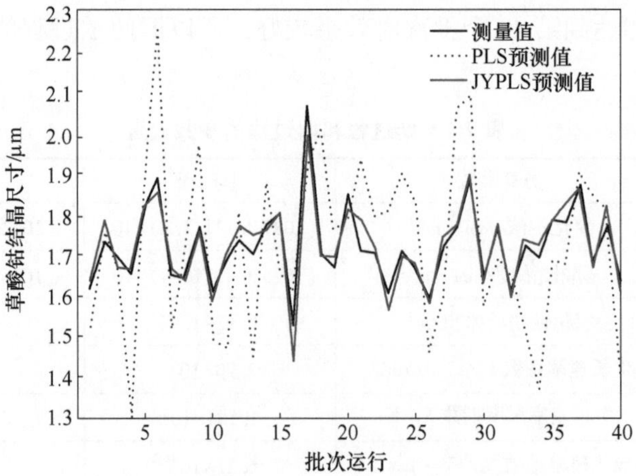

图 7-4　JYPLS 模型与 PLS 模型的预测曲线对比图

扫一扫
查看彩图

对预测误差公式为：

$$\mathrm{RE}_k = \left| \frac{y_k - \hat{y}_k}{y_k} \right| \tag{7-30}$$

式中，y_k 为草酸钴的结晶尺寸；$\hat{y}_k$ 为模型预测；k 为测试数据集的数量，$k=1$，2，$\cdots N$。

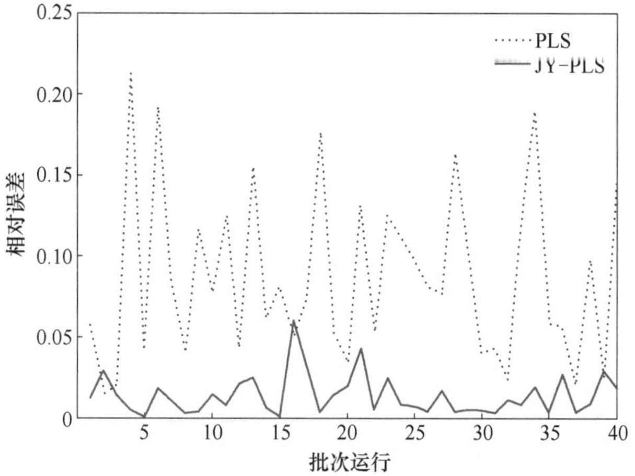

图 7-5 JYPLS 模型与 PLS 模型的相对误差比较图

扫一扫
查看彩图

从图 7-5 中可以看出，带有过程迁移的模型预测效果要好于未迁移的模型，说明迁移旧间歇过程可以很好地辅助新过程模型的构建，由于 JYPLS 模型针对批次数据不足的新间歇过程有良好的预测性能，为优化过程提供了很好的条件。

7.5.2.3 自适应优化控制性能

为了证明所提过程迁移策略的优化特性，使用相同的 MA 优化策略以及相同的初始条件，分别用 JYPLS 模型和 PLS 模型对草酸钴结晶尺寸进行优化比较。优化结果如图 7-6 所示。其中，在前 10 个批次中，在 JYPLS 方法中的平均结晶尺寸从 1.6μm 增加到 2.19μm，但在 PLS 方法中只是提高到 2.11μm。主要原因是，在 JYPLS 方法中建模的数据数量比 PLS 模型多，可以更好地对间歇过程进行建模优化进而提高草酸钴结晶尺寸。随着间歇过程的运行和批次数据的增加，基于 PLS 方法的结晶尺寸在第 31 批次达到了 2.22μm，和基于 JYPLS 的优化结果非常接近。而且在第 31 批次之后，两种方法优化的草酸钴最终平均粒径的质量相互交叉。因此，基于 JYPLS 模型的优化可以提高新批次的优化速度和最终产品质量。

同时，另一个问题在图 7-6 中显现了出来。在后期的优化阶段中，基于 JYPLS 的修正适应策略的平均结晶尺寸不再提高，其原因是当新数据足够的时候，旧间歇过程和新间歇过程之间的差异导致 NCO 不匹配，使得优化效果不再提高。为了解决这一差异，采用了三阶段优化策略。

一个完整的间歇过程三阶段优化曲线如图 7-7 所示，其中包括了 100 批次的测试数据并且被分为三个阶段，其中第 40 批次和 80 批次作为转换点。在第 10 批次中，平均结晶尺寸达到 2. 09μm，这是接近两步方法优化的值。其原因是 T2 统计量被控制在有效区域内，使得结晶过程中获得的最优解优化性能差于两步法。

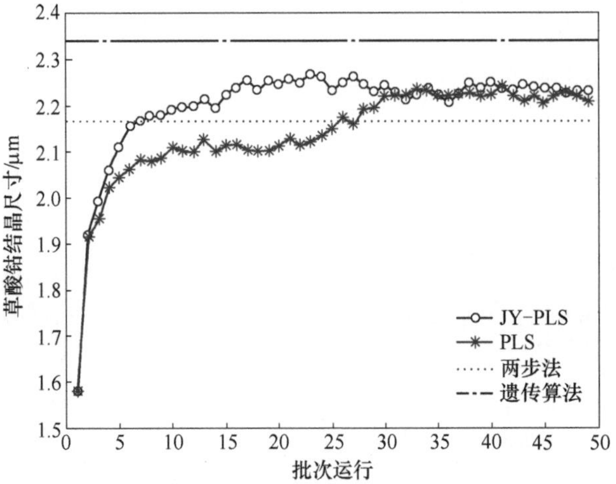

图 7-6　草酸钴结晶优化比较图

扫一扫
查看彩图

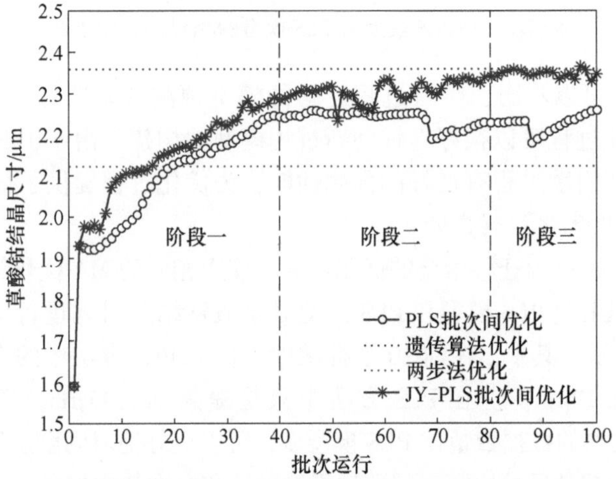

图 7-7　带有数据替换的优化策略比较

扫一扫
查看彩图

在新间歇过程运行的开始阶段，残差（最终的质量和预测之间的差异）的变化如图 7-8 所示。在最初 40 个批次内，残差的变化不能达到稳定范围之内。经过 40 个批次后，残差进入置信区间，在线模型验证和数据剔除开始。在初始阶段，由于数据的替换，平均晶粒尺寸略有下降。随着替代过程的完成，优化过程进入第三个阶段，并在第 80 批次时完成数据更换，最终草酸钴结晶尺寸收敛到 2. 35μm，比基于 PLS 的优化高出 0. 1μm。

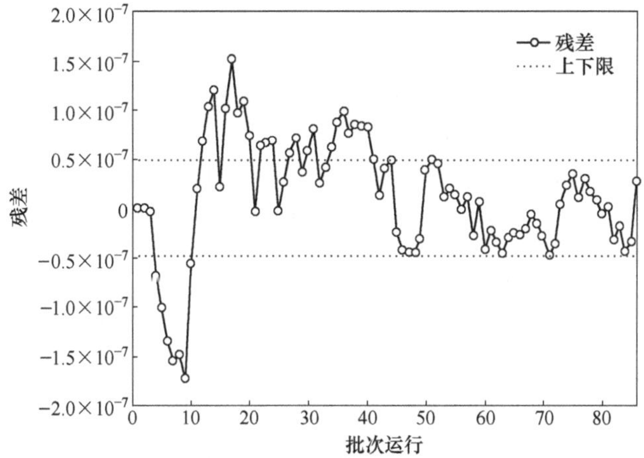

图 7-8 预测残差变化图

扫一扫
查看彩图

为了进一步探索结晶过程的最优解，GA（genetic algorithm）算法也被用来对平均晶粒尺寸进行优化，并用来比较所提方法的优化效果，该遗传算法使用了完整的机理模型[28]。遗传算法共设置 50 个个体分 100 代进行遗传，共 5000 代。随机初始化时可能无法获得满意的最优解。因此，通过本章提出的方法获得一组最优解被用作遗传算法的初始种群的设置，二进制编码器用于编码，该方法使用了轮盘选择。交叉率被设置为 0. 8，变异率为 0. 01。如果相应的差异在连续五代适应绝对值小于 10^{-6}，则终止优化；如果不是，那么 100 次迭代后则终止迭代。最终，草酸钴结晶尺寸被提高到 2. 35μm，与提出的策略非常接近。

图 7-9 中分别选择经过自适应控制策略优化后的第 1 批次、第 50 批次和第 80 批次的草酸铵供给速率进行观察，在优化过程的中后期操作变量的运行轨迹都是逐渐收敛的。

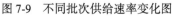

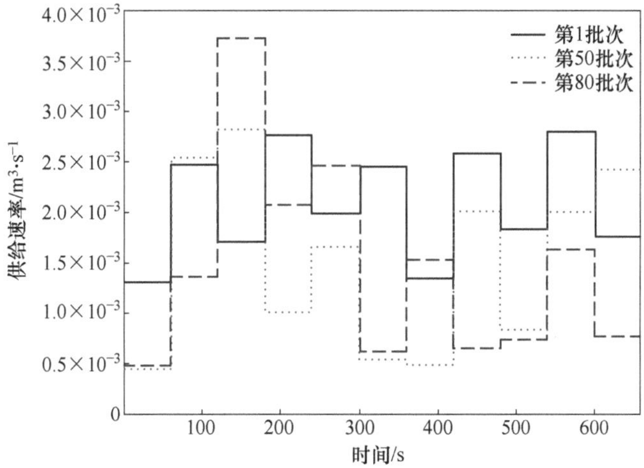

扫一扫
查看彩图

图 7-9 不同批次供给速率变化图

参 考 文 献

[1] 赵春晖，余万科，高福荣．非平稳间歇过程数据解析与状态监控——回顾与展望［J］．自动化学报，2020，46（10）：2072-2091.

[2] Yoo H，Kim B，Kim J W，et al. Reinforcement learning based optimal control of batch processes using Monte-Carlo deep deterministic policy gradient with phase segmentation［J］. Computers & Chemical Engineering，2021，144：107133.

[3] Barton M，Duran-Villalobos C A，Lennox B. Multivariate batch to batch optimisation of fermentation processes to improve productivity［J］. Journal of Process Control，2021，108：148-156.

[4] Ali R，Saravia F，Hille-Reichel A，et al. Propionic acid production from food waste in batch reactors：effect of pH，types of inoculum，and thermal pre-treatment［J］. Bioresource Technology，2021，319：124166.

[5] Lane S，Martin E B，Kooijmans R，et al. Performance monitoring of a multi-product semi-batch process［J］. Journal of Process Control，2001，11（1）：1-11.

[6] 朱国栋. 批次过程二维递推辨识方法研究［D］. 杭州：浙江大学，2020.

[7] 赵瑾瑾．批次过程迭代建模与在线优化方法研究［D］. 杭州：浙江大学，2015.

[8] 程相. 基于过程迁移模型的间歇过程质量预测与运行优化方法研究［D］. 徐州：中国矿业大学，2019.

[9] 汪一峰．基于过程迁移模型的间歇过程运行优化方法研究［D］. 徐州：中国矿业大学，2021.

[10] 叶凌箭，马修水，宋执环. 不确定性间歇过程的一种实时优化控制方法［J］. 化工学报，2014，65（9）：3535-3543.

[11] 叶凌箭. 间歇过程的批内自优化控制［J］. 自动化学报，2022，48（11）：2777-2787.

[12] Duran-Villalobos C A，Lennox B，Lauri D. Multivariate batch to batch optimisation of fermentation processes incorporating validity constraints［J］. Journal of Process Control，2016，46：34-42.

[13] Camacho J，Lauri D，Lennox B，et al. Evaluation of smoothing techniques in the run to run optimization of fed-batch processes with u-PLS［J］. Journal of Chemometrics，2015，29（6）：338-348.

[14] Xiong Z，Zhang J. A batch-to-batch iterative optimal control strategy based on recurrent neural network models［J］. Journal of Process Control，2005，15（1）：11-21.

[15] Camacho J，Picó J，Ferrer A. Self-tuning run to run optimization of fed-batch processes using unfold-PLS［J］. AIChE Journal，2007，53（7）：1789-1804.

[16] Srinivasan B，Primus C J，Bonvin D，et al. Run-to-run optimization via control of generalized constraints［J］. Control Engineering Practice，2001，9（8）：911-919.

[17] Chu F，Cheng X，Peng C，et al. A process transfer model-based optimal compensation control strategy for batch process using just-in-time learning and trust region method［J］. Journal of the

Franklin Institute, 2021, 358 (1): 606-632.

[18] Jeong D H, Lee C J, Lee J M. Experimental gradient estimation of multivariable systems with correlation by various regression methods and its application to modifier adaptation [J]. Journal of Process Control, 2018, 70: 65-79.

[19] 张俊，毛志忠，贾润达，等．金氰化浸出过程自适应优化 [J]. 化工学报，2014，65 (12): 4890-4897.

[20] 胡志坤，桂卫华，彭小奇，等．铜转炉生产操作模式智能优化 [J]. 控制理论与应用，2005 (2): 243-247.

[21] Shinzawa H, Jiang J H, Iwahashi M, et al. Self-modeling curve resolution (SMCR) by particle swarm optimization (PSO) [J]. Analytica Chimica Acta, 2007, 595 (1/2): 275-281.

[22] Liu H, Abraham A, Clerc M. Chaotic dynamic characteristics in swarm intelligence [J]. Applied Soft Computing, 2007, 7 (3): 1019-1026.

[23] Chu F, Zhao X, Yao Y, et al. Transfer learning for batch process optimal control using LV-PTM and adaptive control strategy [J]. Journal of Process Control, 2019, 81: 197-208.

[24] Jia R, Mao Z, Wang F, et al. Batch-to-batch optimization of cobalt oxalate synthesis process using modifier-adaptation strategy with latent variable model [J]. Chemometrics and Intelligent Laboratory Systems, 2015, 140: 73-85.

[25] Chu F, Shen J, Dai W, et al. A dual modifier adaptation optimization strategy based on process transfer model for new batch process [J]. IFAC-PapersOnLine, 2018, 51 (18): 791-796.

[26] Flores-Cerrillo J, MacGregor J F. Control of batch product quality by trajectory manipulation using latent variable models [J]. Journal of Process Control, 2004, 14 (5): 539-553.

[27] 田庆华，郭学益，李钧．草酸钴热分解行为及其热力学分析 [J]. 矿冶工程，2009，29 (4): 67-69, 73.

[28] 韩方煜．基于遗传算法的间歇过程优化控制策略研究 [J]. 中国化工，1996(10): 30-34.

8　迁移学习驱动的间歇过程优化补偿控制策略

8.1　引　言

在实际的工业生产过程中，利用相似过程中丰富的知识和数据来辅助新过程建模是解决新间歇过程数据不充分、模型可靠性不高、后续的优化难以实施的有效办法[1]。上一章采用 JYPLS 方法构建 PTM，通过潜变量迁移技术，将相似旧过程中有效的数据信息迁移至新过程，从而辅助并加快新过程的建模过程。并且针对模型与实际过程不匹配，采用 MA 批次间优化方法对 PTM 进行迭代修正，可以有效消除相似过程之间的差异性和模型不确定性对 PTM 产生的负面影响，从而有效解决由过程差异等因素引起的 NCO 失配问题[2]。

但是在第 7 章中的间歇过程批次间运行优化控制方法中，MA 方法可能引起过度优化容易出现过度修正现象，导致次优结果。为了进一步补偿次优结果，本章节提出一种结合 MA 策略[3]和 ST 策略[4]的优化补偿方法。该方法利用 ST 策略对经过 MA 批次间优化后得到的次优设定值进行补偿，进一步提高了间歇生产过程的产品质量[5]。此外，考虑到新旧过程之间必然存在差异性，伴随着新过程的数据不断地补充和积累，旧过程中的数据将无法涵盖新过程的过程特性，采用模型更新策略对建模数据集进行更新。最后，利用草酸钴结晶过程的仿真实验验证所提方法的有效性。

8.2　模型更新策略

在第 7 章中提出了 PTM 与实际过程之间不匹配问题，并且分析了优化过程中 NCO 失配与模型不确定性等问题，然后详细介绍了 MA 策略批次间优化方法。然而，间歇过程的质量优化结果能够满足质量指标的前提是 JYPLS 模型拥有较好的预测效果。

新过程由于建模数据比较少，无法描述所有的过程特征，在每个批次运行结束时，需要将新获取的数据 $\boldsymbol{x}_{\text{new}}$ 和 $\boldsymbol{y}_{\text{new}}$ 补充到已有的新过程数据集中，从而提高模型预测精度。本章节采用如下公式进行离线更新模型：

$$X_a = \begin{bmatrix} X_{a,\text{old}} \\ x_{\text{new}}^T \end{bmatrix} \quad Y_a = \begin{bmatrix} Y_{a,\text{old}} \\ y_{\text{new}}^T \end{bmatrix} \tag{8-1}$$

新过程的数据样本会随着批次的运行不断补充和积累，在间歇过程前期，迁移旧过程数据可以起到辅助新过程建模的作用，然而，随着新过程的数据量逐渐达到建模要求，此时的旧过程数据由于不包含新过程的过程信息反而会阻碍 PTM 的精度。因此，为了改善 PTM 的预测效果，需要逐步剔除旧过程数据集中差异较大的数据。数据的差异是通过计算新旧过程中数据的相似度获得的，而是否进行数据剔除的条件取决于质量偏差的收敛效果。连续计算若干个批次的产品质量偏差，通过设定阈值 ε（ε 是趋于 0 的常数）来判断偏差是否收敛，从而决定是否对旧过程进行数据剔除。数据剔除的具体操作步骤如下[2]。

步骤 1：获取第 i 个批次结束时的产品最终质量值 $y_{i,\text{new}}$，计算该批次的预测偏差 δ_i，其中 $\delta_i = |y_{i,\text{new}} - \hat{y}_{i,\text{new}}|$，同时计算 $\Delta_i = \delta_i - \delta_{i-1}$。

步骤 2：收集若干个连续批次的产品质量的预测偏差，如果出现 m 个或者更多批次的质量偏差小于稳定阈值 $\varepsilon_{\text{stable}}$，而其余批次的偏差低于信任阈值 $\varepsilon_{\text{trust}}$，转至步骤 3，否则返回步骤 1。

步骤 3：剔除旧过程与新过程中相似度最小的几组数据，相似度用 $S(x_{b,i})$ 表示，其取值范围是 0~1，具体公式如下表示：

$$S(x_{b,i}) = \frac{1}{1 + d(x_{b,i}, X_a)} \tag{8-2}$$

$$d(x_{b,i}, X_a) = \| x_{b,i} - \overline{X}_a \|_2 \tag{8-3}$$

式中，$d(x_{b,i}, X_a)$ 为欧氏距离；$\|\cdot\|$ 为欧几里得度量；$\overline{X}_a$ 为新过程中数据平均值，稳定阈值 $\varepsilon_{\text{stable}}$ 和信任阈值 $\varepsilon_{\text{trust}}$ 是基于迁移学习思想，根据对相似过程的操作经验得出的先验知识确定的。

根据式（8-2）和式（8-3）计算旧过程的样本数据 $x_{b,i}$ 与新过程数据的中心 $\overline{X}_a$ 之间的相似度，由相似度可以得到偏差较大的数据组，该数据组是由差异较大的旧过程数据样本组成，此时只需要删除掉偏差最大的旧过程样本数据即可。具体删除的方式是通过将待删除数据移出旧过程建模数据集，以更新建模数据。

8.3　基于过程迁移模型的间歇过程优化补偿控制

8.3.1　自调整批次间优化方法

尽管 MA 优化策略可以匹配模型与实际对象之间的 NCO，但是 MA 策略对输出模型进行梯度修正容易出现过拟合现象[6]。此外，模型具有不确定性，这些都会导致求解问题式（7-11）得到的只是次优解。此外，模型不确定性因素始终贯穿整个过程，而且经过 MA 策略优化得到的运行结果仍然是次优结果。因此，需要对 MA 优化得到的次优设定值进行补偿操作。

近年来，Camacho 等提出基于 Unfold-PLS 模型的间歇过程自校正运行优化[4]。在使用先前批次获得的数据的基础上，利用 Unfold-PLS 模型提取梯度信息，然后对操作轨迹进行梯度修正。该方法的优点是在潜变量的子空间计算梯度，减少了额外需要进行梯度计算的实验次数。针对模型的不确定性和非线性等问题，自校正优化方法可以通过优化几种性能指标和处理不等式约束，有效补偿在寻优过程中出现的次优解[4]，从而进一步优化间歇过程的产品质量。

具体优化方式如式（8-4）所示，为保证参数的可识别性以及工作的持续激励，在间歇过程中加入随机或伪随机二进制信号（Pseudo-Random Binary Sequence，PRBS）。

$$x_{k+1} = \bar{x}_k + c_k \cdot \left(\frac{\mathrm{d}\hat{y}}{\mathrm{d}x}\right)_k + g_k \cdot \rho_{k+1} \tag{8-4}$$

式中，$\bar{x}_k$ 为进料剖面的平均值；$(\mathrm{d}\hat{y}/\mathrm{d}x)_k$ 为从 JYPLS 模型中获得的梯度；ρ 为激励值的向量；g 为激励增益；参数 c 为加权矩阵或变量，它可以进一步提高优化性能。c 可以遵循以下自校正规则来进行调优：

$$c_k = 1 - \frac{\mathrm{PRESS_A}}{\mathrm{PRESS_0}} \tag{8-5}$$

式中，$\mathrm{PRESS_A}$ 为交叉验证的 JYPLS 模型与潜变量的平方预测误差（Square Prediction Error，SPE）；$\mathrm{PRESS_0}$ 为平均输出计算的 SPE。

关于激励信号的自校正规则类似参数 c[7]：

$$g_k = \left(\frac{\mathrm{PRESS_A}}{\mathrm{PRESS_0}}\right)_k \cdot \gamma \tag{8-6}$$

式中，γ 为常数。

8.3.2　优化补偿控制策略方法

针对 PTM 的不确定性问题，本节结合 MA 策略和 ST 策略提出一种针对迁移模型不确定性的优化补偿策略。首先，采用 JYPLS 方法构建 PTM，解决新过程面临数据不足而难以建模的问题。其次，针对 NCO 失配问题，采用 MA 策略对模型进行线性修正，并求解基于修正后模型的优化问题得到次优解。然后，采用 ST 策略对非最优操作变量进一步补偿，使得模型输出结果更接近最优值。最后，计算新旧过程中数据的相似度并在模型更新时剔除不良数据，从而保证模型良好的预测性能。修正自适应优化和自校正补偿策略的流程图如图 8-1 所示，算法步骤具体如下。

步骤 1：分别获取新过程 a 和旧过程 b 的输入变量 X_a 与 X_b 、输出变量 Y_a 与 Y_b 。

步骤 2：标准化输入输出数据，将其均值和方差调整为零，建立 JYPLS 模型。

步骤 3：计算模型和对象的梯度，求解式（7-11）描述的优化问题，得到次优解 x^* 。

步骤 4：根据式（8-4）对 x^* 进行优化补偿，得到新的进料剖面。

步骤 5：获取产品的最终质量，根据式（8-1）~式（8-3）进行模型更新与数据剔除。

步骤 6：返回步骤 3，运行第 $k+1$ 个批次，重复以上操作，直到所有批次运行都结束。

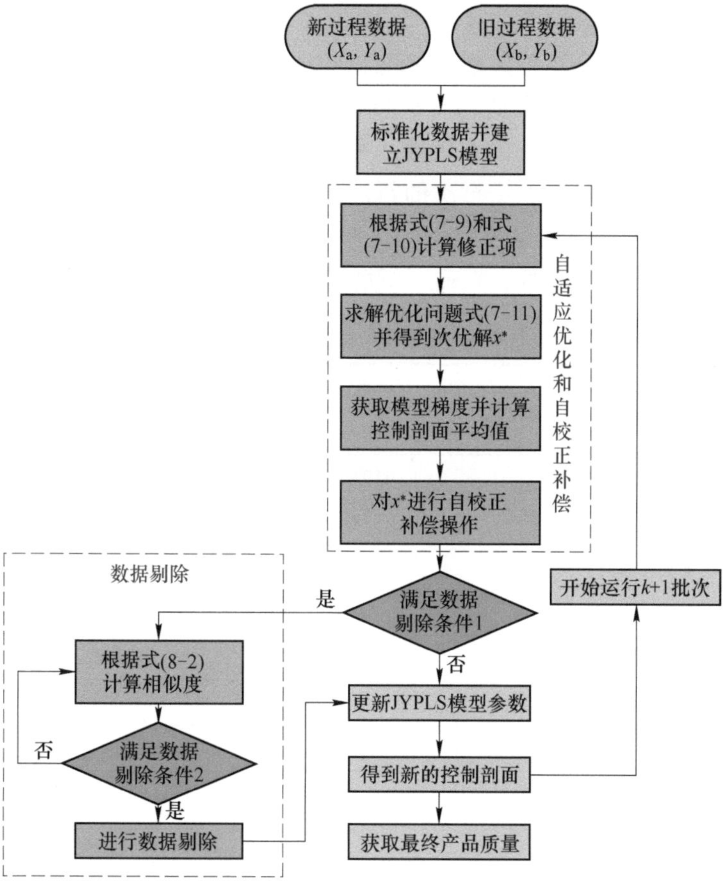

图 8-1　修正自适应优化和自校正补偿策略的流程图

扫一扫
查看彩图

流程图中的“数据剔除条件 1”表示什么时候开始剔除旧过程数据。本实验连续监测 5 个批次的优化结果，设置稳定阈值 ε_{stable} 和信任阈值 ε_{trust} 来判断是否满足数据剔除的条件。如果出现 3 个或者更多批次的质量偏差小于稳定阈值 ε_{stable}，而其余批次的偏差低于信任阈值 ε_{trust}，则开始进行数据剔除操作。“数据剔除条件 2”表示剔除什么样的旧过程数据。计算旧过程的样本数据 $x_{b,\ i}$ 与新过程数据的中心 $\overline{X}_a$ 之间的相似度，相似度越低表示旧过程数据样本与新过程数据样本之间的偏差值就越大，差异性也就越大，这会影响 PTM 的精度，因此，需要剔除偏差较大的旧过程数据。

8.4 实 验 验 证

8.4.1 实验设计

本章以第 7 章所介绍的典型的流程工业过程——草酸钴合成工艺作为仿真对象，采用 7.5 节中描述的草酸钴合成过程的机理模型来模拟新、旧两个生产过程，从而验证本章所提方法的有效性。本章仿真实验的参数设置见表 8-1，随机生成两组数据集，一组是 5 个批次的新过程数据，另一组是 40 个批次的旧过程数据。本实验的优化对象是草酸铵的进料速率，将其离散成 11 个区间。同时，为了增加实验数据的真实性，在输入变量和输出变量中分别加入 2%的白噪声。

表 8-1　草酸钴新旧过程参数设置

仿真参数	旧过程	新过程
搅拌速率/$r \cdot s^{-1}$	0.7	0.72
氯化钴浓度/$mol \cdot m^{-3}$	1107.4	1082.6
草酸铵浓度/$mol \cdot m^{-3}$	1693.6	1658.7
氯化钴的初始体积/m^3	1.41	1.47
生长速率系数 $k_g/s^{-1} \cdot \mu m^{-3}$	2.7×10^{14}	2.8×10^{14}
生长速率温度指数 K_b/K	1.69×10^{4}	1.5823×10^{4}
成核速率系数 $k_n/s^{-1} \cdot \mu m^{-3}$	6.31×10^{31}	6.3×10^{31}
成核速率温度指数 K_a/K	1.331×10^{4}	1.3723×10^{4}

8.4.2 结果分析

为了验证所提方法的有效性，在使用相同的预测模型和初始条件的前提下，对基于 MA 策略的批次间优化有无添加自校正优化补偿的效果进行比较。二者使用相同的建模数据集，并且在模型更新时不对历史旧数据进行剔除。在该实验中，利用新过程 5 个批次的数据和旧过程 40 个批次数据来建模。优化的比较结果如图 8-2 所示，图例中的“MA 策略”与“MA 策略和 ST 策略”分别表示 MA 批次间优化策略是否带有补偿效果，虽然两者的输出质量轨迹十分接近，但是添加了自校正补偿的效果也是显而易见的。在前 10 个批次中，具备自校正补偿的草酸钴结晶尺寸从 1. 92μm 提高到遗传算法（Genetic Algorithm，GA）的优化结果，而没有补偿的草酸钴结晶尺寸只增加到 2. 25μm。随着批次继续运行和数据不断累积，具有补偿操作的草酸钴结晶尺寸十分接近或已达到 GA 的结果，而没有补偿操作的只是收敛而始终没有达到 GA 的优化结果。仿真结果表明，具备自校正优化补偿的间歇过程优化效率明显高于无补偿操作的间歇过程优化。

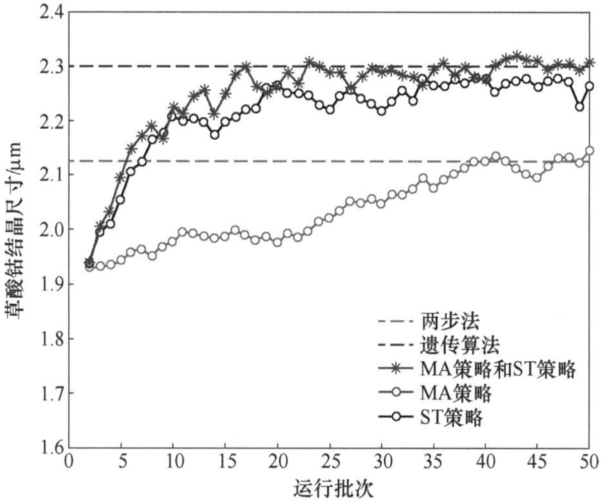

图 8-2　草酸钴粒径优化比较图

扫一扫
查看彩图

此外，为了更进一步说明所提方法的有效性，还进行了单独使用自校正批次间优化的仿真实验，结果如图 8-2 所示，图例中的“ST 策略”表示自校正批次间优化效果。从图 8-2 中可以看出，ST 策略的收敛速度较慢，并且最终的优化效果收敛于两步法的结果。而所提出的优化补偿策略是 MA 与 ST 两种批次间优化方法的组合，将 ST 策略看作是在 MA 的基础上对操作变量轨迹的一种补偿，其效果均优于单独使用 MA 与 ST 策略的优化效果。

考虑模型更新时的情况，当新过程的建模数据量累积到一定程度时，旧过程中大量历史数据将无法匹配新过程的过程特征，尤其是相似度低的数据会阻碍间歇过程提升优化效果，此时需要考虑数据剔除的情况。采用文献［2］中的数据剔除方式，当新过程运行到第 20 批次时达到了 GA 的结果并在此之后处于稳定的状态，选择新过程从第 20 批次开始数据剔除操作，如图 8-3 所示，在没有数据剔除之前两条草酸钴结晶尺寸的优化轨迹近似，但是从第 20 个批次往后所有剔除后的草酸钴结晶尺寸均高于剔除前，且都超过 GA 的优化结果。总体上，在模型更新的某一批次开始执行数据剔除操作，会导致具备自校正补偿的优化效果更加明显。

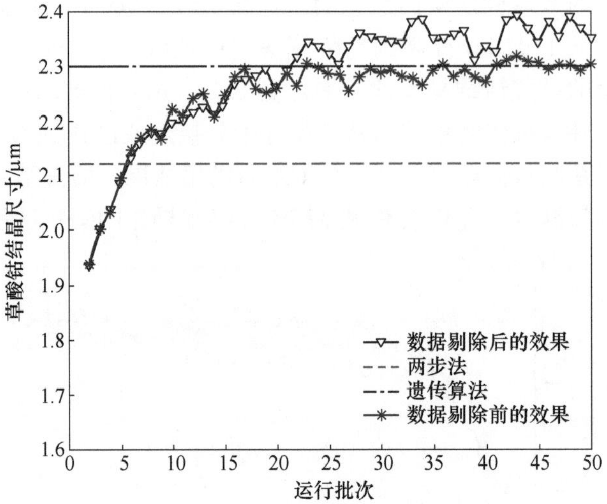

扫一扫
查看彩图

图 8-3　有无数据剔除的效果对比图

同时图 8-4 给出其中第 30 批次的草酸铵供给速率变化情况，可以看出自校正优化补偿策略就是对操作变量的细微调整。图 8-5 中分别选择经过自校正补偿后的第 30 批次、第 40 批次和第 50 批次的草酸铵供给速率进行观察，在优化过程的中后期操作变量的运行轨迹都是逐渐收敛的。

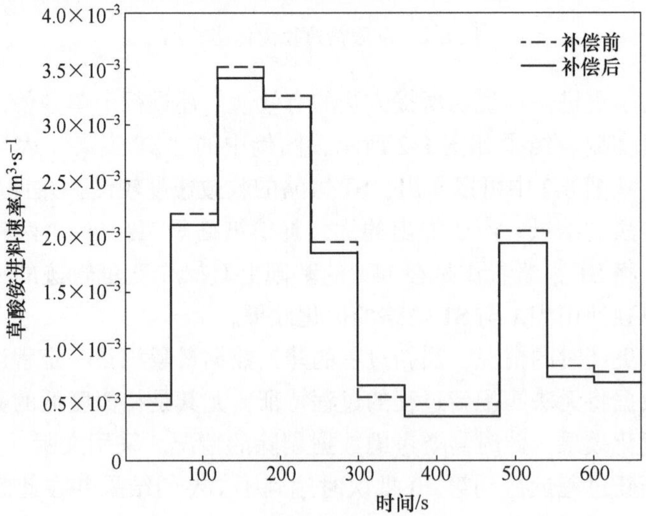

扫一扫
查看彩图

图 8-4　草酸铵供给速率图

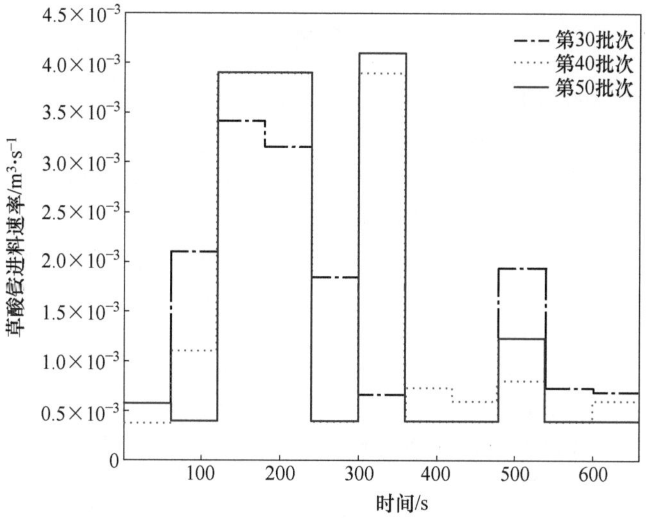

图 8-5　不同批次草酸铵供给速率图

扫一扫
查看彩图

参 考 文 献

[1] Zhu J, Gao F. Similar batch process monitoring with orthogonal subspace alignment [J]. IEEE Transactions on Industrial Electronics, 2018, 65 (10): 8173-8183.

[2] Chu F, Zhao X, Yao Y, et al. Transfer learning for batch process optimal control using LV-PTM and adaptive control strategy [J]. Journal of Process Control, 2019, 81: 197-208.

[3] Jia R, Mao Z, Wang F, et al. Batch-to-batch optimization of cobalt oxalate synthesis process using modifier-adaptation strategy with latent variable model [J]. Chemometrics and Intelligent Laboratory Systems, 2015, 140: 73-85.

[4] Camacho J, Picó J, Ferrer A. Self-tuning run to run optimization of fed-batch processes using unfold-PLS [J]. AIChE Journal, 2007, 53 (7): 1789-1804.

[5] 褚菲，汪一峰，王嘉琛，等. PTM 不确定性的间歇过程优化补偿控制策略 [J/OL]. 控制工程: 1-8 [2023-01-22].

[6] Doyle III F J, Harrison C A, Crowley T J. Hybrid model-based approach to batch-to-batch control of particle size distribution in emulsion polymerization [J]. Computers & Chemical Engineering, 2003, 27 (8/9): 1153-1163.

[7] Xu Q S, Liang Y Z. Monte Carlo cross validation [J]. Chemometrics and Intelligent Laboratory Systems, 2001, 56 (1): 1-11.

9　迁移学习驱动的间歇过程最优补偿控制策略

9.1　引　　言

近年来，间歇过程在工业制造中承担着越来越重要的作用，尤其是在精细化工、半导体制造等附加值较高的产业中[1]。上一章中采用 JYPLS 方法构建 PTM，将 MA 策略与 ST 策略相结合提出一种优化补偿策略，可以有效避免相似过程之间的差异性所带来的不利影响，并且能够对获得的次优解进行迭代补偿。然而，该方法并不适用于非线性较强的间歇过程。

在第 4 章中，针对非线性较强的间歇过程，详细介绍了一种基于 JYKPLS 模型的间歇过程质量预测方法，该方法只需要少量的目标过程数据，即可建立准确可靠的预测模型，因而非常适合与相应的优化方法结合起来，形成一种可以快速实现的间歇过程运行优化方法。基于上述思路，本章提出了一种基于过程迁移模型的间歇过程批次间运行优化方法。该方法通过潜变量迁移技术将旧间歇过程信息迁移应用至新过程中，提取两者共有的信息以辅助构建新过程模型，能够有效解决新间歇过程运行优化时存在的数据不足问题。并且能够对基于过程迁移模型得到的次优设定值进行补偿，并通过获得的批次运行数据不断更新模型，从而补偿过程与模型之间的不匹配。同时，为了防止求得的补偿值偏离有效范围[2]，将 T2 统计量作为软约束添加到优化函数中。本章提出的间歇过程最优补偿控制策略具有以下几个优点[3]：(1) 通过使用潜变量迁移技术，不仅具有更高的预测精度，还可以降低实现新间歇过程运行优化的成本；(2) 采用即时学习能够处理数据非线性并且快速适应过程特性变化；(3) 将局部过程迁移模型与基于信赖域方法的优化补偿方法相结合，能够在当前次优设定值的基础上进一步补偿，解决过程与模型不匹配问题，使操作变量轨迹更加接近最优。最后，通过草酸钴结晶过程的仿真实验，验证了所提出方法的有效性。

9.2　优化补偿问题描述

间歇过程的批次间运行优化问题本质上是一个动态优化问题，其目标是得到与时间相关的最优运行轨迹[4]。通过不断调整过程操作变量设定值或操作变量轨迹，在同时满足生产安全要求和产品质量等约束条件下，最大化工厂的综合经济效益。在实际应用中，通常将三维数据矩阵展开为二维矩阵，进而把该动态优化问题转换为静态优化问题，并得到操作变量与工厂性能指标间的静态映射关系。因此，可以建立如下针对 B 过程的静态经济效益优化问题：

$$\begin{aligned} &\max_{\boldsymbol{x}_{\mathrm{b}}} L(\boldsymbol{x}_{\mathrm{b}}) = P(\boldsymbol{y}_{\mathrm{b}}) - C(\boldsymbol{x}_{\mathrm{b}}) \\ &\text{s. t.} \ \ \boldsymbol{y}_{\mathrm{b}} = f(\boldsymbol{x}_{\mathrm{b}}) \\ &\qquad g(\boldsymbol{x}_{\mathrm{b}}) < 0 \end{aligned} \tag{9-1}$$

式中，$\boldsymbol{x}_{\mathrm{b}}$ 为 B 过程的操作变量轨迹；$L(\boldsymbol{x}_{\mathrm{b}})$为 B 过程的综合经济效益函数；$P(\boldsymbol{y}_{\mathrm{b}})$为工厂的生产收益，主要由产品质量指标 $\boldsymbol{y}_{\mathrm{b}}$ 决定；$C(\boldsymbol{x}_{\mathrm{b}})$ 为生产的成本函数，由加工成本和原材料成本组成；$g(\boldsymbol{x}_{\mathrm{b}})$ 为施加在操作变量上的约束条件。

虽然并不清楚 $\boldsymbol{x}_{\mathrm{b}}$ 和 L 之间的准确映射关系，但可用数据驱动的预测模型对其进行近似[5]。然而，数据驱动模型的可靠程度通常取决于建模数据的好坏。对于一个缺乏数据的间歇过程，比如刚投入生产的新间歇过程，由于过程数据不足，传统的数据驱动建模方法往往难以快速建立准确有效的预测模型。因此，为了解决新间歇过程建模数据不足问题，本章选择采用 JYKPLS 过程迁移模型来描述 $\boldsymbol{x}_{\mathrm{b}}$ 和 L 之间的映射关系，并进一步地采用 SQP 算法求解上述优化问题。如果近似模型与实际过程足够接近，则通过求解优化问题式（9-1)，就可得到使生产过程经济效益最大化的最优操作轨迹 $\boldsymbol{x}_{\mathrm{b}}^*$，其中，上标 * 表示最优解。然而，由于模型误差和模型不确定性等因素，优化结果 $\boldsymbol{x}_{\mathrm{b}}^*$ 对实际过程而言仍可能是一个次优解。特别是对于过程迁移模型，由于相似过程间存在差异，比如传感器规格不同、过程变量种类不同等因素，导致实际过程和过程迁移模型间的不匹配程度更为严重，从而加深优化中模型的 NCO 不匹配问题[6]。实际生产中，过程间出现差异的原因非常复杂，文献［6］中将这类差异称为“对象间不匹配”。

不同于修正自适应策略使用梯度修正项来补偿过程与模型的不匹配，本节所提出的优化补偿方法将优化层得到的 $\boldsymbol{x}_{\mathrm{b}}^*$ 作为查询点，建立局部过程迁移模型[7]，并在该查询点基础上求解其优化补偿值，从而进一步优化生产过程。也就是说，每次迭代时，计算当前 $\boldsymbol{x}_{\mathrm{b}}^*$ 的补偿值 $\Delta\boldsymbol{x}_{\mathrm{b}}^*$ 并将其施加到接下来批次生产中，以使得下一个操作变量设定值更加接近实际的最优值 $\boldsymbol{x}_p^*$。因此，该优化补偿方法的优化目标为得到当前操作轨迹的优化补偿值 $\Delta\boldsymbol{x}_{\mathrm{b}}^*$。优化补偿方法的基本思路如图 9-1 所示。

根据泰勒展开，实际最优经济效益 $L(\boldsymbol{x}_p^*)$ 可由式（9-2）表示。

$$L(\boldsymbol{x}_p^*) = L(\boldsymbol{x}_{\mathrm{b}}^*) + \boldsymbol{g}_L^{\mathrm{T}}(\boldsymbol{x}_p^* - \boldsymbol{x}_{\mathrm{b}}^*) + \frac{1}{2}(\boldsymbol{x}_p^* - \boldsymbol{x}_{\mathrm{b}}^*)^{\mathrm{T}}\boldsymbol{G}_L(\boldsymbol{x}_p^* - \boldsymbol{x}_{\mathrm{b}}^*) + \sigma \tag{9-2}$$

式中，$\boldsymbol{g}_L$ 和 $\boldsymbol{G}_L$ 分别为函数 L 一阶导数和 hessian 矩阵；σ 为高阶无穷小。定义综合经济效益函数的偏差为 $\Delta L_{\mathrm{b}} = L(\boldsymbol{x}_p^*) - L(\boldsymbol{x}_{\mathrm{b}}^*)$，最优的补偿值为 $\Delta\boldsymbol{x}_{\mathrm{b}}^* = \boldsymbol{x}_p^* - \boldsymbol{x}_{\mathrm{b}}^*$。因此式（9-2）可以转变为式（9-3）。

$$\Delta L_{\mathrm{b}} = \boldsymbol{g}_L^{\mathrm{T}}\Delta\boldsymbol{x}_{\mathrm{b}}^* + \frac{1}{2}(\Delta\boldsymbol{x}_{\mathrm{b}}^*)^{\mathrm{T}}\boldsymbol{G}_L\Delta\boldsymbol{x}_{\mathrm{b}}^* + \sigma \tag{9-3}$$

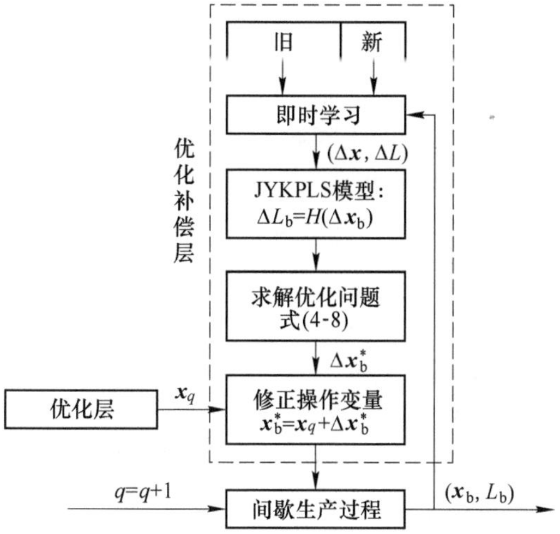

图 9-1　优化补偿方法

由式（9-3）可知，优化补偿值 $\Delta\boldsymbol{x}_{\mathrm{b}}^*$ 与经济效益偏差 ΔL_{b} 之间存在着相关关系。因此，求解 $\Delta\boldsymbol{x}_{\mathrm{b}}^*$ 的关键是在 $\boldsymbol{x}_{\mathrm{b}}^*$ 附近快速建立 ΔL_{b} 与 $\Delta\boldsymbol{x}_{\mathrm{b}}^*$ 的准确关系模型。本章选择 JYKPLS 过程迁移模型来描述这些变量间的相关关系，可以无须知晓两者间的准确映射关系。然而，相似间歇过程的数据集中虽然包含了很多有用数据，但也可能含有大量与目标过程当前状态相距较远的数据。盲目地使用这些数据建立全局模型，可能降低模型精度。因此，为了建立更加准确的局部模型，本节考虑将即时学习与过程迁移模型结合起来，采用基于即时学习的局部过程迁移模型来描述 ΔL_{b} 与 $\Delta\boldsymbol{x}_{\mathrm{b}}^*$ 间的相关关系。该模型能够从已有的大量相似过程数据中筛选出最接近当前工作状态的数据，进而帮助新过程快速建立准确可靠的局部模型。因此，可以假设 $\Delta L_{\mathrm{b}} = H(\Delta\boldsymbol{x}_{\mathrm{b}})$，于是计算优化补偿值 $\Delta\boldsymbol{x}_{\mathrm{b}}^*$ 的优化问题可写成如下形式：

$$\begin{aligned}&\max_{\Delta\boldsymbol{x}_{\mathrm{b}}} \Delta L_{\mathrm{b}} = H(\Delta\boldsymbol{x}_{\mathrm{b}})\\&\text{s.t.}\ \ g(\Delta\boldsymbol{x}_{\mathrm{b}}) < 0\end{aligned} \tag{9-4}$$

求解式（9-4），即可得到当前优化补偿值。将 $\boldsymbol{x}_{\mathrm{b}}^* + \Delta\boldsymbol{x}_{\mathrm{b}}^*$ 作为新的设定值，通过运行控制器实施到新间歇生产过程中，即可达到更好的经济效益。

9.3　信赖域方法

信赖域方法是求解非线性优化问题的一类重要方法，被广泛应用于求解不可导或导数信息难以求得的优化问题[8]。相比于线性搜索法，信赖域方法不仅可以解决目标函数 Hessian 矩阵非正定的困难，还具有很强的全局收敛性，也不需要令初始迭代点充分地接近最优点。随着优化问题复杂度的不断增大，免梯度信赖域方法[5]逐渐引起了学者们的关注。

本章假设 $\boldsymbol{x}_k$ 为求解无约束优化问题 $\min f(\boldsymbol{x})$ 过程中的某个迭代点，下标 k 表示迭代次数。与线性搜索方法相比，信赖域方法并不是立即确定一个方法，然后沿着该方向得出一个步长。而是把线性搜索迭代法中步长和方向的乘积作为一个待定的量，下一个迭代点记为 $\boldsymbol{x}_{k+1}=\boldsymbol{x}_k+\boldsymbol{d}$。通常利用某个函数模型 $m(\boldsymbol{x}_k+\boldsymbol{d})$ 在 $\boldsymbol{x}_k$ 邻域内的近似目标函数 $f(\boldsymbol{x}_k+\boldsymbol{d})$。如果在该邻域内 $m(\boldsymbol{x}_k+\boldsymbol{d})$ 与 $f(\boldsymbol{x}_k+\boldsymbol{d})$ 足够接近，就把该领域称为 $\boldsymbol{x}_k$ 的一个信赖域，并在该领域内计算 $\boldsymbol{d}$ 的最优解。对于下一个迭代，重复上述步骤，直到最优解满足一定条件。

根据泰勒展开，一般可选择二次函数作为目标函数 $f(\boldsymbol{x}_k+\boldsymbol{d})$ 的近似，信赖区域为球形区域。通过近似求解式（9-5），即可得到尝试步长 $\boldsymbol{d}$。

$$\begin{aligned}&\min_{d} m(\boldsymbol{x}_k+\boldsymbol{d})=f(\boldsymbol{x}_k)+\boldsymbol{g}_f^{\mathrm{T}}\boldsymbol{d}+\frac{1}{2}\boldsymbol{d}^{\mathrm{T}}\boldsymbol{G}_f\boldsymbol{d}\\&\text{s.t.}\quad \|\boldsymbol{d}\|\leqslant D\end{aligned}\tag{9-5}$$

式中，$\boldsymbol{g}_f$ 为函数 f 在 $\boldsymbol{x}_k$ 的一阶梯度；$\boldsymbol{G}_f$ 为 Hessian 矩阵或其近似；D 为信赖域半径；$\|\cdot\|$ 为 l_2 范数。

可以看出，信赖域方法的主要计算步骤在于子问题求解，该问题是一个只有一个不等式约束的二次约束的二次优化问题。常见的信赖域子问题的近似求解法主要有折线法、截断共轭梯度法、子空间极小化法和 Steihaug-Toint 方法等[9]。利用信赖域方法求解优化问题不仅要确保迭代点在信赖域内使目标函数充分下降，同时要保证算法的收敛性。求解子问题的具体方法可以参考文献［9］等。

信赖域半径的大小在信赖域方法中同样起着很重要的作用[5]。若这个邻域太大，那么二次模型不能很好地近似，产生很大的误差。这个邻域也不能太小了，因为这个邻域的大小决定了搜索方向的步长。步长太小则会增加算法的迭代次数，影响算法的收敛速度。在迭代搜索过程中，可以通过比较近似函数和目标函数的下降量来确定下次迭代的信赖域半径[8]。定义近似函数的下降量为 $\mathrm{Pred}=m(\boldsymbol{x}_k)-m(\boldsymbol{x}_k+\boldsymbol{d})$，目标函数的下降量为 $\mathrm{Ared}=f(\boldsymbol{x}_k)-f(\boldsymbol{x}_k+\boldsymbol{d})$。如果 $\mathrm{Ared}<\alpha\mathrm{Pred}$，则表明近似函数在该领域内不足以近似目标函数。应当考虑拒绝当前改进量 $\boldsymbol{d}$ 且缩小信赖域半径 D。相反，如果 $\mathrm{Ared}\geqslant\alpha\mathrm{Pred}$，则说明求解子问题

所得的试探步长 $\boldsymbol{d}$ 能够使得目标函数下降得足够多，所以应当接受当前改进量 $\boldsymbol{d}$ 且增加信赖域半径。

9.4 建模方法

9.4.1 基于即时学习的 JYKPLS 方法

JYKPLS 方法能够将不等长的相似过程数据与新过程数据结合起来，建立一个适用于新过程运行初期的过渡模型。这类数据驱动方法对建模数据质量都具有较高的要求，因此在建模之前往往会遇到“What to transfer?”的问题。实际生产过程中存在大量的相似过程数据。这些数据样本与新过程当前工况之间的相似程度不一致。盲目地使用与新过程差异较大的数据进行建模，可能会限制迁移模型精度的提高。因此，有必要事先筛选出合适的相似过程数据，以建立更加准确的过程迁移模型。即时学习中拥有一套完整的基于相似性比较的数据筛选方法，不仅能够有针对性地从原始相似过程数据集中提取出有用的数据信息，还能够限制数据分布范围以建立局部模型。在局部建模阶段，即时学习算法对于回归模型的选择没有任何限制，非常适合与其他建模方法相结合，比如潜变量建模方法。因此，本章将这两种方法结合起来，提出了一种基于即时学习的局部过程迁移模型，即 JITL-JYKPLS（Just in Time Learning-JYKPLS）模型。

一般来说，与目标过程相似的旧过程中往往积累了大量的工业生产数据。传统的数据驱动建模方法使用这些数据离线构建全局模型[10]。虽然全局模型基于成熟的机理和算法理论，但它们仍然难以处理实际生产过程的非线性与时变特性等。相比之下，将 JITL 方法与传统的数据驱动模型相结合建立局部模型，是解决这些问题的有效措施之一。即时学习方法是一种局部建模方法，非常适合用于实时跟踪某个变量在局部区域内的变化轨迹[11]。该方法根据相似性大小从历史数据库中提取出与当前查询点 $\boldsymbol{x}_q$ 相近的数据。然后在线建立适用于当前工况的局部模型，并给出预测结果。对于下一次预测，则舍弃之前建立的预测模型，重新搜索数据并建立局部模型。由于在每次建模前都进行数据筛选，因此即时学习建模方法本身就具有自适应能力。

即时学习算法中最重要的一步是如何筛选出与查询数据相关的数据集[12]。由于使用相似性来描述数据间的相关程度，因此，相似性的度量准则尤为重要。一般来说，从数据库中筛选出的数据是与查询数据相邻的数据，也就是查询数据周围的临近点。为了衡量查询数据与建模数据之间的相似程度，本节采用向量间距离和角度的加权和来表示数据间相似性 s_i，相似性的计算式如下所示。

$$s_i = \tau \sqrt{e^{-d(\boldsymbol{x}_q,\ \boldsymbol{x}_i)}} + (1-\tau)\max(\cos(\theta_i),\ 0) \tag{9-6}$$

式中，$\tau \in [0, 1]$ 为权重参数；$d(\boldsymbol{x}_q, \boldsymbol{x}_i)$ 为 $\boldsymbol{x}_q$ 和 $\boldsymbol{x}_i$ 之间的欧式距离；θ_i 为 $\boldsymbol{x}_q$ 和 $\Delta \boldsymbol{x}_i$ 之间的角度，$\Delta \boldsymbol{x}_q = \boldsymbol{x}_q - \boldsymbol{x}_{q-1}$，$\Delta \boldsymbol{x}_i = \boldsymbol{x}_i - \boldsymbol{x}_{i-1}$。可以看出，$s_i$ 介于 0 和 1 之间，s_i 越大则 $\boldsymbol{x}_q$ 和 $\boldsymbol{x}_i$ 之间相似程度越高。依据 s_i，就可以对样本进行排序，从历史数据库中选择最相似的 n 个历史样本来构成建模数据集。

由于即时学习是在查询点 $\boldsymbol{x}_q$ 到来时才启动，故也被称为惰性学习（Lazy Learning）、理性建模（Model-on-demand）或局部加权学习（Locally Weighted Learning）。即时学习优点在于，不需要像主动学习方式建立全局模型，而是基于“相似输入产生相似输出”，针对每个查询点，能使用更丰富的假设空间建立更加准确的局部模型[13]。将该方法与普通多元回归方法相结合，可以提高模型的推广能力，预测精度更高。现有的即时学习建模方法包括即时主元回归、即时偏最小二乘回归、即时 LSSVR 等[11]。这些方法侧重于提高已有模型的非线性描述能力，主要应用于软测量建模、在线监测和控制。

由于本章使用 JITL-JYKPLS 模型对次优设定值进行优化补偿，所以查询点 $\boldsymbol{x}_q$ 为优化层得到的优化设定值 $\boldsymbol{x}_b^*$。过程迁移模型的原始建模数据库由两个部分组成，即旧过程数据集（$\boldsymbol{X}_a, \boldsymbol{Y}_a$）和新过程数据集（$\boldsymbol{X}_b, \boldsymbol{Y}_b$）。由于数据维度不一致等因素，需要采用 JITL 算法对这两个数据集进行分开处理，从中分别提取数据，以组成用于建立局部模型的旧数据集和新数据集。对于原始的新过程数据集，可以直接采用式（9-6）求得其中数据 $\boldsymbol{x}_b$ 与查询点 $\boldsymbol{x}_q$ 间的相似度。而对于原始的旧过程数据集，因为旧数据 $\boldsymbol{x}_a$ 和查询点 $\boldsymbol{x}_q$ 的长度不一致，并不能直接使用式（9-6）。这里将两者映射到低维潜变量空间中，再求解潜变量间的相似度，作为 $\boldsymbol{x}_a$ 和 $\boldsymbol{x}_q$ 间相似度的衡量指标。在潜变量空间中，潜变量通常由与输出变量最相关的输入变量加权组合而成。在这种情况下，筛选得到的相似样本与查询样本在输出预测方向上相关性更大。因此，对于潜变量模型，求解潜变量空间中的相似度更具合理性。

JITL-JYKPLS 建模方法的基本步骤如下。

步骤 1：利用式（9-6）计算数据库中数据与查询点 $\boldsymbol{x}_q$ 间的相似性 $s(\boldsymbol{x}_a)$、$s(\boldsymbol{x}_b)$。

步骤 2：根据相似性大小，从旧过程数据集中筛选出 m 条旧数据，从新过程数据集中筛选出 n 条新数据。

步骤 3：根据第 4 章介绍的 JYKPLS 方法，利用筛选出的数据建立 JYKPLS 模型。

步骤 4：将新获得的数据直接添加到原始数据库中。

步骤 5：当下一个查询点到来时，返回步骤 1。

相比于全局模型，JITL-JYKPLS 模型能够更加详细地刻画过程的局部特征，预测精度更高。将该模型用于批次间优化，得到的操作变量设定值能够更加接近实际的最优值。

9.4.2 局部模型的有效性

实际应用过程中，如果使用数据驱动模型进行外推很可能会导致预测性能下降，从而降低优化性能。局部 JYKPLS 模型虽然具有更高的预测能力，但通常模型有效范围较窄，因而需要一种有效性指标来判断预测结果是否偏离建模数据。一般来说，对于潜变量模型，可以选择 T^2统计量作为判断模型有效性的指标。

在文献［14］中，Yacoub 和 MacGregor 等人将 T^2统计量作为硬约束，引入到优化函数中。如果某个批次数据的 T^2统计量大于 95%置信区间，则认为最优解已超出有效区域。然而，这种方式已被证明为过于严格，无法给予优化算法足够的自由以搜索最优解。在本章中，则将 T^2统计量作为软约束项加到目标函数中，以防止求得的优化设定值远离建模数据。由于工业设备自身以及生产安全等的限制，操作变量自身也被严格限制在一定的可调范围内。综上所述，可将优化方程式(9-4)改写为优化方程式(9-7)，如下所示。

$$\begin{aligned}\max_{\Delta \boldsymbol{x}_{\mathrm{b}}} \Delta L_{\mathrm{b}} &= H(\Delta \boldsymbol{x}_{\mathrm{b}}) - \lambda T^2 \\ \text{s.t.}\ \Delta \boldsymbol{x}_L &\leqslant \Delta \boldsymbol{x}_{\mathrm{b}} \leqslant \Delta \boldsymbol{x}_{\mathrm{U}}\end{aligned} \tag{9-7}$$

$$T^2 = \Delta \boldsymbol{t}_{\mathrm{b}}^{\mathrm{T}} \boldsymbol{\Lambda}^{-1} \Delta \boldsymbol{t}_{\mathrm{b}} \tag{9-8}$$

式中，λ 为权重系数，用来决定对优化结果的约束程度。权重系数 λ 越大约束能力越强，反之则允许优化结果超出有效区域。Hotelling′s T^2统计量可由式（9-8）求得，其中 $\Delta \boldsymbol{t}_{\mathrm{b}}$ 为 B 过程核向量的得分向量，$\boldsymbol{\Lambda}$ 为得分矩阵 $\Delta \boldsymbol{T}_{\mathrm{b}}$ 的协方差矩阵。$\boldsymbol{x}_{\mathrm{L}}$ 和 $\boldsymbol{x}_{\mathrm{U}}$ 分别表示操作变量的下限和上限。权重系数 λ 可以根据模型预测指标进行调整。

实际上，本章采用的信赖域方法本身就具有一定的限制试探步长的能力，即通过调整信赖域半径 D，能够将优化结果限制一定邻域内。不同的是，信赖域方法利用信赖域半径在原始变量空间对操作变量进行限制，而 T^2统计量为施加在得分空间中的约束。两者各有优势，这里对两者的优缺点不做更多讨论。

9.5 基于 JITL-JYKPLS 的批次间最优补偿控制方法

前几节已经介绍了间歇过程的批次间运行优化问题以及本章所提出的优化补偿方法。本节将在这些方法的基础上，总结出基于过程迁移模型的间歇过程批次间运行优化方法的流程步骤。图 9-2 为该方法的基本结构。当生产过程工作在次优状态时，该方法可以被用来优化生产过程，通过对操作变量的迭代修正，使生产状态逐渐趋于最优。

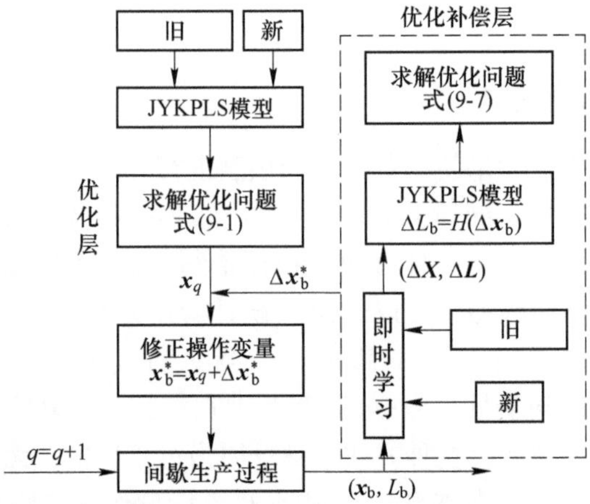

图 9-2 批次间运行优化方法结构图

本节所提出的方法分为优化层和优化补偿层两部分。其中，优化层采用基于过程迁移模型的操作变量优化方法，用于提供初始优化设定值，并将其作为优化补偿层的查询点。而优化补偿层则采用上述优化补偿方法，主要针对过程与模型不匹配所引发的问题进行补偿[7]，如果优化所得的补偿值无法进一步提高经济效益，则舍弃当前补偿值。反之则实施此次补偿值，并将获得的新数据补充到建模数据库中。当生产过程进入新的工作点时，重新建立当前工况的局部模型，并计算新的补偿值，循环往复，直到该策略无法进一步提高经济效益或者信赖域半径已小于所设的阈值。

每一次对优化设定值的校正都有可能产生过度修正，从而导致批次间优化方法对测量噪声非常敏感[1]。为了解决这个问题，这里采用一阶滤波器对每次优化得到的操作设定值进行滤波，具体方法如式（9-9）所示。

$$\boldsymbol{x}_{b(q)} = (\boldsymbol{I} - \boldsymbol{K})\boldsymbol{x}_{b(q-1)} + \boldsymbol{K}\boldsymbol{x}_b^* \tag{9-9}$$

式中，$\boldsymbol{I}$ 为单位矩阵；$\boldsymbol{K}$ 为对角增益矩阵；下标 q 为迭代优化次数。

提出第 k 次运行优化的最优补偿控制策略的具体步骤如下。

步骤 1：参数初始化，设置信赖域参数 α、β 和 γ、初始信赖域半径 D、优化终止阈值 ε、经济效益变化率阈值 δ，其中 $0<\alpha<1$、$0<\beta<1$、$\gamma>1$、$D>0$。选择历史数据中最优的操作变量作为初始操作设定值 $\boldsymbol{x}_0$。

步骤 2：展开三维数据矩阵，得到二维数据矩阵 $\boldsymbol{X}_a, \boldsymbol{Y}_a$ 和 $\boldsymbol{X}_b, \boldsymbol{Y}_b$。

步骤 3：将这些数据矩阵分别按照均值和方差进行归一化，利用 JYKPLS 方法建立过程迁移模型。

步骤 4：构造优化问题式（9-1）并解出最优解 $\boldsymbol{x}_{b(k)}^*$。

步骤 5：设 $\boldsymbol{x}_{b(k)}^*$ 为查询数据 $\boldsymbol{x}_q$，并根据式（9-6）计算历史数据与查询数据之间的相似性 $s(\boldsymbol{x}_a, \boldsymbol{x}_q)$，$s(\boldsymbol{x}_b, \boldsymbol{x}_q)$。

步骤 6：根据相似度从原始数据集中选择过程 a 最相关的 n 个数据和过程 b 最相关的 m 个数据。

步骤 7：计算所选数据与查询数据（$\boldsymbol{x}_q$，$\hat{\boldsymbol{y}}_q$）之间的偏差，得到过程 a 的 n 批次偏差数据（$\Delta\boldsymbol{x}_a, \Delta\boldsymbol{y}_a$）和过程 b 的 m 批次偏差数据（$\Delta\boldsymbol{x}_b, \Delta\boldsymbol{y}_b$）。

步骤 8：解出优化目标函数式（9-4），得到 $\boldsymbol{x}^*_{b(k)}$ 的最优补偿值 $\Delta\boldsymbol{x}^*_{b(k)}$。

步骤 9：根据式（9-9）求得最终的最优解 $\boldsymbol{x}^*_{b(k)} + \Delta\boldsymbol{x}^*_{b(k)}$，以得到缩放后的操作变量 $\boldsymbol{x}_{b(k)}$，并计算预测的性能指标下降 $\Delta p_{pred} = p(\boldsymbol{x}_{b(k-1)}, \hat{\boldsymbol{y}}_{b(k-1)})$ $p(\boldsymbol{x}_{b(k)}, \hat{\boldsymbol{y}}_{b(k)})$。

步骤 10：如果预测的性能指标衰减 τ 大于式（9-10）中的阈值 η，那么使用最新的缩放操作变量 $\boldsymbol{x}_{b(k)}$ 来操作第 k 批次。如果衰减 τ 小于阈值 η，则第 k 批次优化不成功，并使用之前操作的变量 $\boldsymbol{x}_{b(k-1)}$ 对第 k 批次进行操作，即 $\boldsymbol{x}_{b(k)} = \boldsymbol{x}_{b(k-1)}$。

$$\tau = \frac{\Delta p_{pred}}{p(\boldsymbol{x}_{b(k-1)}, \boldsymbol{y}_{b(k-1)})} > \eta \tag{9-10}$$

步骤 11：当第 k 批次完成时，收集新的数据，用操作变量 $\boldsymbol{x}_{b(k)}$ 和最新的产品质量 $\boldsymbol{y}_{b(k)}$ 更新工艺 b 的建模数据集。

步骤 12：用历史误差 $\boldsymbol{\delta}_{k-1}(\boldsymbol{\delta}_{k-1} = [\delta_1, \cdots, \delta_{k-1}])$ 计算第 k 批次的最新预测误差 δ_k 及其第一个置信区间 $\left(\bar{\delta} - \frac{\sigma}{\sqrt{k-1}} z_{\alpha_1/2}, \quad \bar{\delta} + \frac{\sigma}{\sqrt{k-1}} z_{\alpha_1/2}\right)$，其中 α_1 为第一个显著性水平。

步骤 13：如果新工艺中连续的 h 个生产批次的预测误差 $\delta_{k\sim k+h}$ 在其第一个置信区间内（满足条件 1），则剔除工艺 a 中具有最小相似性 $s(\boldsymbol{t}_{a,\ row}, \bar{\boldsymbol{T}}_b)$ 的几批数据。否则，不需要进行数据剔除。

步骤 14：计算实际的性能指标下降 $\Delta p_{real} = p(\boldsymbol{x}_{b(k-1)}, \boldsymbol{y}_{b(k-1)}) - p(\boldsymbol{x}_{b(k)}, \boldsymbol{y}_{b(k)})$，并根据以下准则更新信任区域半径 D。

如果 $\Delta L_{real} < \alpha \Delta L_{pred}$，则 $D = \beta \| \Delta\boldsymbol{x}^*_b \|$；

如果 $\Delta L_{real} > \alpha \Delta L_{pred}$ 且 $\| \Delta\boldsymbol{x}^*_b \| = D$，则 $D = \gamma D$；

否则，$D_{k+1} = D_k$。

步骤 15：通过历史误差 $\boldsymbol{\delta}_{k-1}(\boldsymbol{\delta}_{k-1} = [\delta_1, \cdots, \delta_{k-1}])$ 计算第二个置信区间 $\left(\bar{\delta} - \frac{\sigma}{\sqrt{k}} z_{\alpha_2/2}, \quad \bar{\delta} + \frac{\sigma}{\sqrt{k}} z_{\alpha_2/2}\right)$，其中 α_2 是第二个显著性水平。

步骤 16：如果新工艺中连续生产的 h 个批次的预测误差 $\delta_{k\sim k+h}$ 在其第二个置信区间内，且工艺 a 数据量小于原始数据量的 1/3（满足条件 2），则迁移完成，否则，$k=k+1$，并返回步骤 1。

9.6 实验验证

9.6.1 实验设计

仿真研究中，依旧采用草酸钴结晶过程的机理模型来生成新过程数据和旧过程数据，驱动这两个过程的化学机理模型完全相同。这两个过程分别具有长度不同且可调范围不同的操作变量，两者的数据结构可参考前文。详细的参数设置见表 9-1，未列出的参数都采用默认设置。

表 9-1　新旧过程的参数设置

仿真参数	旧过程	新过程
搅拌速率/$r\cdot s^{-1}$	0.7	0.72
氯化钴浓度/$mol\cdot m^{-3}$	1107.4	1082.6
草酸铵浓度/$mol\cdot m^{-3}$	1693.6	1658.7
氯化钴的初始体积/m^3	1.41	1.47
生长速率系数 $k_g/s^{-1}\cdot \mu m^{-3}$	2.7×10^{14}	2.8×10^{14}
生长速率温度指数 K_b/K	1.69×10^{4}	1.5823×10^{4}
成核速率系数 $k_n/s^{-1}\cdot \mu m^{-3}$	6.31×10^{31}	6.3×10^{31}
成核速率温度指数 K_a/K	1.331×10^{4}	1.3723×10^{4}

注：仿真步长 0.05s，总时长 660s。

根据交叉验证法，将局部模型建模数据集中旧过程数据数量 m 设为 50 个，新过程数据数量 n 设为 20 个，JYKPLS 模型和 KPLS 模型的潜变量数目可设为 4 个。对于优化参数的初始化，可根据经验设滤波增益系数 $k=0.2$，信赖域参数 $\alpha=0.05$，$\beta=0.98$，$\gamma=1.2$，初始信赖域半径 $D=0.005$，优化终止阈值 $\varepsilon=0.00001$，经济效益增幅的阈值 $\eta=0.002$。

9.6.2 结果分析

终点质量预测在生产优化系统中起着至关重要的作用，提高模型预测的准确程度能够进一步改善批次间优化的性能。为了验证 JITL-JYKPLS 模型的有效性，采用 KPLS 模型的预测结果和 JITL-JYKPLS 模型进行比较。选择高斯核函数来代替内积运算。根据上述的仿真参数设置，随机生成 50 个批次的旧数据作为旧过程建模数据集，5 个批次的新过程数据作为新过程建模数据集，15 个批次的新过程数据作为测试数据。同样使用交叉验证法来确定两者的核参数。选择预测值的均方根误差 RMSE 作为评价预测性能的指标，计算公式如下：

$$\mathrm{RMSE} = \sqrt{\frac{1}{n}\sum_{i=1}^{n} \| y_i - \hat{y}_i \|^2} \tag{9-11}$$

式中，n 为测试集中的总批次数；$\hat{y}_i$ 为第 i 个批次的 y_i 的预测值。

图 9-3（a）为草酸钴结晶粒度实际值与预测值的对比，包含所有 15 个批次测试数据的预测结果。对应的不同测试批次的相对预测误差显示在图 9-3（b）中。相对预测误差 RE 的计算公式为：

$$\mathrm{RE}_i = \left| \frac{y_i - \hat{y}_i}{y_i} \right| \tag{9-12}$$

式中，y_i 为草酸钴的结晶尺寸；$\hat{y}_i$ 为模型预测值；$i=1$，2，…为测试数据集的批次数。

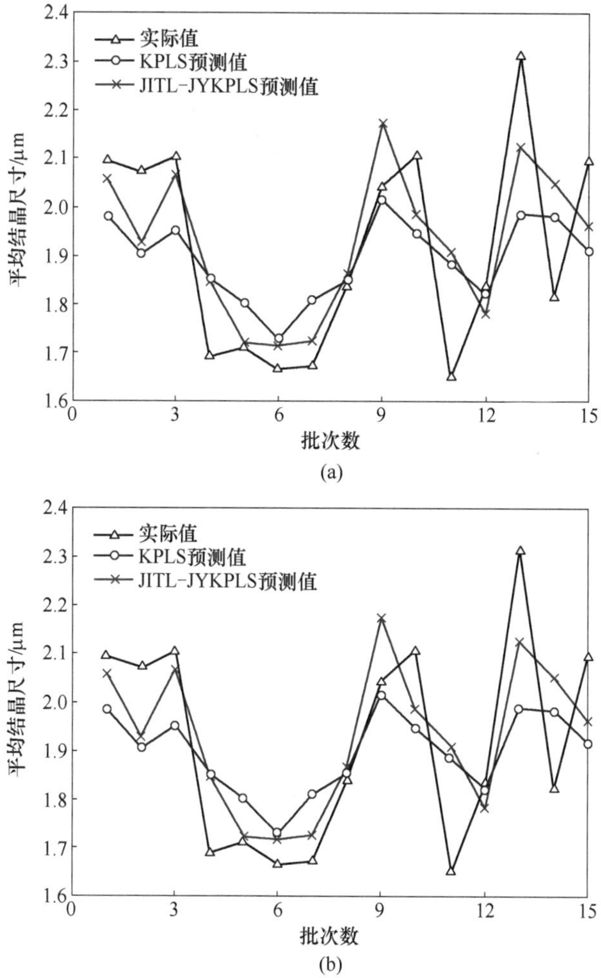

图 9-3 两种方法预测结果对比

（a）实际值与预测值；（b）相对预测误差

扫一扫

查看彩图

从图 9-3 中可以看出，局部过程迁移模型的预测效果整体优于未迁移的模型，因此迁移旧间歇过程数据可以很好地辅助新过程建立预测模型。KPLS 方法的 RMSE 为 1.5723×10^{-7}，JITL-JYKPLS 方法的 RMSE 为 1.3301×10^{-7}，实验结果表明，JITL-JYKPLS 模型对于数据不充足的新间歇过程具备良好的预测能力，为后续的运行优化提供了很好的保障。

为了凸显所提出批次间优化策略的优势，将该方法的优化结果与基于 JYKPLS 模型的优化方法、基于 KPLS 模型的优化方法进行对比。具体来说，利用 JYKPLS 方法与 KPLS 方法直接建立全局预测模型，再利用 SQP 方法对其进行优化，得到最优操作设定值。也对这两种方法优化得到的操作设定值进行滤波，滤波增益系数 k 同样设为 0.2。模型更新时，则直接将新获得的数据更新到两者的建模数据集中。按照上述的仿真参数设置，随机生成 250 个批次的旧数据作为旧过程建模数据集，5 个批次的新过程数据作为新过程建模数据集。三种方法的起始操作设定值相同。为了进一步探索新过程的最优平均结晶尺寸，本次实验采用遗传算法得到的优化结果作为最优解的参考值[1]。最终优化结果如图 9-4 所示，图例中 JYKPLS 表示基于 JYKPLS 的优化方法，KPLS 表示基于 KPLS 的优化方法，JITL-JYKPLS 表示本章所提出的批次间运行优化方法。由于本实验的目的是验证过程迁移模型在批次间优化中的优势，因此图 9-4 中只画出了遗传算法得到的最终收敛值 2.448μm。

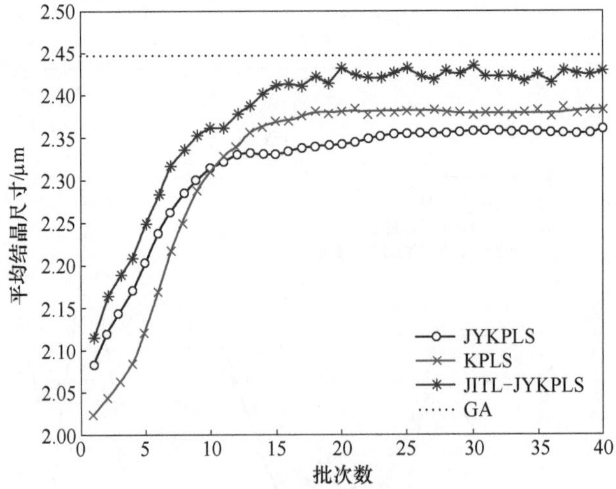

图 9-4　不同方法优化结果对比

扫一扫
查看彩图

在前 15 个批次中，本章所提出方法的平均结晶尺寸从 2.12μm 增加到 2.41μm，而在 KPLS 方法中只是提高到 2.36μm，JYKPLS 方法中只提高到了 2.32μm。主要原因是，所提出方法中建模数据样本的数量比 KPLS 方法多很多，而且由于采用了即时学习，能根据当前状态筛选数据，舍弃相似度较低的旧数据，可以更好更快地对间歇过程进行优化进而提高草酸钴结晶尺寸。仿真结果显示，拥有足够相似性的旧过程数据能够有效地帮助新过程建模。

随着结晶过程的运行和样本数量的增加，基于 KPLS 方法的结晶尺寸在第 10 批次达到了 2. 31μm，这和 JYKPLS 方法的优化结果非常接近。而在第 10 批次以后，KPLS 方法的平均结晶尺寸逐渐超过 JYKPLS 方法。结果表明，当新过程建模数据数量积累到一定程度时，旧过程数据集中存在的大量相似度较低的数据将会阻碍优化效果的提升，对模型精度产生不利的影响，进而加重优化时的 NCO 不匹配问题。

在第 15 个批次之后，本章所提出方法优化得到的结晶尺寸最终稳定在 2. 43μm 附近，明显高于 JYKPLS 方法和 KPLS 方法得到的结果。说明所提出方法具有更高的收敛精度。局部迁移模型对过程细节的描述能力最强。基于即时学习和信赖域方法的优化补偿方法具有良好的收敛性，该方法能够在次优操作设点的基础上进一步优化，进而补偿过程与模型之间的不匹配。

图 9-5 为每个批次结束时，预测经济效益增量与上个批次实际经济效益之比。从图 9-5 中可以看出，前 20 个批次中，所提出方法的理论优化效果较高。然而，由于对操作设定值进行了滤波，每次施加的实际补偿值相比于理论补偿值都较少。这是为了避免因补偿值超出有效区域而导致的过度修正。第 25 个批次以后，本章所提出策略的理论优化效果逐渐接近所设的经济效益阈值 η，说明该策略已达到自身的优化能力极限。

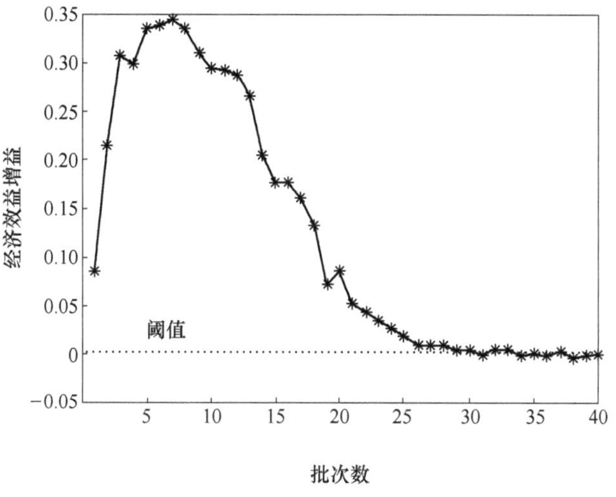

图 9-5　经济效益增幅的轨迹

图 9-6 中画出了随着批次运行，信赖域半径 D 的变化轨迹。前 16 个批次中，

信赖域半径较大，说明此时的工作状态离最优状态较远，还有足够的空间对过程操作设定值进行修正。第 16 批次到第 17 批次，信赖域半径发生突变，说明第 16 个批次时得到的操作设定值已经非常接近最优解，这一点与图 9-4 对应。第 20 个批次后，信赖域半径已经变得很小，说明此时算法的求解范围已经很小，该策略已达到自身的优化能力极限。在第 26 个批次结束时，信赖域半径 D 小于所设置的终止阈值。因此，在第 26 个批次之后，优化补偿已停止。

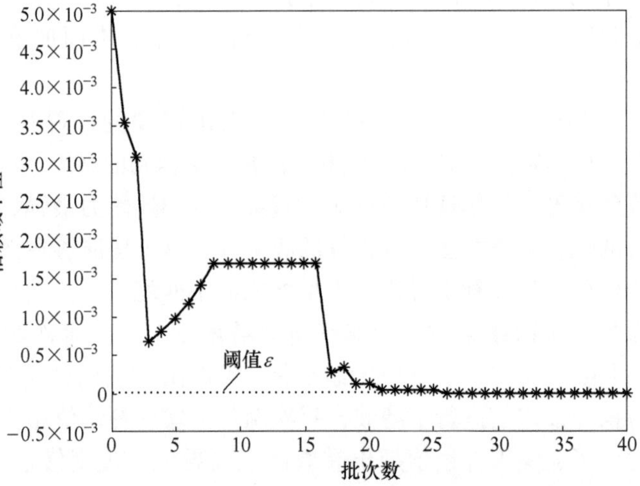

图 9-6　信赖域半径变化轨迹

图 9-7 中的四条折线分别表示起始操作设定值以及三种方法优化得到的最终

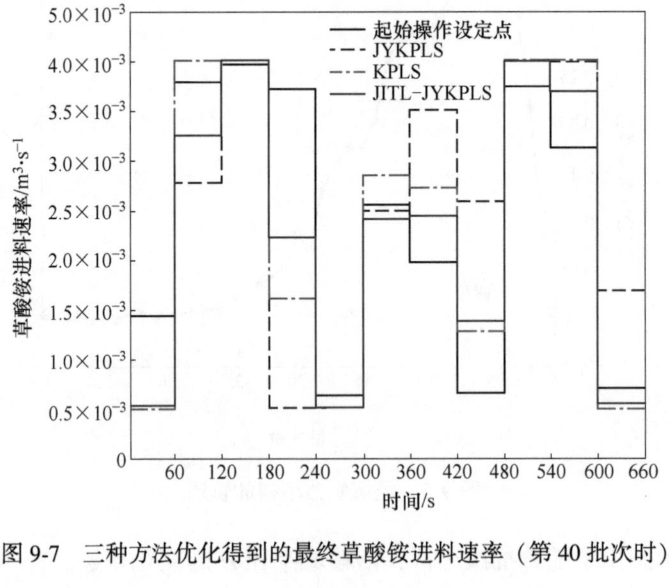

扫一扫
查看彩图

图 9-7　三种方法优化得到的最终草酸铵进料速率（第 40 批次时）

操作设定值。可以看出，相比于 JYKPLS 方法，KPLS 方法得到的结果和本章所提出方法得到的结果比较接近。这三种方法在 0~60s、120~180s、240~300s、480~540s 这几个区间内的优化结果最接近。

为了验证不同滤波增益系数对所提出方法优化结果的影响，分别设置 k=0.1、0.2、0.3，并保持其他参数设置不变，进行参数 k 的敏感性分析实验，仿真结果如图 9-8 所示。由仿真结果可知，减小滤波系数将降低优化速度，并可能导致优化结果过早收敛。而增大滤波系数则会加快优化速度，但是较大的滤波系数并不能显著地改善最终得到的优化结果。本次仿真所采用的滤波增益系数 k=0.2 是一个比较合适的选择。

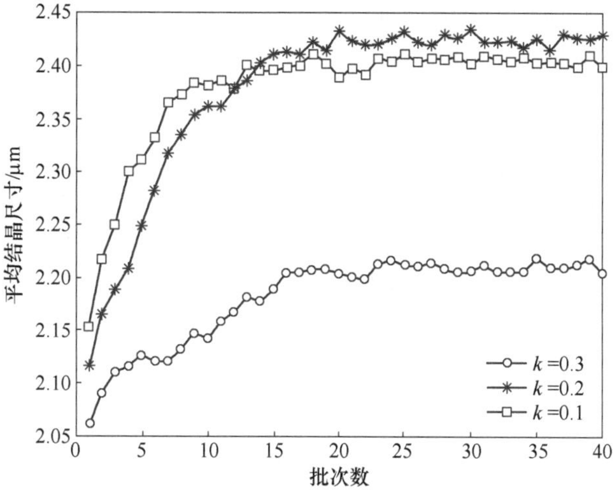

图 9-8 滤波增益系数不同时的优化结果

扫一扫
查看彩图

参 考 文 献

[1] Jia R, Mao Z, Wang F, et al. Batch-to-batch optimization of cobalt oxalate synthesis process using modifier-adaptation strategy with latent variable model [J]. Chemometrics and Intelligent Laboratory Systems, 2015, 140: 73-85.

[2] 黄碧璇, 毛志忠, 贾润达. 草酸钴合成过程批次间自适应优化 [J]. 控制理论与应用, 2016, 33 (2): 189-195.

[3] Chu F, Cheng X, Peng C, et al. A process transfer model-based optimal compensation control strategy for batch process using just-in-time learning and trust region method [J]. Journal of the Franklin Institute, 2021, 358 (1): 606-632.

[4] Jia R, Mao Z, Wang F. Combining just-in-time modelling and batch-wise unfolded PLS model for the derivative-free batch-to-batch optimization [J]. Canadian Journal of Chemical Engineering, 2018, 96 (5): 1156-1167.

[5] Marazzi M, Nocedal J. Wedge trust region methods for derivative-free optimization [J]. Mathematical Programming, 2002, 91 (2): 289-305.

[6] 沈建. 基于过程迁移的间歇过程运行优化研究 [D]. 徐州: 中国矿业大学, 2018.

[7] 李康, 王福利, 何大阔, 等. 基于数据的湿法冶金全流程操作量优化设定补偿方法 [J]. 自动化学报, 2017, 43 (6): 1047-1055.

[8] Yuan Y. Recent advances in trust region algorithms [J]. Mathematical Programming, 2015, 151 (1): 249-281.

[9] 卢晓宁. 无导数优化的信赖域算法研究 [D]. 西安: 西安电子科技大学, 2018.

[10] Rossa C, Lehmann T, Sloboda R, et al. A data-driven soft sensor for needle deflection in heterogeneous tissue using just-in-time modelling [J]. Medical & Biological Engineering & Computing, 2017, 55 (8): 1401-1414.

[11] 袁小锋. 基于即时学习的复杂非线性过程软测量建模及应用 [D]. 杭州: 浙江大学, 2016.

[12] Yuan X, Ge Z, Huang B, et al. A probabilistic just-in-time learning framework for soft sensor development with missing data [J]. IEEE Transactions on Control Systems Technology, 2017, 25 (3): 1124-1132.

[13] 刘毅, 金福江, 高增梁. 时变过程在线辨识的即时递推核学习方法研究 [J]. 自动化学报, 2013, 39 (5): 602-609.

[14] Yacoub F, MacGregor J F. Product optimization and control in the latent variable space of nonlinear PLS models [J]. Chemometrics and Intelligent Laboratory Systems, 2004, 70 (1): 63-74.

10 迁移学习驱动的间歇过程集成运行优化控制

10.1 引 言

前面章节主要是采用批次间优化策略，通过仿真实验表明，JYPLS 等过程迁移建模方法可以有效解决新间歇过程因数据匮乏而难以建模的问题，而所提的优化策略能够有效解决模型与实际过程之间的不匹配问题，然而，由于一个完整间歇过程的运行周期相对较长，在其运行期间内通常会存在扰动等因素影响间歇过程的正常进行，容易出现质量偏离正常阈值的情况。而批次间优化方法只是一种在批次与批次之间使用的离线控制策略，对当前批次运行期间内遇到的扰动问题缺乏应对能力。为此，本节将在前文的基础上继续讨论模型与实际过程不匹配的问题，聚焦于批次内优化方法的探讨，并且详细阐述批次间与批次内优化控制之间的差异。

批次间优化的特点是在获取先前批次的数据信息后，经过指定的优化方法处理来改进下一批次的操作变量运行轨迹，它是一种批次与批次之间的离线优化策略。然后，采用迭代学习的方式实现模型的更新与优化。然而，当前批次在运行期间内会遇到扰动和各种不确定因素，如温度失衡、信号干扰、操作变量激增等问题。此时，批次间优化得到的将是次优结果。针对这类问题，批次内优化方法能够及时有效地处理当前批次的扰动变化，在批次运行结束之前对操作变量及时调整，从而使得批次间优化得到的次优值能够更进一步接近最优值。本章结合两种方法的优点，在 MA 策略的基础上引入 MCC 中途修正批次内优化方法[1]，提出一种集成批次间和批次内优化的方法，同时为了防止模型外推，增加了 Hotelling T2 软约束[2]，以确保优化模型的有效性。最后，通过草酸钴结晶过程的仿真实验验证了该方法的有效性。

10.2 批次间与批次内优化

10.2.1 批次间优化

批次间优化控制的核心思想是在下一个批次到来之前，根据前一个批次积累的数据来更新操作变量轨迹，改进之后的操作轨迹可以有效消除过程特性变化和批次间扰动等因素引起的不利影响，从而使其最终质量能够接近期望值。因此，从这个角度出发，批次间运行优化本质上是一种应用于批次与批次之间的离线控制策略，它是在先前批次结束之后、当前批次开始之前进行的。

批次间优化根据控制目标的不同可以进一步被细分为两个方面。一方面，在考虑干扰的情况下按照标称操作变量轨迹去调整现有的操作策略，将最终的产品质量控制在给定的指标范围之内，这称之为批次间调节[3,4]。另一方面，如果求解一些关于经济成本、晶体尺寸的目标函数，获取到最优运行轨迹，则称这些为批次间优化[5]。

模型与实际过程的失配问题、过程干扰等不确定性问题，这些都会导致操作变量脱离最优运行轨迹[6]，而间歇过程优化控制的目的就是保证操作变量最大限度地贴近通过优化层得到的最优运行轨迹，并且在每个批次结束时进行模型参数更新[7]。由于间歇过程具有周期性和重复性，采用迭代学习控制的方式有利于批次间控制效果的充分发挥，从而提升整体系统的控制性能[4]。

10.2.2　批次内优化

虽然批次间优化可以有效解决批次间的扰动、NCO 失配等问题，包括每个批次初始条件的变化，但是它都是根据先前批次的信息来确定下一批次的操作变量运行轨迹，并且是在下一批次开始运行之前就已经获取操作轨迹[8]。对于当前批次来说，批次间优化是无法克服批次内的扰动问题[9]。在这种情况下，批次内优化策略可以在线检测批次在运行期间内过程变量的运行轨迹[10]，对于过程变量的变化情况能够做到及时发现和处理。

间歇过程的优化控制层是通过 PID 控制器和 MPC 控制器来实现对操作变量设定在标称轨迹上，从而控制最终的产品质量输出[11]。批次内优化控制的特点就是需要时刻根据当前运行状态来判断是否对剩余操作进度做出改变，而判断的依据来源于过程测量的数据信息。通过对这些测量信息进行分析，可以观察出整个生产过程是否存在扰动，以便于调整后续的操作策略，实现控制最终的质量或者经济指标。

在间歇过程的运行期间内频繁地采样数据可能会延缓过程进度甚至引入噪声，可以考虑在当前批次设立若干个采样时刻[11]。每当运行至采样点，通过模型预测最终的产品质量。如果预测值未能达到预定指标，则根据制定的优化策略调整后续的操作轨迹，使其满足期望的指标要求[12]。反之，则无须调整后续生产过程的操作轨迹[13]。

10.3　批次内修正策略

间歇过程在运行期间内存在过程不确定性或过程干扰，尤其是扰动问题会导致产品的最终质量无法达到设定的目标值。批次内优化的对象是调整操作变量的运行轨迹，从而改变间歇过程剩余批次的进度，当然在调整的过程中会利用到所有已知的测量信息。本章使用的批次内优化方法名为 MCC 方法，该方法的特点在于通过设置多个决策点将单个运行的间歇过程划分成若干个阶段[1,14]，当间歇过程从开始运行至决策点时，首先观察产品的输出质量有无出现偏差，接着判断是否存在扰动。若遵循当前操作策略的产品质量超出了可接受的范围，则确实存在扰动，需要调节操作变量 x 进行校正，使得产品的最终质量回归正常范围，并且收敛于最优值。在决策点 i 处，通过解决如下问题来克服扰动：

$$\begin{aligned}&\min_{x_{c,k_i}}(\hat{y}_{k_i}-y_{p,k_i})^{T}Q(\hat{y}_{k_i}-y_{p,k_i})+\Delta x_{c,k_i}^{T}R\Delta x_{c,k_i}+\lambda T_{k_i}^{2}\\&\text{s.t.}\ \ \Delta x_{c,\min}\leqslant\Delta x_{c,k_i}\leqslant\Delta x_{c,\max}\end{aligned}\tag{10-1}$$

式中，y_{p,k_i} 为决策点 i 处的预测质量；$\hat{y}_{k_i}$ 为经过调整后的 x_{c,k_i} 对产品质量的预测值；$\Delta x_{c,k_i}=x_{c,k_i}-x_{c,old,k_i}$，$x_{c,k_i}$ 为决策点 i 处做出调整策略的操作变量，x_{c,old,k_i} 为直到批次结束保持不变的当前操作策略；Q 和 R 为设定点跟踪和控制惩罚项的相对权重矩阵[14]，这里为得到最小方差控制器设置 $Q=R$ 并且 $R=0$，从而使得每一个决策点处的预测质量等于设定值。此外，式中的 λ 表示权重因数，Hotelling T2 软约束由以下公式得到：

$$\boldsymbol{T}_{k_i}^{2}=\boldsymbol{t}_{k_i}^{T}\boldsymbol{\Lambda}^{-1}\boldsymbol{t}_{k_i}\tag{10-2}$$

式中，$\boldsymbol{t}_{k_i}$ 为对应于 $\boldsymbol{x}_{c,k_i}$ 的得分向量；$\boldsymbol{\Lambda}$ 是成分矩阵 $\boldsymbol{T}$ 的协方差矩阵。为了确保公式（10-1）有解，需要对调整后的 $\boldsymbol{x}_{c,k_i}$ 添加以下硬约束：

$$\boldsymbol{x}_{c,\min}\leqslant\boldsymbol{x}_{c,k_i}\leqslant\boldsymbol{x}_{c,\max}\tag{10-3}$$

式中，$x_{c,\min}$ 和 $x_{c,\max}$ 分别为操作变量的上限和下限。

10.4 间歇过程集成运行优化控制

为了同时解决批次间与批次内的问题，在前一个批次结束时进行批次间优化，获取到次优操作变量的设定值，在当前生产批次的运行期间内，如果检测到产品质量不能满足期望指标，则批次内做出相应的调整[15]，其目的是通过对当前批次的后续调整能够使得最终的产品质量达到期望值。充分利用批次间优化和批次内优化就可以达到取长补短的效果[11]。

本章提出的基于过程迁移模型（Process Transfer Model，PTM）的集成优化方法是一种系统优化方法，它是在 PTM 的基础上利用两种优化方法确定较好的操作变量运行轨迹。集成优化的核心思想是在前一个批次结束时对当前批次执行 MA 批次间优化，然后当前批次运行至决策点时再进行 MCC 批次内优化，实现运行轨迹的最优化操作，获取最佳产品质量。

首先，通过 MA 方法对前几个批次进行优化并得到次优解 x^*，设置 l 个决策点将次优解 x^* 划分为 $l+1$ 个区间。然后，每当到达第 i 个决策点时，求解优化问题式（10-1）进行批次内优化。一旦在当前决策点获取到未来操作变量的运行轨迹，会继续执行优化操作直到下一个决策点 $i+1$ 到来。当完成批次内优化之后需要对间歇过程中存在的噪声进行处理，常用的处理方式是使用式（10-4）一阶指数滤波器进行一阶滤波。

$$x_{k+1} = (\boldsymbol{I} - \boldsymbol{K})x_k + \boldsymbol{K}x_{k+1}^* + g_k \cdot \boldsymbol{\rho}_{k+1} \tag{10-4}$$

式中，$\boldsymbol{I}$ 为对角矩阵；$\boldsymbol{K}$ 为对角线增益矩阵。此外，为了保证模型的可识别性，输入信号中加入 PRBS 信号，$\boldsymbol{\rho}$ 为激励值的向量；g 为激励增益。

基于 JYPLS 模型的集成优化方法的流程图如图 10-1 所示，具体的操作步骤如下。

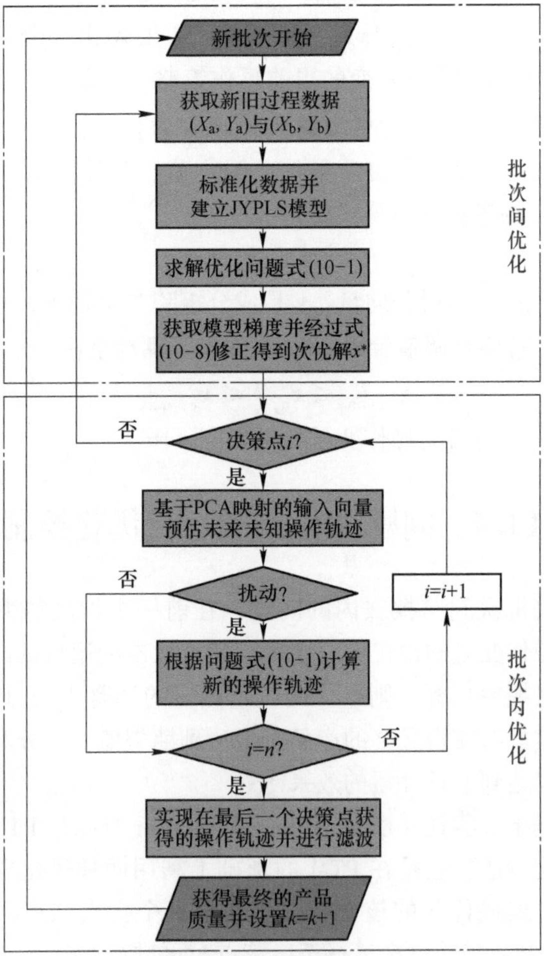

图 10-1 集成优化方法的流程图

步骤 1：收集新旧过程的数据，展开构造二维输入矩阵，获得 A、B 生产过程的输入、输出变量矩阵。

步骤 2：将输入和输出数据标准化至零均值和单位方差上，采用 JYPLS 方法构建 PTM。

步骤 3：解决式（7-11）构造的优化问题，得到 A 过程的次优解。

步骤 4：在决策点 i 处判断是否存在扰动，求解问题式（10-1）的优化问题，计算新的进给规律，若不存在扰动则跳过该步骤。

步骤 5：判断是否到达最后一个决策点处，在最后一个决策点处计算进给规律，否则运行至 $i+1$ 个决策点。

步骤 6：使用式（10-4）一阶指数滤波器对操作变量进行噪声过滤操作。

步骤 7：使用新的进给规律预测产品质量，将新获取的输入和输出数据填充在 A 过程的数据集中，并更新 JYPLS 模型。

步骤 8：返回步骤 3，计算并运行第 $k+1$ 个批次，直至整个流程结束。

10.5 实验验证

10.5.1 实验设计

本章实验研究的内容依然是关于间歇过程运行优化的方法，因此，本章仍然选择草酸钴合成工艺作为仿真对象。在第 7 章中已经详细描述了整个草酸钴生产过程，这里不做重复。本章仿真实验的参数设置见表 10-1，随机生成 50 个批次的旧过程数据和 5 个批次的新过程数据作为建模数据集使用。由于本章使用的 PTM 依然是通过 JYPLS 方法构建的，关于模型预测性能在前面章节得到了充分的验证，故此处不再重复叙述，而是把实验的重点放在所提方法的优化性能方面。

表 10-1 新过程和旧过程参数设置

过程差异	仿真参数	旧过程	新过程
环境差异	氯化钴浓度/mol · m^{-3}	1107.4	1082.6
	草酸铵浓度/mol · m^{-3}	1693.6	1685.7
	氯化钴初始体积/m^3	1.41	1.46
工艺差异	生长速率系数 k_g/s^{-1} · μm^{-3}	2.7×10^{14}	2.8×10^{14}
	生长速率温度指数 K_b/K	1.69×10^4	1.5823×10^4
	成核速率系数 k_n/s^{-1} · μm^{-3}	6.31×10^{31}	6.3×10^{31}
	成核速率温度指数 K_a/K	1.331×10^4	1.3723×10^4

10.5.2　批次间优化性能分析

为了详细观察 PTM 的优化特性，本章将基于 JYPLS 模型和基于 PLS 模型的两种优化结果进行对比。具体来说，首先使用 JYPLS 方法和 PLS 方法构建质量预测模型，然后采用 MA 策略分别对二者进行优化操作，最终的优化结果如图 10-2 所示。为了满足线性假设并且增加数据真实性，PRBS 给进料速率增加 ±0.5L/s，使得草酸铵激发过程的动力学和实际批次发生了变化。此外，在测量中添加 0.5%的白噪声并且选择相同的初始条件。

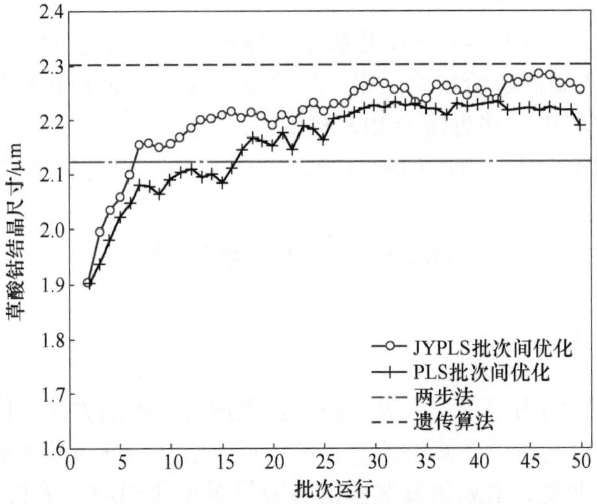

图 10-2　JYPLS 与 PLS 批次间优化结果比较

扫一扫
查看彩图

从图 10-2 中可以看出本次实验选择 50 个批次展示最终的输出结果，图例中的“JYPLS 批次间优化”表示在 JYPLS 模型的基础上使用 MA 优化策略得到的结果，“PLS 批次间优化”表示在 PLS 模型的基础上使用 MA 优化策略得到的结果。此外，本实验仍然采用遗传算法和两步法得到的优化结果作为参考。

草酸钴合成过程的优化过程大致可以分为两个阶段。第一阶段为批次运行优化迭代次数的前期；第二阶段为批次运行优化迭代次数的后期。在第一阶段，基于 JYPLS 方法的批次间优化在第 8 个批次就达到了两步法的优化效果，而基于 PLS 方法的批次间优化需要在第 17 个批次才能达到。在第二阶段，批次运行的迭代次数快结束时，基于 JYPLS 方法的批次间优化的效果相比较基于 PLS 方法的批次间优化效果更加接近遗传算法的结果。

MA 策略拥有较好的优化作用，但是它的局限性也是显而易见的，无法进一步优化草酸钴的平均结晶尺寸，甚至超过遗传算法的 2.3μm。虽然模型良好的预测性能对最终的优化效果也具有一定的影响，如本次实验中 JYPLS 模型的优化效果明显优于 PLS 模型，但是，两种模型整体的运行轨迹都较为波动，不够平稳，显然，MA 策略无法了解到批次内运行状况，并且无法保证最终的收敛结果。

10.5.3　集成优化性能分析

鉴于 MA 批次间优化策略的良好表现，它可以用于草酸钴间歇生产过程的质量控制，但是在实际生产过程中，单个批次在进行生产时会遇到扰动问题，比如进料量增大、温度升高、搅动速率降低等。在以往的单个批次间优化方法中，都是在一个批次结束时才进行修正。显然，批次间优化策略对于批次进行时的扰动问题束手无策。假设在某一个批次进行时，夹套温度失衡，反应温度降低，那么造成的影响势必会使得草酸钴的粒度大小下降，很可能低于标准值，严重时直接不达标。这时候引入批次内优化的 MCC 策略显得格外重要，当批次运行至决策点时，开始进行批次内优化[16]。

在草酸钴合成工艺的批次运行优化的后期添加温度扰动，随机选择其中任意批次的结果展示，图 10-3 中有第 50 批次的优化结果，虚线框表示一个范围，虚线框左右两边虚线表示草酸铵进料总量的上边界和下边界，上下两边虚线表示草酸钴结晶尺寸大小的理想范围。空心菱形表示在第 50 个批次中反应温度降低，温度的干扰造成草酸钴结晶尺寸是 1.95μm，远不在要求的范围内；实心菱形表示经过集成优化之后克服扰动的结果，草酸钴结晶尺寸提高到 2.32μm。图 10-4 为两组对比试验，实验的目的是在相同质量模型的基础上比较集成优化与单个批次间优化的优化效果。

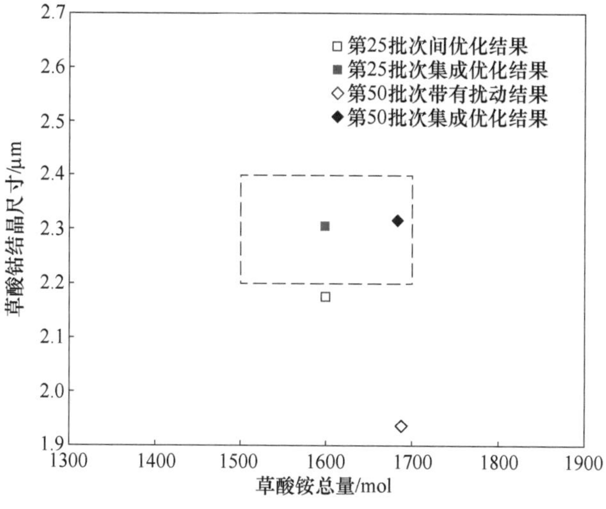

图 10-3　集成优化的质量控制结果

扫一扫
查看彩图

从图 10-4 中可以看出，集成优化的整体效果要比单个批次间优化要好，单个的批次间优化结果波动比较大，而集成优化出来的草酸钴粒度尺寸轨迹相对于单个批次间优化轨迹更加平稳，因为它可以克服批次内扰动。此外，即便批次运行中没有遇到扰动问题，在草酸铵进料总量相同的情况下，集成优化出来的草酸钴粒度尺寸也依然比批次间优化的尺寸更大。正如图 10-3 所示，空心正方形表示间歇过程运行到达第 25 个批次时，单个批次间优化出来的草酸钴粒度尺寸为 2. 18μm，处于草酸钴结晶尺寸的理想范围之外，而实心正方形代表的是相同批次与运行环境下的集成优化结果，草酸钴粒度尺寸达到 2. 3μm。

集成优化因为将批次间优化和批次内优化结合，所以可以做到实时优化，实现将最终产品质量控制在有效范围内。图 10-4 中的两种优化方法的草酸钴结晶尺寸的变化情况表明，在间歇过程运行的初期，集成优化方法和批次间优化方法的优化效果比较相近。当间歇过程到达第 8 个批次时，集成优化可以快速提高优化效果，它明显高于批次间优化的草酸钴粒度尺寸。随着间歇过程继续运行，集成优化出来的草酸钴粒度尺寸大小最终高于遗传算法优化方法的优化效果，而批次间优化始终没有达到这个效果，所提方法的优化效果显著。

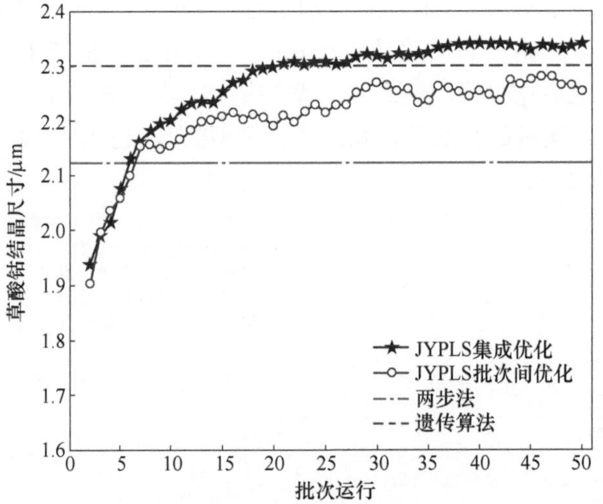

扫一扫
查看彩图

图 10-4　集成优化与批次间优化的优化效果比较

图 10-5 为草酸铵在第 1 批次、第 30 批次和第 50 批次处的供给速率变化情况。三条折线分别显示了三个批次的草酸铵供给速率的变化情况。在第一个批次时，给供给速率随机设置一个初始化值。随着优化过程的运行，草酸铵供给速率逐渐收敛。由于在第 50 个批次内加入扰动，间歇过程进行了 MCC 批次内优化，所以草酸铵供给速率相比较第 30 个批次时有所增加，但是最终的供给趋势还是呈收敛状态。

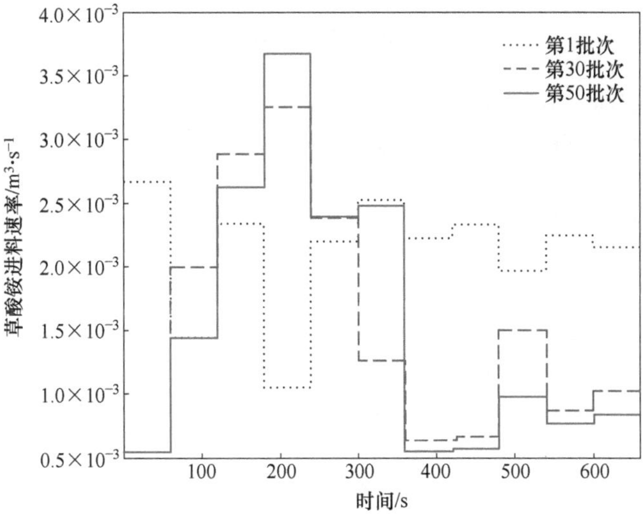

图 10-5 不同批次草酸铵进料速率

扫一扫
查看彩图

参 考 文 献

[1] Yabuki Y, MacGregor J F. Product quality control in semibatch reactors using midcourse correction policies [J]. Industrial & Engineering Chemistry Research, 1997, 36 (4): 1268-1275.

[2] Yacoub F, MacGregor J F. Product optimization and control in the latent variable space of nonlinear PLS models [J]. Chemometrics and Intelligent Laboratory Systems, 2004, 70 (1): 63-74.

[3] 石怀涛, 刘建昌, 谭帅, 等. 基于混合 KPLS-FDA 的过程监控和质量预报方法 [J]. 控制与决策, 2013, 28 (1): 141-146.

[4] Marquez-Ruiz A, Loonen M, Saltık M B, et al. Model learning predictive control for batch processes: a reactive batch distillation column case study [J]. Industrial & Engineering Chemistry Research, 2019, 58 (30): 13737-13749.

[5] 陆鹏程. 间歇生产过程经济模型预测控制理论与应用 [D]. 杭州: 浙江大学, 2019.

[6] Kwon J S I, Nayhouse M, Orkoulas G, et al. A method for handling batch-to-batch parametric drift using moving horizon estimation: application to run-to-run MPC of batch crystallization [J]. Chemical Engineering Science, 2015, 127: 210-219.

[7] Laurí D, Sanchis J, Martínez M, et al. Latent variable based model predictive control: ensuring validity of predictions [J]. Journal of Process Control, 2013, 23 (1): 12-22.

[8] Marchetti A, Chachuat B, Bonvin D. A dual modifier-adaptation approach for real-time optimization [J]. Journal of Process Control, 2010, 20 (9): 1027-1037.

[9] Zhang J, Mao Z, He D. Real time optimization based on a serial hybrid model for gold cyanidation leaching process [J]. Minerals Engineering, 2015, 70: 250-263.

[10] Huang J, Li H. Plant-wide process real-time optimization based on process goose queue methodology [J]. Procedia Engineering, 2012, 29: 2526-2531.

[11] 张淑宁. 湿法冶金合成过程建模与优化控制方法研究及应用 [D]. 沈阳: 东北大学, 2013.

[12] Zhou L, Chen J, Song Z, et al. Probabilistic latent variable regression model for process-quality monitoring [J]. Chemical Engineering Science, 2014, 116: 296-305.

[13] Marchetti A G, Ferramosca A, González A H. Steady-state target optimization designs for integrating real-time optimization and model predictive control [J]. Journal of Process Control, 2014, 24 (1): 129-145.

[14] Jia R, Mao Z, Wang F, et al. Sequential and orthogonalized partial least-squares model based real-time final quality control strategy for batch processes [J]. Industrial & Engineering Chemistry Research, 2016, 55 (19): 5654-5669.

[15] 叶凌箭. 间歇过程的批内自优化控制 [J]. 自动化学报, 2022, 48 (11): 2777-2787.

[16] Chu F, Wang J, Wang Y, et al. Integrated operation optimization strategy for batch process based on process transfer model under disturbance [J]. The Canadian Journal of Chemical Engineering, 2023, 101 (1): 368-379.